Kubernetes 原生微服务开发

[美] 约翰·克林甘(John Clingan)
肯·芬尼根(Ken Finnigan)   著

陈计节   张圣奇   译

清華大学出版社

北 京

北京市版权局著作权合同登记号 图字：01-2022-6223

John Clingan, Ken Finnigan
Kubernetes Native Microservices with Quarkus and MicroProfile
EISBN: 9781617298653
Original English language edition published by Manning Publications, USA © 2022 by Manning
Publications. Simplified Chinese-language edition copyright © 2023 by Tsinghua University Press
Limited. All rights reserved.

图书在版编目(CIP)数据

Kubernetes原生微服务开发 /(美)约翰·克林甘(John Clingan)，(美) 肯·芬尼根 (Ken Finnigan) 著；
陈计节，张圣奇译. —北京：清华大学出版社， 2023.4
　书名原文：Kubernetes Native Microservices With Quarkus and MicroProfile
　ISBN 978-7-302-63062-3

Ⅰ. ①K… Ⅱ. ①约… ②肯… ③陈… ④张… Ⅲ. ①Linux 操作系统—程序设计 Ⅳ. ①TP316.85

中国国家版本馆 CIP 数据核字(2023)第 044910 号

责任编辑：王　军
装帧设计：孔祥峰
责任校对：成凤进
责任印制：朱雨萌

出版发行：清华大学出版社
　　　　　网　　址：http://www.tup.com.cn，http://www.wqbook.com
　　　　　地　　址：北京清华大学学研大厦 A 座　　　邮　　编：100084
　　　　　社 总 机：010-83470000　　　　　　　　　邮　　购：010-62786544
　　　　　投稿与读者服务：010-62776969，c-service@tup.tsinghua.edu.cn
　　　　　质 量 反 馈：010-62772015，zhiliang@tup.tsinghua.edu.cn
印 装 者：天津鑫丰华印务有限公司
经　　销：全国新华书店
开　　本：170mm×240mm　　　印　　张：18.5　　　字　　数：439 千字
版　　次：2023 年 6 月第 1 版　　　印　　次：2023 年 6 月第 1 次印刷
定　　价：98.00 元

产品编号：096720-01

译 者 序

    "微服务"理念如今已深入人心,各类企业应用默认选用微服务设计业务系统,大量微服务框架和开发过程管理方法趋于成熟。随着对微服务相关技术的运用日益深入,伴随微服务的一系列挑战也逐渐显露出来。比如,服务粒度太小导致微服务数量太多、运维成本成倍增加,服务划分不合理导致资源分配不均,资源使用量与实际业务规模不匹配。以 Kubernetes 为代表的容器集群提供的细粒度弹性让计算资源的调度变得轻快灵动。容器集群很快成为微服务的"伴侣",各类微服务框架都在积极提供与容器平台的兼容性。

    在这样的背景下,红帽公司基于 MicroProfile 规范吸纳流行的 Spring 系列框架的优先特性后,推出面向容器集群、云原生环境的微服务开发框架 Quarkus。一直以来,Java 系列开发技术给人的感受是"务实而可靠"的,不会有人把它与"轻盈而曼妙"联想到一起。Quarkus 就是这样一款轻量级的新框架。利用 Quarkus 相关工具生成的原生二进制程序可在一秒内完成启动,在内存效率方面也有了肉眼可见的提升。这无疑是令人欣喜的!在 Java 社区,这样的特性正如"久旱遇甘霖",一举解决了长期困扰生态的"顽疾"。可以预见,这一特性必将极大地提升 Java 微服务在云原生时代的竞争力。

    微服务开发并不容易。其中涉及大量的概念与复杂的技术,令很多开发者忘而却步。Quarkus 是一个全能的基础框架,除了基础的 Web 应用开发能力外,还包括服务发现与调用、熔断限流和观测等微服务治理体系。Quarkus 在提供强大特性的同时,力求通过降低对实际业务开发的侵入性来减轻开发者的负担。从两个方面就可见一斑:①为让现有 Spring 框架的开发者更容易上手,Quarkus 在常见特性上提供与 Spring 框架的直接兼容;②如果要用 Quarkus 生成原生二进制可执行程序,只需要添加相应配置和编译参数即可,无论是开发过程、编程语言语法,还是业务代码,都不需要修改。我们发现,基于 Quarkus 开发云原生微服务变得轻松又愉悦。

    国内的 Java 开发和微服务技术社区都相当活跃。近年来,Quarkus 逐步被更多团队应用到实际项目中,人们热切渴望 Quarkus 方面的实战材料,供新人学习,供有经验者参考。本书是一本由红帽专家亲作的 Quarkus 实战型入门书籍。无论是从未使用过其他开发框架的人,还是已有其他框架使用经验的开发者,书中都提供了相应内容,让开发者迅速建立使用 Quarkus 开发微服务所需的知识体系。Quarkus 并非独立存在,而与微服务和容器技术相辅相成。读者若要更好地理解本书的内容,更顺利地完成书中的实验,有必要参考其他有关微服务的资料,并了解如何使用容器和 Kubernetes 之类的工具。

    限于译者水平等各方面原因,书中难免留下一些纰漏与错误。如承蒙读者指正,译者将倍感荣幸,其他读者也将一起获益。

作者简介

John Clingan 在企业级软件领域拥有超过 30 年的经验，曾担任开发人员、系统管理员、咨询顾问、售前工程师和产品经理等。他是 Java EE 及 GlassFish 的产品经理，是 MicroProfile 的创始成员。目前，他活跃在 Jakarta EE 和 MicroProfile 社区；在 Quarkus 团队，他主要负责为 Quarkus 社区及合作伙伴提供服务。

Ken Finnigan 以咨询顾问和软件工程师的角色为全球企业服务了 20 多年。一直以来，在多个行业，Ken 都擅长紧扣成本、按时交付项目。Ken 当前的研究方向是"万物可观测"，他还关注与 Kubernetes 原生开发相关的创新。Ken 是负责将 Quarkus 打造为超音速亚原子 Java 的团队的一员。此前，他曾在 SmallRye、Thorntail 和 LiveOak 项目中担任项目负责人，Ken 在开源项目的贡献超过 10 年。Ken 曾撰写多本技术著作，其中包含 *Enterprise Java Microservices* (Manning 出版社，2018 年)。

致　　谢

我们要感谢本书的执行编辑 Elessha Hyde，她对我们写作的拖延给予了充分的理解。此外，我们要感谢所有的审校者，是他们的建议提升了本书的品质：Alain Lompo、Alessandro Campeis、Andres Sacco、Asif Iqbal、Daniel Cortés、David Torrubia Iñigo、DeUndre' Rushon、John Guthrie、Kent R. Spillner、Krzysztof Kamyczek、Michał Ambroziewicz、Mladen Knežic、Ramakrishna Chintalapati、Sergio Britos 和 Yogesh Shetty。

同时，我们也要向 Manning 出版社全体同仁的付出致以谢意：技术执行编辑 Raphael Villela、校对编辑 Aleksander Dragosavljevic、责任主编 Keri Hales、文字编辑 Pamela Hunt、审校员 Katie Tennant、技术审校员 Mladen Knežic，以及制作团队的所有成员。我们由衷地对他们表示感谢，没有他们，本书就不可能面世。

John Clingan: 我要感谢我的妻子 Tran 和女儿 Sarah 和 Hailey：在一次次的周末本该全家一起看足球赛的日子里，我却在家里的书房、汽车上，或是酒店里为本书奋笔疾书。还要感谢与我一同写作本书的 Ken，他是一位经验丰富的作者，也是我的好友，我要感谢他在我这本处女作的写作过程中所给予的耐心与指导。

Ken Finnigan: 在整个写作过程中，我的妻子 Erin 都给予了持续的理解与支持，对于她的付出，我会长期心怀感激与歉意。还要感谢两个儿子，Lorcán 和 Daire，感谢他们理解我这个父亲为了写书，一到晚上和周末就消失不见了。

序　言

作为本书作者，我们在企业级 Java 领域的经验都在十年以上。2016 年以来，我们一直在红帽共事。当时 Java 微服务开发规范 MicroProfile 正值初创之季，同期启动的还有作为运行时、实现这些规范的 WildFly Swarm 项目(现在称为 Thorntail)。

从那时起，Kubernetes 持续演进成一个容器编排平台。随着红帽在 Kubernetes 及其企业级发行版 OpenShift 上的持续投入，我们的工作也转变为把 Thorntail 部署到 Kubernetes 上。MicroProfile 社区也注意到 Kubernetes 的兴起。我们双方紧密合作共同完善 MicroProfile 规范，向其中添加让 Java 微服务部署到 Kubernetes 的支持。

我们能感受到 Java 本身，以及像 Thorntail 这样的运行时在部署到 Kubernetes 时面临的一些限制，它们的微服务的每个实例都要占用数百兆字节的内存。在 Kubernetes 集群这种共享的部署环境中，与 Node.js 和 Golang 等其他运行时相比，资源的利用率会成为 Java 的巨大劣势。为了解决这一问题，红帽推出了超音速亚原子 Java，也就是 Quarkus!

Quarkus 是一款与众不同的运行时。它能支持 MicroProfile，以及众多行业领先的规范和框架，助力开发者迅速提高效率。Quarkus 将 Kubernetes 作为首选部署平台，通过内置工具，将原生编译和 Kubernetes 部署简化为一个命令。不得不说，在瑞士的纳沙泰尔，数十名红帽同事挤在一个会议室并肩作战，在我的职业生涯中，这绝对是令人印象深刻又收获满满的时光。

我们注意到，在 MicroProfile、Kubernetes 以及近期的 Quarkus 方面的图书已十分丰富。我们希望能写一本书，证明将这三者结合在一起使用，一定优于单独运用这三者的效用。我们不把面向 Kubernetes 的部署作为额外的补充内容，而是嵌入每一章中。在本书整个讲解期间，我们都希望应用不仅要在本地开发，通过把应用以一系列微服务的方式部署到 Kubernetes，我们希望能展示 MicroProfile 开发的 API 运行在 Kubernetes 集群之后，如何与 Prometheus、Grafana、Jaeger 和 Kafka 等后端服务协同工作。在逐步展示基于 MicroProfile 规范、Quarkus 实时编码风格的迭代式开发，以及搭配 JUnit 5、WireMock 这些 Quarkus API 对 MicroProfile 应用进行自动化测试之间，我们期望寻找一种平衡。

真正的挑战在于，在同一本书里，要结合运用 Quarkus、MicroProfile 和 Kubernetes 开展微服务开发，并让体验尽可能接近实际情况。希望我们成功解决了这一挑战，读者也能像我们写作时学到的一样多。愿你开心阅读，开心编码!

前　　言

过去几年来，Quarkus 作为一种微服务开发框架大为流行，而 Eclipse MicroProfile 也持续演进成一组 Java 微服务开发 API。本书详细介绍如何基于 MicroProfile 和 Spring API 新建、开发和调试 Quarkus 微服务，并部署到 Kubernetes 上。

除了微服务的开发和部署，本书还涵盖 Kubernetes 微服务的其他方方面面，比如应用健康管理、监控、可观测性、安全性以及 API 可视化。

本书读者对象

本书的目标受众包括，已有数年 Java EE 和 Jakarta EE 经验、具备一定微服务知识，正在探寻有关最佳实践和最新开发技术的开发者。开发者将能直观地学习 Eclipse MicroProfile，了解如何借用 Quarkus 使用这些 API，以及如何把 Quarkus 微服务部署到 Kubernetes。

本书的内容组织：路线图

第 1 章首先向读者介绍微服务和微服务架构的概念，以及我们为什么需要微服务相关的规范；接着介绍 Eclipse MicroProfile、Quarkus 和 Kubernetes。最后会提到一些 Kubernetes 原生微服务的典型特性。

第 2 章从创建新的 Quarkus 项目开始，逐渐深入探讨 Quarkus。该章介绍几个重要的话题，例如实时编码、编写测试、原生可执行程序，以及将 Quarkus 应用打包和部署到 Kubernetes 的过程。

第 3 章首先介绍 Quarkus 中基于 Eclipse MicroProfile 的配置功能，包括如何设置并获取配置值；接着介绍如何运用 ConfigSource 在 Quarkus 中定义新的配置源。

第 4 章介绍运用 Panache 进行数据库交互。该章首先解释 Quarkus 数据源的工作原理，然后讨论使用 Panache 进行数据库访问的三种模式：JPA、活动记录和数据仓储；最后，解释如何在 Kubernetes 中部署 PostgreSQL 数据库。

第 5 章介绍如何在 Quarkus 中基于 MicroProfile 消费外部服务：使用 REST 客户端并为外部服务定义类型安全的表示形式。该章介绍 REST 客户端的两种用法：CDI 和编程式 API，以及如何模拟 REST 客户端并开展测试。最后，该章讨论如何向客户端请求添加标头，介绍用于处理请求的额外过滤器与提供程序。

第 6 章介绍应用健康管理的概念，以及 MicroProfile Health 规范与 Kubernetes Pod 生命周期的集成方式。该章介绍如何将相似的检查组合为自定义分组，并从 UI 便利地查看检查结果。

第 7 章介绍 MicroProfile Fault Tolerance 规范包含的所有韧性策略，包括舱壁、降级、重试和熔断器。该章还讨论如何通过配置属性覆写这些策略的设置。

第 8 章介绍反应式流，解释反应式流的概念，以及它们在发布者、订阅者和处理者中的处理过程。该章接着解释如何在 Quarkus 中利用 Reactive Messaging 创建响应式流，并利用生成器将命令式代码与响应式代码桥接起来。最后讨论在 Kubernetes 上部署 Apache Kafka，以及一个反应式系统的过程，其中的反应式系统由数个微服务构成，微服务之间以 Apache Kafka 作为相互联结的骨架。

第 9 章讨论现有的 Spring 开发者如何以极小的变动就可以把他们的应用转换为 Quarkus 应用。接着讨论如何使用 Spring 配置服务器作为 Quarkus 的配置源。最后，该章详细介绍 Spring 与 Quarkus 之间，在 Web 和数据访问方面不必修改代码就已具备的兼容性。

第 10 章解释指标在应用监控领域(尤其是微服务架构体系)中的重要性。该章介绍如何运用 Prometheus 和 Grafana 对指标进行可视化，包括 MicroProfile Metrics 和 Micrometer 格式。

第 11 章介绍运用 MicroProfile 和 OpenTracing 跟踪微服务，解释如何在 Kubernetes 上部署 Jaeger，从微服务向 Jaeger 发送跟踪信息，并通过 UI 查看这些跟踪信息。该章讨论如何自定义分段名称，以及通过注入跟踪器创建自定义分段。最后，该章还介绍如何跟踪数据库调用以及与 Apache Kafka 之间的消息通信。

第 12 章验证使用 MicroProfile OpenAPI 对 API 进行可视化，并使用 Swagger UI 查看所生成的 API 文档。接着讨论如何定制 OpenAPI 文档，在 REST 端点中体现应用信息、结构信息以及特定的操作详情。最后讨论设计先行模式，介绍存量 OpenAPI 文档的使用方法。

第 13 章解释微服务的认证和授权，首先讨论基于文件的认证，以及 OpenID Connect 和 KeyCloak 的搭配使用。接着讨论对特定资源进行保护以及测试授权流程的方法。然后解释 Json Web 令牌(JWT)，以及从令牌各个部分获取的 API。最后讨论如何利用 JWT 为微服务添加安全保护，并在微服务之间传递令牌。

关于示例代码

本书包含大量的示例源代码，以带编号的代码清单或正文文本的形式出现。

很多情况下，原始的源代码可能会被重新排版；为了适配书页的版面，我们会添加一些换行符，并重新缩进。有些情况下，这样的处理还是不够，我们就会在代码清单里添加行延续符号(➡)。此外，如果正文对代码进行了讲解，源代码中的注释通常就会被移除。很多代码清单都包含注解，以点明其中的重要信息。

书中的所有代码都可以在配书源代码中找到。读者可扫描封底二维码来下载完整的源代码。

关于封面插图

    本书的封面画像题为 Femme insulaire de Minorque，意为梅诺卡岛上的妇女。这幅画像来自 Jacques Grasset de Saint-Sauveur(1757–1810)的画册 *Costumes civils actuels de tous les peuples connus*。该画册收集了身着各国服饰的人物画像，于 1788 年在法国出版。其中的每幅画像都是手工精心绘制并着色而成的。Grasset de Saint-Sauveur 丰富多样的画集生动地向我们展示出 200 年前，世界各地城镇与地区在文化上的巨大差异。由于彼此隔绝，人们说着不同的方言和语言。不管是在街上还是乡间，人们很容易通过衣着相互辨识住处、职业和地位。

    自那以后，人们的着装风格和生活方式不断发生着变化，如此丰富的地区多样性也逐渐消失了。现在已经很难区分来自不同大陆的居民了，更不用说来自不同城镇、地区或国家的居民了。也许我们牺牲了文化多样性，换得了更加精彩纷呈的个人生活——当然，这是一种更加多样化和快节奏的科技生活。

    在如今这个计算机图书同质化的时代，Manning 以反映两个世纪前丰富多样的地区生活的画像作为图书封面来颂扬计算机产业的独创性和主动性，让 Jacques Grasset de Saint-Sauveur 的画作重现往日风采。

目　　录

第 I 部分

基础知识

微服务是什么？我们应该在什么时候运用 Quarkus？Kubernetes 为什么如此重要？这些内容正是本书第 I 部分将探讨的话题。

本部分还将与读者一起体验创建第一个 Quarkus 应用程序的过程，并介绍 Quarkus 的一些关键功能，比如实时重载和 Kubernetes 部署功能。

第 *1* 章

Quarkus、MicroProfile 和

Kubernetes 简介

本章内容
- 微服务概述
- MicroProfile 概述与发展史
- Quarkus 简介
- Kubernetes 简介

整本书都会介绍 Quarkus、微服务、MicroProfile、Spring 和 Kubernetes 相关的知识。不过，这些技术都只关注特定领域的问题。本书包含了如何把这些技术组合成一种富有效用的集成式开发和部署技术栈。Kubernetes 原生微服务能自然而高效地集成并利用 Kubernetes 的功能，因而能获得与 Kubernetes 平台管理者的期望一致的高效开发体验。

本章首先介绍微服务的定义，回顾过去十年来，它已发展成为一种主流企业级软件架构的原因和过程。接着会简要介绍 MicroProfile 以及它演进为一组与微服务相关的重要规范的历程。在基本了解了微服务和 MicroProfile 后，将介绍 Quarkus(一种支持这些技术的 Java 运行时)。最后介绍 Kubernetes 的一些关键概念以及 Kubernetes 能成为理想微服务部署平台的原因。

注意

"运行时"指的是程序执行环境，其中包括一组打包的框架，它们共同支持开发者的应用逻辑。Java EE(现在称为 Jakarta EE，网址为 https://jakarta.ee/)应用服务器、Spring Boot 和 Quarkus 都是 Java 运行时，都是包含支持应用逻辑的 Java 框架的 Java 运行环境。

1.1 什么是微服务

如果到网上搜索什么是微服务，能得到几百种定义。对于服务，目前还没有一种行

业普遍承认的固定定义，但存在一些常见且广泛认同的原则。本书使用与这些原则一致的定义，但我们要特别强调一个原则——隔离。企业级 Java 微服务(Enterprise Java Microservices，https://livebook.manning.com/book/enterprise-java-microservices)给出的定义是，微服务由运行单一进程的专有部署构成，与其他进程和部署过程隔离，每个微服务实现业务功能的特定部分。

与其他大多数资源相比，我们会更多地强调微服务在运行时的隔离能力。有了 Kubernetes 作为目标部署平台，使得对代码和 Java 运行时本身的优化成为可能。虽然每个微服务是独立的业务功能，但它几乎总是要与其他微服务交互。这是本书中许多代码示例的基础。在理解微服务的定义时，有几点需要注意。

第一点，一个实现了特定业务功能的微服务称为限界上下文(由 Eric Evans 提出，可参见 https://www.amazon.com/Domain-Driven-design-tackle-complexity-software/dp/0321125215)，是一个企业的多个业务问题域之间的逻辑划分。通过将业务领域从逻辑上分解为多个限界上下文，使得每个限界上下文能更准确地表示业务领域的特定视图，也更容易建模。

如图 1.1 所示，一个小型企业的会计系统的一组限界上下文可能包括应收账款、应付账款和发票管理。一个传统的单体应用可能把所有的三个限界上下文一起实现。在单体应用中实现多个限界上下文，不必要的相互依赖和缺乏规划的上下文杂糅可能导致代码成为"意大利面条式的代码"。而在微服务架构中，每一项功能都被单独建模为一个限界上下文，并实现为一个处理特定限界上下文的微服务。

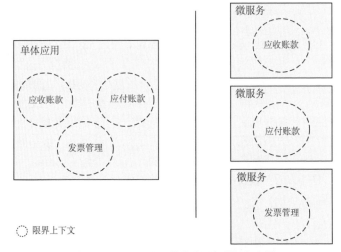

图 1.1　限界上下文：单体应用与微服务应用

第二点，每个微服务都以独立的进程运行。尽管这不是一项明确的要求，但已成为主流的架构方法。这背后有一些务实的缘由，是基于十多年来的面向 Java EE 应用服务器和 servlet 容器(如 Apache Tomcat)部署应用的经验。我们把它们统一称为"应用服务器"。

从技术角度看，应用服务器也能托管多个微服务。然而，这种部署方式已经不再流行，原因有以下几点：

- 资源管理——一个微服务可能耗尽其他微服务的资源。Java 虚拟机(Java Virtual Machine，JVM)没有内置的资源管理来限制同一 JVM 实例内不同应用的资源消耗。
- 打补丁/升级——对应用服务器打补丁或升级，会对托管的所有微服务的可用性产生负面影响。
- 版本控制——各个微服务开发团队的开发节奏可能有所不同，会导致应用服务器的版本需求不匹配。有的可能希望利用最新版本的新特性，而其他团队可能希望避免引入风险，因为当前的生产环境版本已经稳定。
- 稳定性——一个质量很差的微服务可能给整个应用服务器带来稳定性问题，影响其余原本稳定运行的应用的可用性。
- 控制——开发者要将共享的基础设施(如应用服务器)的控制权委托给独立的 DevOps 团队。限制了开发者做选择的能力，如 JDK 版本、对特定微服务的性能优化、应用服务器版本等。

如图 1.2 所示，这些问题促使行业倾向于为微服务采用单一应用技术栈，微服务要与它的运行时一一对应。大约十年前，会把每个微服务都部署在独立的应用服务器上；此后很快演进为专门的微服务运行时，如 Dropwizard、Spring Boot 和最近的 Quarkus，才改善了开发者和管理员的体验。我们将这些单一应用的技术栈称为 Java 微服务运行时，并在本章后面详细介绍这个概念。注意，使用微服务，更容易分离和优化特定运行时(如 Java EE 或 Spring)的栈。单一应用的另一个好处是，它也可以使用非 Java 技术(如 Node.js 或 Golang)来实现，不过这超出了本章的讨论范围。

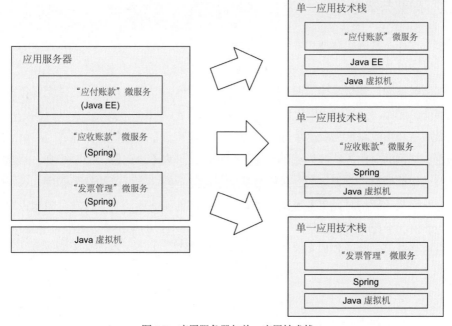

图 1.2　应用服务器与单一应用技术栈

1.1.1 微服务的兴起

早期的微服务倾向于服务之间直接相互通信，这种方法有时被称为"使用哑管道的智能服务"。这种方法的一个缺点可能就是要在每个服务中硬编码"下一步应该做什么"。业务逻辑与代码紧耦合，使得代码不能灵活地进行动态更改——如果遇到经常性修改，对工程师来说可能是一项乏味的任务。如果关于"下一步应该做什么"的业务知识经常变化，可以考虑运用业务规则引擎来实现功能，或者运用事件驱动架构中的事件来实现。这两种方法，我们在示例应用中都会用到。

随着具有上千个微服务的 Netflix 和使用微服务的独角兽公司的涌现，微服务的流行度和吸引力呈爆炸式增长。微服务成为每个人在开发下一个项目时跃跃欲试的技术。

微服务的兴起为交付速度带来了明显好处，团队变小了，能更好地利用资源，并将运维问题前移到开发团队。最后这一点我们现在称为 DevOps。

然而，微服务并不是如每个人都希望那样的灵丹妙药。前面提到的好处也不是通过开发微服务而自动具备的。想要获得所有的好处，必须进行组织架构的变革。要知道，并非所有的实现模式(如微服务)都适合每个组织、团队或者开发者。但是不得不承认，微服务在某些情况下不适用，在另外一些情况下却可能很完美。与软件工程中其他所有议题一样，做好功课，不要因为一种模式很酷就盲目采用，这往往是通往灾难的道路！

1.1.2 微服务架构

那么，什么是微服务架构？它是什么样的呢？

开发微服务时，有许多可能的架构能够适用，图 1.3 展示的是其中一种示例。微服务可能调用数据库、调用其他微服务、与外部服务通信，以及向代理和消息流服务发送消息或事件。比如，为了增加用户体验，添加一个前端 Web UI 微服务，其目的是在应付账款微服务和应收账款微服务中添加、更新、删除和查看相关信息。能够随心所欲地设计微服务架构的自由，给我们无限可能的同时，也带来不少问题。想要绘制一条通往合理微服务架构的路径是很难的。关键是要从尽可能小的功能开始构建微服务。当团队第一次开发微服务架构时，更关键的是不要试图提前创建整体图景。在没有微服务架构设计经验的情况下花时间创建整体图景会耗费时间，而最终的架构实际上很可能差异巨大。随着微服务开发经验的积累和时间的推移，架构会逐步朝着更合理的方向演进。

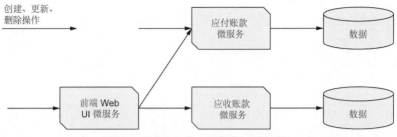

图 1.3　微服务架构：微服务之间的协作

注意

另一种方法是在开发单体应用时，保持组件间的松耦合、随时可以提取为微服务；然后在必要时，随时拆分单体。

简而言之，微服务架构可能是任何形式，只要是能通过服务间的协作，形成满足业务需求的整体应用即可。

诚然，由于微服务架构对构成要素的选择不加限制，因而架构师和开发者们都能从现有模式和微服务设计最佳实践建议中获得明显收效。

这也是微服务规范可以给企业级 Java 开发者带来帮助的地方。

1.1.3　微服务规范的需求

近 20 年来，Java EE 一直是企业级 Java 的开发规范。传统的 Java EE 致力于开发稳定的、可演进的、向下兼容的三层单体应用架构。然而，Java EE 在 2014—2017 年停止了发展，当时业界开始大量采用微服务架构。

在此期间，Java EE 社区开始试验和交付早期的微服务 API。以应用可移植性著称的 Java 运行时 API 碎片化的风险也随之增加。此外，还有失去重用性的风险。例如，JPA 和 JAX-RS 等 Java EE API 与 Spring 和 Dropwizard 等非 Java EE 平台一起使用时，让切换到更符合业务标准的 Java 运行时变得更容易。为避免碎片化和重用性的丢失，社区决定合作制定微服务规范。

1.2　MicroProfile 规范

为防止 Java API 碎片化并充分利用大量厂商和社区知识与资源，IBM、伦敦 Java 社区(London Java Community，LJC)、Payara、Red Hat 和 Tomitribe 于 2016 年 6 月发起了 MicroProfile 项目。它的口号是"面向微服务架构优化企业级 Java 技术"，它认定 Java 能为构建微服务提供坚实基础。MicroProfile 要拓宽这一基础，通过创建新的、演进现有的 Java API 规范，实现广为流传的微服务模式，以及云相关的标准。这些通用 API 可由多种框架、实现方和运行时使用。

现今，MicroProfile 社区已制定了 12 项规范，如表 1.1 和表 1.2 所示。其中表 1.1 中的大多数规范将在后续章节中讨论。

表 1.1 MicroProfile 平台规范

规范	描述
配置	应用程序配置要外置
容错	定义多种策略以提高应用程序的健壮性
健康管理	向底层平台展示应用程序的运行状况
JWT RBAC	保护 RESTful API 端点的安全
Metrics	公开平台及应用指标
Open API	OpenAPI 规范相关的 Java API，OpenAPI 规范可用于为 RESTful API 端点生成文档
OpenTracing	定义用于访问符合 OpenTracing 的 Tracer 对象的行为和 API
REST 客户端	以类型安全的方式调用 REST 端点

表 1.2 MicroProfile 独立规范

规范	描述
上下文传递	在线程无关的工作单元之间传递上下文
GraphQL	GraphQL 查询语言的 Java API
反应式流操作	允许提供异步流操作的两个不同类库之间相互传输数据
反应式流消息	基于反应式流的异步消息传递

注意

MicroProfile 已发展并涵盖了 12 项规范。有人担心一种包含太多规范的完整平台会成为新实现方形成的阻碍。由于这一原因，所有新的规范都会置于平台规范之外，以"独立"规范的形式出现。

MicroProfile 社区计划在未来重新审视规范的组织方式。

1.2.1 MicroProfile 的发展历程

MicroProfile 框架在业内是独一无二的。规范组织方倾向于采用缓慢的、可度量的方式演进，而 MicroProfile 交付的行业规范是快速发展的。在短短 4 年中，MicroProfile 发布了 12 个规范，几乎所有规范都有多次更新，有些是重大更新。这些更新提供的新功能，要兼容多种开发者在用的实现方式，有时每年能更新 3 次之多。换言之，MicroProfile 紧跟行业变化的步伐。

图 1.4 以图示的方式展示了这一历程。MicroProfile 1.0 于 2016 年 9 月发布，采用三个 Java EE 规范定义了核心编程模型，具体来说，有针对 RESTful 服务(JAX-RS)2.0、针对上下文和依赖注入(CDI)1.2，以及针对 JSON 处理(JSON-P)1.0 的各种 Java API。MicroProfile 创始者在启动规范制定的同时，希望吸纳更多供应商和社区成员来规范开发微服务。社区很快意识到，由一个"厂商中立"的基金会来运营 MicroProfile 有助于这些目标的达成。考虑各种选项后，Eclipse 基金会于 2016 年 12 月成为 MicroProfile 的大本营。在接下来的 4 年里，MicroProfile 发布了 3 个大版本和 9 个小版本，吸纳了 Java EE 的 JSON-B，并定义了 12 个"自有"规范，正如表 1.1 和表 1.2 所列。

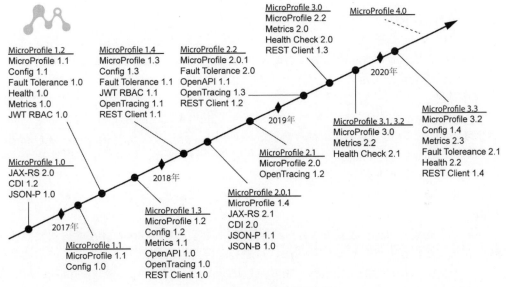

图 1.4　MicroProfile 版本发布记录

1.2.2　MicroProfile 社区核心原则

作为 Eclipse 基金会的工作组，MicroProfile 遵循基金会的一些核心原则，比如开源、厂商中立以及社区贡献与协作。MicroProfile 工作组宗旨(https://www.eclipse.org/org/workinggroups/microprofile-charter.php)在这些原则的基础上，补充了如下附加原则：

- 有限的流程——MicroProfile 既使用 Eclipse 开发流程，又使用 MicroProfile 规范流程。任何特定于 MicroProfile 规范的额外流程，只有在必要的时候才能新设立。
- 试验与创新——MicroProfile 以社区的形式提供了一种行业试验场，对定义明确的、要求跨 Java 运行时 API 的问题进行孵化和试验，收集用户反馈，并快速响应和迭代。
- 不保障向下兼容——MicroProfile 制定的规范的大版本，可能会破坏向下兼容性。
- 实现方优先——只有在实现方已出现，并且规范和实现都有足够的时间供社区评审，MicroProfile 规范才会发布。
- 鼓励品牌推广——制定相关指引，帮助人们免费使用 MicroProfile 品牌。
- 开放——透明度、包容性和消除参与障碍是社区高度重视的原则。倾向于使用公开的会议和事项列表，倾向于用事项列表列出关键决策。规范的管理方式要求为所有 MicroProfile 提交者提供开放访问。
- 低准入门槛——MicroProfile 旨在运营一个低成本的工作组。每年进行预算评估，同步调整会员资格，以便保持较低费用和成本。

这些原则使 MicroProfile 与大多数规范制定组织有所不同。比如，MicroProfile 将自身打造为一个敏捷项目，有意打破向下兼容性。这一期望源自规范项目的高速变动，而任何破坏性发生变化之前，都会经过深思熟虑、有充分的理由，并尽可能缩小范围。

1.3　Quarkus

Quarkus 是一个 Java 微服务运行时。行业真的能从一个新的 Java 微服务运行时 (Quarkus)获益吗？答案是肯定的！想要了解原因，先让我们看一下现有运行时存在的一些固有问题。

大多数 Java 微服务运行时使用存量的框架，这些框架是面向应用程序服务器这样的共享环境开发的，其中每个应用都有自己的各种要求。这些框架已经很成熟，并且当前仍然有用，但是它们自 2005 年以来就没有再发生过大的改变，仍然严重依赖基于 Java 反射机制的动态运行时逻辑。更具体地说，这些框架没有针对 Java 微服务运行时进行实质的优化。其结果是，由于应用在启动期间有大量工作要做，导致内存占用量大、启动很慢。

另一个痛点是 Java 微服务运行时经常影响开发者的生产效率。开发者每次要修改时，就必须要保存文件、重新构建应用、重新启动应用，再刷新浏览器。这可能需要几十秒，严重影响开发者的工作效率。将其乘以团队中的开发者数量，随着时间的推移，很快就会成为企业大量的沉没资源成本。

开发者和 DevOps 团队都开始感受到开发和部署 Java 微服务的痛苦，越来越多的人考虑使用 Node.js 和 Golang 等替代方案，因为它们能减少内存占用、提供更快的启动速度。这些替代方案还可以在相同硬件上实现原来的5~10 倍的部署密度，显著降低成本。

Quarkus 是一个 Java 运行时，它重新审视现代 Java 微服务开发者的需求。旨在为开发者提供与 Node.js 一致的生产力的同时，只占用与 Golang 一样少的资源。对于许多开发者来说，Quarkus 既新潮又熟悉。它提供了许多新的、有影响力的特性，同时支持开发者已经熟悉的 API。

在开发微服务时，运行时通常不用考虑目标环境。因为大多数运行时都与部署环境无关，所以能广泛使用。尽管 Quarkus 被广泛用于各种部署环境，但还是针对 Linux 容器和 Kubernetes 进行了特定的改进和优化。由于这一原因，Quarkus 也被称为 Kubernetes 原生的 Java。

1.3.1　快乐开发

快乐开发是 Quarkus 最重要的目标。如今开发者正热衷于 Node.js 这样的动态语言运行时所带来的生产力，即使 Java 是一种"静态"(预编译)的语言，Quarkus 运行时也正在努力提供这样的开发体验。

最重要的一项快乐开发功能是实时编码：不需要重新启动 JVM，就能检测到代码的变更，对它重新编译并完成加载。用 mvn quarkus:dev 命令行以开发者模式启动 Quarkus，就能启用实时编码。具体来说，Quarkus 在收到 HTTP 请求或 Kafka 消息等外部事件时会检查代码更改。开发者只需要更改代码、保存文件并刷新浏览器即可查看近实时的变化。实时编码对于 pom.xml 更改也适用。Quarkus Maven 插件会检测 pom.xml 更改并重启 JVM。我们常能看到，Quarkus 开发者在开发模式下启动 Quarkus 运行时，直接最小化终端窗口，在编码时段完全不需要重新启动 JVM。

注意 Quarkus 同时支持 Maven 和 Gradle。本书用到的是 Maven 命令与功能，但相同的功能在 Gradle 中也适用。

另一个快乐开发特性是统一的配置方法。Quarkus 支持来自多个生态系统的 API 和概念，如 Java EE、Eclipse Vert.x 和 Spring。这为每个生态系统都定义了一组独有的配置文件。而 Quarkus 统一了这些配置，所有的配置项都定义在一个 application.properties 配置文件中。Quarkus 支持 MicroProfile 配置(一种提供多种配置源支持的 API 规范)。第 3 章会更详细地讨论这一点。

后面的章节中，会在用到其他的快乐开发功能时继续进行讨论。例如，第 4 章会讨论如何使用基于 JPA 和 Hibernate 的简化后的数据访问 API 来替换用于访问数据库的脚手架代码。

1.3.2　对 MicroProfile 的支持

Quarkus 是一种 Java 运行时，主要用于开发要运行在 Kubernetes 上的微服务。MicroProfile 是一组与微服务开发相关的 Java 规范。因此，Quarkus 以实现 MicroProfile 规范的方式促进微服务开发是很自然的。此外，开发者可以在 Quarkus 上重新托管他们现有的符合 MicroProfile 规范的应用，来提高生产力和运行时效率。Quarkus 运行时持续发布新版本，从而保持与 MicroProfile 版本的同步。在本书撰写时，Quarkus 支持 MicroProfile 4.0，具体的规范细节见 1.2 节中的 MicroProfile 规范，以及所有 MicroProfile 规范。除了 Quarkus 核心所包含的 CDI 和 MicroProfile Config 之外，每项 MicroProfile 规范都以 Quarkus 扩展程序的形式提供，以 Maven 依赖项的形式引入。

1.3.3　运行时效率

Quarkus 以其快速启动和低内存占用而闻名，宣传号称"超音速、亚原子 Java"。Quarkus 可在 JVM 上运行应用，也可用 GraalVM 原生镜像(https://graalvm.org/)的方式将应用编译为原生二进制文件。表 1.3 对 Quarkus 以及将应用打包为全量 JAR 包的传统 Java 云原生技术栈的启动时间进行了比较。

表 1.3　启动到首次响应的总时间(秒)

	传统云原生 Java 技术栈	Quarkus JVM	Quarkus 原生模式
REST 应用	4.3	0.943	0.016
CRUD 应用	9.5	2.03	0.042

REST 应用处理 HTTP REST 请求，而 CRUD 应用处理数据库的数据创建、更新和删除。表 1.3 中的数据表明，Quarkus 比传统的 Java 运行时启动快得多。下面，我们来看看内存使用情况，如表 1.4 所示。

表 1.4 内存占用(MB)

	传统云原生 Java 技术栈	Quarkus JVM	Quarkus 原生模式
REST 应用	136	73	12
CRUD 应用	209	145	28

与传统云原生 Java 运行时相比，Quarkus 在内存占用和启动速度方面，获得了令人惊叹的改善。这是因为 Quarkus 对这些问题进行了重新思考。传统云原生 Java 运行时在启动期间会做很多工作。应用每次启动时，在执行应用逻辑之前，都要扫描配置文件和注解，实例化并绑定注解，从而构建内部元模型。

相比之下，Quarkus 让这些步骤在编译期间完成，并将得到的结果存入应用执行的字节码。也就是说，Quarkus 在启动后可以立即执行应用逻辑。这样就实现了快速启动和较低的内存占用。

1.4 Kubernetes

在 2000 年之前，托管 Java 应用程序的首选服务器平台是虚拟机，一台虚拟机经常要托管数十个单体应用。在企业采用微服务之前，这种方式足以满足需求；微服务的兴起导致大型组织的应用实例数量激增至成百上千，甚至数万。在这种规模下，虚拟机会消耗过多的计算和管理资源。比如，一个虚拟机包含完整的操作系统镜像，超出了微服务本身所需的内存和 CPU 资源，而且虚拟机需要进行调优、打补丁和升级。这些工作通常由单独的运维管理员团队管理，开发者的灵活性很小。

这些限制促进了 Linux 容器的流行，部分原因是容器相对平衡的虚拟化方法。如同虚拟机镜像一样，容器也提供了把整个应用技术栈打包为容器镜像的能力。这些镜像可运行在任意多的宿主机上，可随意实例化，从而以横向扩容的方式保障服务的可靠性和性能。Linux 容器比虚拟机的效率更高，因为运行在同一主机上的所有容器共享同一个 Linux 操作系统内核。

尽管容器为微服务提供了高效的执行方式，但如果没有容器编排平台的帮助，为了保障系统的可伸缩性和可用性，管理成百上千个容器实例并确保在容器主机之间正确分布也是很困难的。Kubernetes 就是这样的平台，我们可直接从主流的云提供商使用，也可在本地数据中心内安装 Kubernetes。

这也让开发者和 Kubernetes 集群的管理人员间的界限被重新划定。开发者不再需要关心 Java 的版本、应用服务器的版本，甚至不再关心以前重点关注的运行时。开发者现在可以自由地选择自己的技术栈，只要能容器化就可以。

Kubernetes 简介

Kubernetes 是一种容器编排平台，提供容器的自动化部署、缩放和管理功能。Kubernetes 是由 Google 内部运行工作负载的多种方法提炼而成的成果，于 2014 年中公开发布，2015 年中发布了 1.0 版本。在 1.0 版本发布的同时，谷歌与 Linux 基金会合作成立了云原生计算基金会(CNCF)，Kubernetes 是基金会的第一个项目。如今，参与 Kubernetes 贡献的组织有 100 多个，个人贡献者 500 多位。凭借如此庞大、多样和积极的贡献，Kubernetes 已成为企业容器编排平台的事实标准。它的功能非常广泛，因此我们将关注的重点放在开发和部署微服务时，关联最紧密的 Kubernetes 底层功能和概念上。

2015 年以前，还没有 Kubernetes 时，早期的微服务部署不仅要管理微服务，还要管理支持微服务的基础设施。在 Kubernetes 上，一部分基础设施服务直接以开箱即用的方式提供，这使得 Kubernetes 成为一个备受瞩目的微服务平台。虽然我们关注 Java 微服务，但下面这些内置功能与运行时无关。

- 服务发现——部署到 Kubernetes 的微服务会分配到稳定的 DNS 名称和 IP 地址。如果微服务要与其他微服务通信，通过 DNS 名称就能实现服务定位。与早期的微服务部署不同，Kubernetes 不需要第三方服务注册表作为中介来定位服务。
- 横向扩容——根据 CPU 使用率等指标，可以手动或自动地对应用进行横向扩容和缩容。
- 负载均衡——Kubernetes 可以实现跨应用实例的负载均衡。与早期主流的微服务部署不同，Kubernetes 消除了客户端负载均衡的必要性。
- 故障自愈——Kubernetes 会重新启动出错的容器，并将流量从暂时无法提供流量的容器转移出去。
- 配置管理——Kubernetes 可以存储和管理微服务配置；变更配置时，并不需要变更应用。这样就消除了早期的微服务部署中对外部配置服务的依赖。

图 1.5 对 Kubernetes 架构支持的以上这些功能进行了示意，概要介绍了各个架构组件。

- 集群——Kubernetes 集群将硬件或虚拟服务器(节点)抽象为资源池。一个集群由一个或多个用于管理集群的管理节点(master)和任意数量的用于运行工作负载的工作节点组成。管理服务器提供一个 API 服务器，供管理工具(如 kubectl)与集群交互。工作负载(Pod)被部署到集群后，调度器(scheduler)就会把 Pod 调度到集群的节点上执行。
- 命名空间——一种按照项目或团队划分集群资源的方法。命名空间可以跨集群的多个节点。为便于阅读，我们在图中做了简化。一个命名空间内定义的资源名称必须是唯一的，但跨命名空间可以重名。
- Pod——共享相同的存储卷、网络、命名空间和生命周期的一个或多个容器。Pod 是一种原子单位，所以部署 Pod 时，Pod 的所有容器都会部署到同一个节点。比如，一个微服务可能用到本地的进程外缓存服务。如果它们的耦合紧密，那么把微服务和缓存服务放在同一个 Pod 里就是合理的。这样能够确保它们部署到同一个节点并具有相同的生命周期。每个 Pod 只部署一个容器，因此很多人会"感觉" Pod 与容器就是相同的概念，但事实并非如此。Pod 的生命周期是短暂的，意味着 Pod 一旦销毁，后续再创建也不能恢复它的状态。

- 副本控制器——确保运行中的 Pod 数目与指定的副本数相同。指定多个副本可以提高可用性和服务的吞吐量。如果 Pod 被终止，副本控制器就会实例化新的实例作为替代。如果指定了新的容器镜像版本，副本控制器也负责处理滚动升级。
- 部署——部署是描述已部署的应用的状态的一种高级别抽象。比如，在"部署"资源里，可以指定要部署的容器镜像、副本数量和用于检查 Pod 健康状况的探针等等。
- 服务——用于访问一组功能相同的 Pod 的稳定端点。在如此高度动态的环境里，它提供了稳定性。

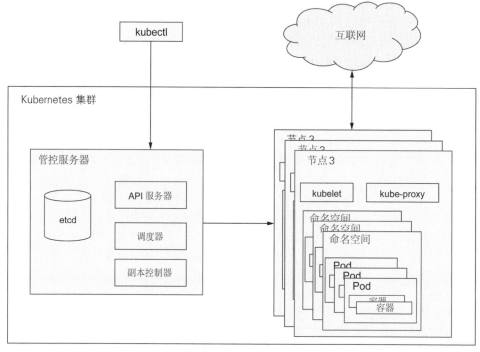

图 1.5　Kubernetes 架构

　　微服务以 Pod 的形式运行，Pod 随时创建和销毁，每个 Pod 都有自己的 IP 地址。如图 1.6 所示。比如，副本控制器会增加或减少 Pod 的数量，从而匹配指定的副本数量(要运行的 Pod 数)。应付账款服务有三个副本。IP 地址为 172.17.0.4 的 Pod 出现故障时，需要替换为新的 Pod。IP 地址为 172.17.0.5 的 Pod 正在运行并接收流量。IP 地址为 172.17.0.6 的 Pod 正在启动，一旦启动就能提供流量服务。这个例子形象地展示了 Pod 的不稳定性，因为每个 Pod 都有自己的 IP 地址，会出错、启动。然而，任何一个服务都需要有稳定的 IP 地址用于连接，比如我们前面提到的前端 Web UI 微服务。服务(Service)创建集群内唯一的 IP 地址和 DNS 名称后，其他微服务也可用一致的方式访问该服务，请求最终会代理到其中一个副本。

- 配置字典——用于存储微服务配置，可将配置与微服务本身分离开来。配置字典的存储是明文形式。还有一种选择，是用 Kubernetes 中的密文来存储保密信息。

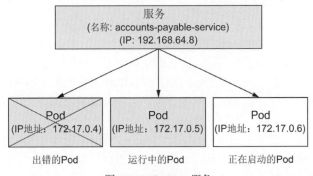

图 1.6　Kubernetes 服务

除了"集群"，上面的每个概念都由 Kubernetes 资源对象表示。Kubernetes 对象是一组用于描述当前状态的可持久化实体。我们通过创建、操作和删除 Kubernetes 对象来操作集群。通过操作集群的状态，就能定义我们所期望的状态。集群管理服务器上运行了 Kubernetes API 服务器，我们通过调用该服务 API 来管理 Kubernetes 对象。调用 API 服务最常见的三种方法是：使用 Kubernetes Dashboard 之类的 Web 界面，使用 kubectl CLI 命令行工具直接操作状态，通过把状态定义在 YAML 文件中再用 kubectl apply 命令把期望状态导入集群。

一旦定义了需要的状态，Kubernetes 集群就会更新其当前状态来匹配期望的状态。其执行过程称为控制器模式。控制器监控集群的状态；当控制器收到状态更改通知时，它通过更新当前状态以匹配期望状态来响应更改。例如，如果副本控制器看到 ReplicationController 对象从三个副本的当前状态更改为两个副本的期望状态,则副本控制器将终止其中一个 Pod。

以 YAML 定义 Kubernetes 对象，再用 kubectl 把对象状态导入集群，非常受集群管理员的欢迎，不过，并不是所有 Java 开发人员都愿意接受 YAML。幸运的是，Quarkus 的 Kubernetes 扩展程序为我们避开了 YAML，这一扩展程序让我们能以配置属性文件的方式定义期望状态，然后在应用构建期间，会自动生成 Kubernetes 部署用的 YAML 文件。YAML 文件可作为 Quarkus 构建过程的一部分自动导入，也可用 kubectl 手动导入。

1.5　Kubernetes 原生微服务

Kubernetes 原生微服务开发到底意味着什么？答案就是，在开发微服务时，以 Kubernetes 作为底层部署平台，并受到 Quarkus 这类对 Kubernetes 友好的运行时的支持。这与以前其他的微服务，以及与人们常提到的"云原生 Java"，有什么不同呢？下面列举了一些差异化特征：

- 低内存消耗——Kubernetes 集群是一种共享的基础设施，一些组织希望最大限度地利用对 Kubernetes 集群投资的价值，就会尽量把不同部门的尽可能多的服务都集中到单个 Kubernetes 集群上。这样，减少内存消耗就是首要的要求。在 Quarkus 这样的运行时出现之前，这些组织一直希望用 Node.js 或 Golang 来替代 Java 运行时，从而优化 Kubernetes 集群的使用率。
- 快速启动——Kubernetes 可以按照需要自动创建新的微服务实例。如果不能做到快速启动，在新实例上线之前，现有的实例就可能由于过载而故障，从而影响应用整体的稳定性。这种潜在的复杂性也会在部署新版本服务时，对现有版本的渐进替换的滚动升级过程形成影响。
- 尽量减少操作系统线程——一个 Kubernetes 节点可能运行数百个微服务实例，每个实例可能有多达数百个线程。单个线程消耗 1MB 内存的情况并不少见。此外，随着线程数量的增加，操作系统调度的难度也直线增加。Quarkus 通过事件轮询来调用异步任务、反应式处理，以及传统情况下(默认)会阻塞线程的命令式 API，显著减少了线程数量。
- 使用 Kubernetes ConfigMap——部署在 Kubernetes 的服务可以用 Kubernetes ConfigMap 进行配置管理。ConfigMap 是一种文件，通常挂载到 Pod 的文件系统。Quarkus 可以无缝地使用 Kubernetes 客户端 API 来访问 ConfigMap，而不需要把它挂载到 Pod 文件系统，简化了配置。
- 公开健康检查API端点——服务应该始终公开健康检查API端点，以便Kubernetes 能够对不健康的服务进行重启，或者暂时将临时不可用的 Pod 的流量转发到健康的 Pod。Quarkus 除了支持自定义健康检查之外，还内置了数据源和消息队列客户端(ActiveMQ 和 Kafka)的就绪健康检查，从而在这些后端服务中断时，自动暂停流量。
- 提供对 CNCF 相关项目的支持——CNCF 指的是云计算基金会，负责推动 Kubernetes 及其相关项目的发展，比如 Prometheus 监控(以 OpenMetrics 格式)和 Jaeger(以 OpenTracing/OpenTelemetry 格式)。
- 内置支持 Kubernetes 部署——Quarkus 拥有对 Kubernetes 部署的内置支持。开发者用一行 Maven(或 Gradle)命令行，就能完成编译、打包，并将微服务部署到 Kubernetes。此外，使用 Quarkus 不需要掌握 Kubernetes YAML 专业知识。它可以自动生成 Kubernetes YAML，并能够通过 Java 配置属性进行定制。
- Kubernetes 客户端 API——Quarkus 包含一组用于与 Kubernetes 集群交互的 Java 友好的 API，支持以编程方式访问 Kubernetes 的所有功能，从而根据企业需求对其进行扩展或定制。

1.6 本章小结

- 微服务是对称为限界上下文的业务子集的建模和实现。
- 微服务架构由一组持续演进、相互协作的微服务构成。

- MicroProfile 是一组微服务规范，有助于跨多种实现平台创建可移植的微服务。
- 微服务已从基于共享环境(如应用服务器)运行，演化为基于独立应用技术栈运行。
- Kubernetes 已经取代了作为共享应用程序环境的应用服务器。
- Quarkus 是一种独立的 Java 应用技术栈，可在 Kubernetes 上高效运行 MicroProfile 应用。

第 *2* 章
初次开发 Quarkus 应用

本章内容
- 新建 Quarkus 项目
- 运用 Quarkus 实时编码开发技术
- 为 Quarkus 微服务编写测试
- 在 Kubernetes 上部署并运行微服务

贯穿本书，我们会以银行领域作为微服务示例开发的研究对象，在每一章分别提及微服务的关键概念。本章的示例是账户服务。账户服务的用途是管理银行账户，可维护客户姓名、余额和欠款状态等信息。在开发账户服务的过程中，本章将介绍创建 Quarkus 项目的几种方法，讨论即时反馈的"实时编码"开发技术；你将编写测试，将应用编译为原生可执行程序——面向 Kubernetes 打包应用，并将应用部署到 Kubernetes。

要学习的内容相当丰富，我们现在就着手创建账户服务吧！

2.1 创建项目

使用 Quarkus 时，有以下几种创建微服务的方法：
(1) 使用 https://code.quarkus.io 网站上的项目生成器。
(2) 使用安装有 Quarkus Maven 插件的命令行终端。
(3) 手动创建项目，并向其中添加 Quarkus 依赖和插件配置。
这些方法中，方法(3)是最复杂、最易出错的，所以本书不会涉及。

注意
示例代码可以在 JDK 11 和 Maven 3.8.1 及更新版本中运行。
方法(2)用到的命令如下：

```
mvn io.quarkus:quarkus-maven-plugin:2.1.3.Final:create \
    -DprojectGroupId=quarkus \
    -DprojectArtifactId=account-service \
    -DclassName="quarkus.accounts.AccountResource" \
```

```
-Dpath="/accounts"
```

在这里，我们用方法(1)来创建账户服务，也就是使用 https://code.quarkus.io 网站上的项目生成器。

图 2.1 是在本书截图时，Quarkus 项目生成器的界面。界面左上角列出了用于定制项目信息的字段，如项目包的 Group 和 Artifact id，以及项目的构建工具。

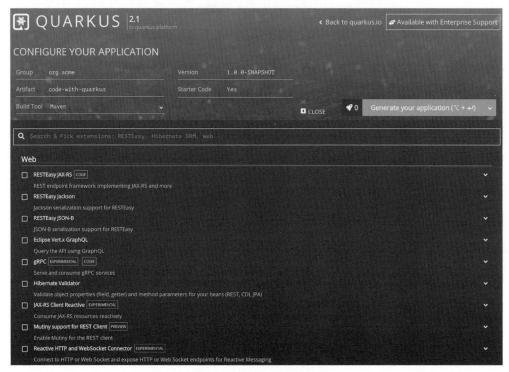

图 2.1　Quarkus 项目生成器

界面下方列出了在该应用中可用的所有扩展程序。

提示

Quarkus 项目生成器列出了数百个扩展。你可以使用搜索框来过滤可用的扩展，以便快速定位到特定的扩展集。

我们选择扩展程序 RESTEasy JAX-RS，并选中 Starter Code 扩展集。

图 2.2 所示为创建账户服务时，在生成器中所做的所有定制。Group 设为 quarkus，Artifact 设为 account-service，并选中了扩展程序 RESTEasy JAX-RS。同时注意 Generate your application(生成应用)按钮旁的数字。这一数字表示已选中的扩展程序的数目，在火箭图标上悬停鼠标即可从弹框查看详情列表。

完成上述修改后，在 Generate your application 按钮旁边的箭头上悬停鼠标，如图 2.3 所示。

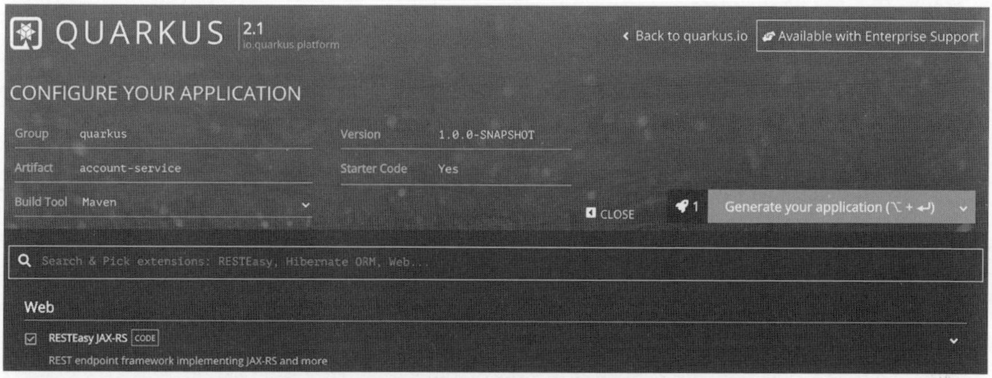

图 2.2　Quarkus 项目生成器：已选择的扩展程序

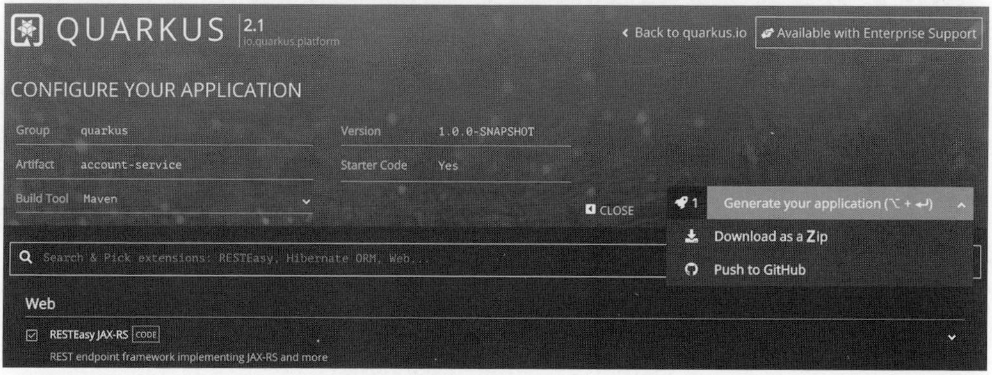

图 2.3　Quarkus 项目生成器：生成应用

图 2.3 展示了可用于生成项目的方式：

- Download as a Zip(下载为 Zip 文件)。
- Push to GitHub(推送到 GitHub)。

我们选择 Download as a Zip，接着包含项目源代码的 Zip 文件就会创建并被下载到本地。

完成 Zip 文件的下载后，将其解压到一个目录。稍后介绍其中的内容。现在先打开一个终端窗口，并将目录切换到 Zip 文件解压位置。在该目录中运行如下命令：

```
mvn quarkus:dev
```

当首次使用某一特定 Quarkus 版本时，需要下载 Maven 物料及其依赖，如代码清单 2.1 所示。

代码清单 2.1 包含 Quarkus 启动项目时的控制台输出。其中包括所使用的版本(这里是 2.1.3.Final)以及所安装的功能(即 cdi 和 resteasy)。

代码清单 2.1　Quarkus 的启动过程

```
INFO  [io.quarkus] (Quarkus Main Thread) account-service 1.0.0-SNAPSHOT on
JVM (powered by Quarkus 2.1.3.Final) started in 1.653s. Listening on:
    http:/ /localhost:8080
INFO  [io.quarkus] (Quarkus Main Thread) Profile dev activated. Live Coding
activated.
INFO  [io.quarkus] (Quarkus Main Thread) Installed features: [cdi, resteasy,
smallrye-context-propagation]
```

应用启动后，就可从 http://localhost:8080 访问它，如图 2.4 所示。

Your new Cloud-Native application is ready!

Congratulations, you have created a new Quarkus cloud application.

What is this page?

This page is served by Quarkus. The source is in src/main/resources/META-INF/resources/index.html.

What are your next steps?

If not already done, run the application in *dev mode* using: ./mvnw compile quarkus:dev.

- Your static assets are located in src/main/resources/META-INF/resources.
- Configure your application in src/main/resources/application.properties.
- Quarkus now ships with a Dev UI (available in dev mode only)
- Play with the provided code located in src/main/java:

RESTEasy JAX-RS

Easily start your RESTful Web Services

@Path: /hello

Related guide section...

Application

GroupId: quarkus

ArtifactId: account-service

Version: 1.0.0-SNAPSHOT

Quarkus Version: 2.1.3.Final

Do you like Quarkus?

▌Go give it a star on GitHub.

Selected extensions guides

▌RESTEasy JAX-RS guide

More reading

Setup your IDE

Getting started

All guides

Quarkus Web Site

图 2.4　Quarkus 默认首页

　　应用的默认页展示了一些可用于后续创建 REST 端点、服务端程序和静态资源的说明。

　　除了默认首页，还可打开 http://localhost:8080/hello 查看自动生成的 JAX-RS 资源发来的问候。运行应用后，我们来看看生成过程所生成的项目结构，如图 2.5 所示。在文本编辑器或其他任何自己喜欢的工具中，打开项目。

　　项目根目录包含构建文件(在这个项目中是 pom.xml)，这是一个介绍如何运行项目的 README.md 文件；还包含为没有预先安装 Maven 的环境提供的运行器。

　　进入 src/main，可以看到 Docker 文件、Java 源代码文件和其他资源的目录。docker 目录中包含了面向 JVM 环境的 Dockerfile、与发行版无关的基础镜像的原生可执行程序，以及传统的 JAR 格式(以 jar 为扩展名)的 Dockerfile。我们将在 2.4 节中讨论原生可执行程序。

图 2.5　Quarkus 生成的项目结构

这些 Dockerfile 都使用红帽 UBI 作为基础镜像。关于镜像内容的详情，可以访问 http://mng.bz/J6WQ。

Java 源代码目录中的 src/main/java 的包名是 quarkus，其中的 GreetingResource 类定义了一个 JAX-RS 资源端点，代码清单如下。

代码清单 2.2　GreetingResource

```
@Path("/hello")
public class GreetingResource {

    @GET
    @Produces(MediaType.TEXT_PLAIN)
    public String hello() {
        return "Hello RESTEasy";
    }
}
```

定义用于响应/hello-resteasy 的
JAX-RS 资源

此方法响应 HTTP GET 请求

向浏览器返回内容类型
TEXT_PLAIN

将 Hello RESTEasy 作为 HTTP
GET 的响应

继续查看下一个目录 src/main/resources。第一个文件是 application.properties。这里是存放与应用一同打包的所有配置文件的位置。配置文件也可置于应用程序之外，不过仅限于应该在运行时修改的配置。

注意

第 3 章将讨论不同类型的配置,包括用 application.yaml 代替 properties 文件的能力。目前,在 application.properties 中还没有任何配置内容,不过很快就会添加。

src/main/resources 中还包含 META-INF/resources 目录。应用的所有静态资源都应该置于此处。这里目前有我们在图 2.5 中所见的 index.html。

src/main/ 的下一个目录是 src/test。这里有两个类,GreetingResourceTest 和 NativeGreetingResourceIT。第一个类用到了 @QuarkusTest 来支持在 JVM 中运行单元测试,以验证 API 端点可以按期望返回 hello,代码清单如下。

代码清单 2.3 GreetingResourceTest

```
@QuarkusTest                                    指示 JUnit 使用 Quarkus 扩展,为测
public class GreetingResourceTest {              试案例启动应用
    @Test                                       标记为常规 JUnit 测试案例
    public void testHelloEndpoint() {
        given()
            .when().get("/hello")               使用 RestAssured 访问/hello-resteasy URL
            .then()
                .statusCode(200)
                .body(is("Hello RESTEasy"));     验证响应中包含 Hello RESTEasy
    }
}
```

NativeGreetingResourceIT 运行的是同样的测试案例,使用的却是应用的原生可执行程序,代码清单如下。

代码清单 2.4 NativeGreetingResourceIT

```
@NativeImageTest                                指示 JUnit 使用 Quarkus 原生可执行程序扩展
public class NativeGreetingResourceIT
    extends GreetingResourceTest {               继承 JUnit 单元测试以重用逻辑
    // 以原生模式,运行相同的测试
}
```

注意

原生可执行程序和 JVM 模式运行的测试集未必是相同的。但是,让 JVM 和原生可执行模式共用测试集是一种便利的测试手段。

了解项目生成器创建的内容后,就可删除所有的 Java 源代码和 index.html 文件了。不过,暂时先不要修改 Dockerfile 文件、application.properties 文件和 Java 包。

2.2 使用实时编码进行开发

现在我们有了一个空白的应用,是时候继续账户服务的开发工作了。在这个服务的开发期间,我们将用到 Quarkus 的实时编码功能。

　　运用实时编码技术，能帮助我们更新运行态应用的 Java 源代码、资源文件和配置文件，所有变更都在运行中的应用上自动生效，这将为新应用的开发者缩短周转时间。

　　实时编码技术通过后台编译技术实现热部署。应用从浏览器收到新请求后，对 Java 源代码或资源文件的所有变更就会生效。刷新浏览器或从浏览器发出新的请求，都会触发项目的变更扫描机制：一旦有变更，就会重新编译和部署。如果编译或部署过程中出现任何问题，会以错误页面的形式展示问题的具体情况。

　　首先创建一个最小化 JAX-RS 资源，代码清单如下：

代码清单 2.5　AccountResource

```
@Path("/accounts")
public class AccountResource {
}
```

　　除了定义 /accounts 作为 URL 路径，这个 JAX-RS 资源并没有太多内容。虽然还不存在用于响应请求的方法，但我们可先以如下方式重新启动实时编码(如果已经关闭)：

```
mvn quarkus:dev
```

提示

实时编码在运行期间，能够正确处理文件的创建和删除。

在终端窗口中，会出现如下的输出：

代码清单 2.6　账户服务启动过程

```
Listening for transport dt_socket at address: 5005
 __  ____  __  _____   ___  __ ____  _____ 
 --/ __ \/ / / / _ | / _ \/ //_/ / / / __/ 
 -/ /_/ / /_/ / __ |/ , _/ ,< / /_/ /\ \   
--_____/_/ |_/_/|_/_/|_|\____/___/   
INFO  [io.quarkus] (Quarkus Main Thread) chapter2-account-service
1.0.0-SNAPSHOT on JVM (powered by Quarkus 2.1.3.Final) started in 1.474s.
Listening on: http://localhost:8080
INFO  [io.quarkus] (Quarkus Main Thread) Profile dev activated. Live Coding
activated.
INFO  [io.quarkus] (Quarkus Main Thread) Installed features: [cdi, resteasy,
smallrye-context-propagation]
```

　　注意首行的提示，调试器已在 5005 端口启动。这是使用实时编码的另一个好处——Quarkus 会为应用打开默认的调试端口。

　　图 2.6 所示是在浏览器中打开 http://localhost:8080 的效果。

　　不用太担心出现的报错：它实际是合理的，因为 JAX-RS 资源只定义了 URL 路径，却没有用于处理 HTTP 请求的方法。如果访问 http://localhost:8080/accounts，浏览器也会显示同样的错误提示。

　　可以发现，页面上还显示了另外几个 API 端点，即使应用的代码还没有编写。它们是由应用所安装的扩展程序提供的。其中多数与 Arc 相关，Arc 是 Quarkus 的 CDI 容器，主要提供与 CDI Bean 和 CDI 相关的常规信息。

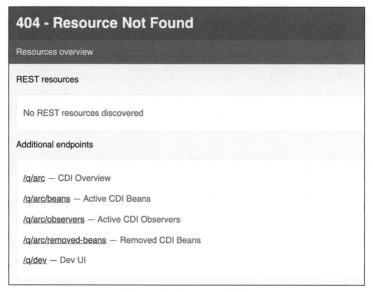

图 2.6　账户服务，没有资源

　　最后一个 API 端点指向的是开发者视图，其中包含由特定扩展程序提供的功能，比如编辑配置以及各个已安装的扩展程序的使用指引链接。图 2.7 所示为开发者视图。

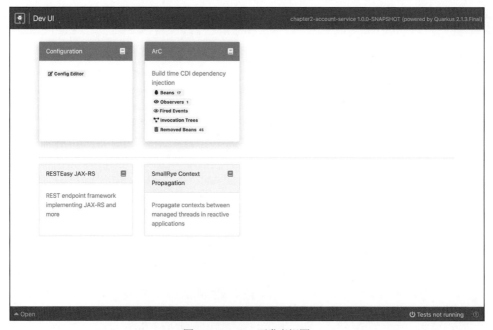

图 2.7　Quarkus 开发者视图

　　终于到了写代码的时候。保持实时编码处于运行状态。我们创建 POJO 类型 Account，用于表示系统中的一个银行账户，如代码清单 2.7 所示。

代码清单 2.7　Account

```java
public class Account {
    public Long accountNumber;
    public Long customerNumber;
    public String customerName;
    public BigDecimal balance;
    public AccountStatus accountStatus = AccountStatus.OPEN;

    public Account() {
    }

    public Account(Long accountNumber, Long customerNumber, String
        customerName, BigDecimal balance) {
      this.accountNumber = accountNumber;
      this.customerNumber = customerNumber;
      this.customerName = customerName;
      this.balance = balance;
    }

    public void markOverdrawn() {
      accountStatus = AccountStatus.OVERDRAWN;
    }

    public void removeOverdrawnStatus() {
      accountStatus = AccountStatus.OPEN;
    }

    public void close() {
      accountStatus = AccountStatus.CLOSED;
      balance = BigDecimal.valueOf(0);
    }

    public void withdrawFunds(BigDecimal amount) {
      balance = balance.subtract(amount);
    }

    public void addFunds(BigDecimal amount) {
      balance = balance.add(amount);
    }

    public BigDecimal getBalance() {
      return balance;
    }

    public Long getAccountNumber() {
      return accountNumber;
    }

    public String getCustomerName() {
      return customerName;
    }

    public AccountStatus getAccountStatus() {
      return accountStatus;
```

```
    }
}
```

Account 类定义了几个用于保存账户数据的字段：账户编号、客户编号、客户名、余额和账户状态，定义了用于为这些字段赋值的构造函数，其中不包括默认值为 OPEN 的账户状态字段。后面是几个方法，可用于设置和清除透支状态、关闭账户、增减账户资金，以及用于获取余额、账户编号和客户名。

该类虽然功能并不多，却是一个很好的基础。目前，它还不能编译，因为还没有创建 AccountStatus。下面的代码清单显示了 AccountStatus。

代码清单 2.8　AccountStatus

```
public enum AccountStatus {
    OPEN,
    CLOSED,
    OVERDRAWN
}
```

虽然暂时还没什么内容，不过可以先打开 http://localhost:8080/accounts 查看错误提示页。在启用了实时编码的状态下，打开 pom.xml，将依赖项 quarkus-resteasy 改为 quarkus-resteasy-jsonb，这样可以在 API 端点中返回 JSON 对象。

注意

除了 quarkus-resteasy-jsonb，也可以使用 quarkus-resteasy-jackson。

重要

尽管实时编码支持对 pom.xml 依赖项进行修改，但如果新添加的依赖需要下载，那么重启完成前会有较长的时间延迟。

创建账户服务的第一步是打开 AccountResource，并添加如下的代码。

代码清单 2.9　AccountResource

```
@Path("/accounts")
public class AccountResource {
    @GET
    @Produces(MediaType.APPLICATION_JSON)          ◄──── 要求将响应转换为 JSON
    public Set<Account> allAccounts() {            ◄────
        return Collections.emptySet();
    }                                                    返回包含 Account 对象的 Set
}
```

在 AccountResource 类添加如下代码，即添加几条数据。

代码清单 2.10　添加几条数据

```
Path("/accounts")
public class AccountResource {                        创建一个包含 Account 对象
    Set<Account> accounts = new HashSet<>();    ◄──── 的 Set，用于保存状态

    @PostConstruct   ◄──── @PostConstruct 指示此方法应该在 CDI Bean
                           创建之后被直接调用
```

```
    public void setup() {
        accounts.add(new Account(123456789L, 987654321L, "George Baird", new
          BigDecimal("354.23")));
        accounts.add(new Account(121212121L, 888777666L, "Mary Taylor", new
          BigDecimal("560.03")));
        accounts.add(new Account(545454545L, 222444999L, "Diana Rigg", new
          BigDecimal("422.00")));
    }
    ...
}
```

setup() 方法向账户列表中预置一些数据

注意

尽管 JAX-RS 资源没有明确指定 CDI 的 Scope 注解，Quarkus 中的 JAX-RS 资源默认是 @Singleton。JAX-RS 资源可以按需使用的 CDI Scope 包括 @Singleton、@ApplicationScoped 和 @RequestScope。

目前 allAccounts() 方法返回的还是空的 Set，如下所示，我们将它改为返回 accounts 字段。

代码清单 2.11　改为返回 accounts 字段

```
@Path("/accounts")
public class AccountResource {
    ...
    @GET
    @Produces(MediaType.APPLICATION_JSON)
    public Set<Account> allAccounts() {
        return accounts;
    }
    ...
}
```

刷新浏览器窗口并打开 http://localhost:8080/accounts，页面重新加载后将展示服务中存储的所有账户信息，如图 2.8 所示。

注意

图 2.8 使用了 Chrome 扩展程序 JSON Formatter 来格式化 JSON 响应。它为阅读 JSON 文档结构提供了一种更好的方式。

```
▼ [
    ▼ {
          "accountNumber": 121212121,
          "customerNumber": 888777666,
          "customerName": "Mary Taylor",
          "balance": 560.03,
          "accountStatus": "OPEN"
      },
    ▼ {
          "accountNumber": 123456789,
          "customerNumber": 987654321,
          "customerName": "George Baird",
          "balance": 354.23,
          "accountStatus": "OPEN"
      },
    ▼ {
          "accountNumber": 545454545,
          "customerNumber": 222444999,
          "customerName": "Diana Rigg",
          "balance": 422,
          "accountStatus": "OPEN"
      }
  ]
```

图 2.8　账户服务：所有账户

代码清单 2.12 所示为一个可以查询单个 Account 账户实例的方法。

代码清单 2.12　AccountResource

```
@Path("/accounts")
public class AccountResource {
    ...
    @GET
    @Path("/{accountNumber}")
    @Produces(MediaType.APPLICATION_JSON)
    public Account getAccount(@PathParam("accountNumber") Long accountNumber) {
        Optional<Account> response = accounts.stream()
            .filter(acct -> acct.getAccountNumber().equals(accountNumber))
            .findFirst();

        return response.orElseThrow(()
            -> new NotFoundException("Account with id of " + accountNumber + "
        does not exist."));
    }
    ...
}
```

为 URL 路径中的变量定义名称

@PathParam 将 URL 路径参数 accountNumber 映射为方法参数 accountNumber

对 accounts 进行流式操作，按 accountNumber 过滤并获取第一个账户(如果有)

如果不存在匹配的账户，就返回 NotFound 异常

修改完成后，在浏览器里打开 http://localhost:8080/accounts/121212121 以便能以 JSON 文档的形式查看账户详情。

在实时编码模式中，Quarkus 有一个很棒的功能，它能在我们访问的 URL 不存在时，展示可用的 URL。如果以 java -jar 的方式运行应用，就没有这个功能。在浏览器中打开 http://localhost:8080/accounts/5，可看到如图 2.9 所示的错误页。

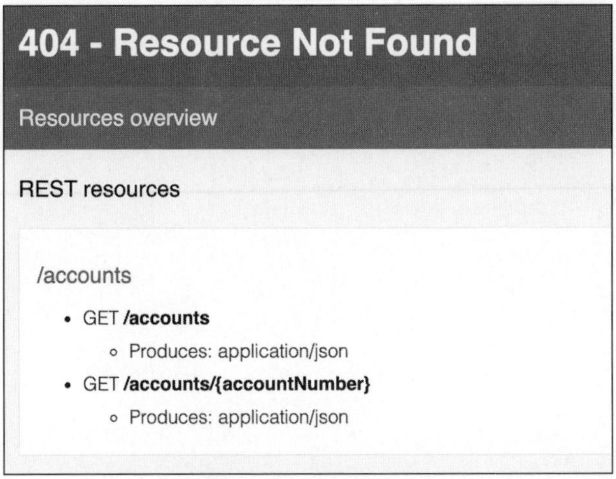

404 - Resource Not Found

Resources overview

REST resources

/accounts

- GET **/accounts**
  - ◦ Produces: application/json
- GET **/accounts/{accountNumber}**
  - ◦ Produces: application/json

图 2.9 Quarkus 错误页

由于没有找到账户编号，因此收到了 HTTP 404 响应。但该页面向我们展示了关于可用 API 端点的有用信息。具体而言，其中包含 /accounts 的入口 URL 路径，以及我们创建的两个下级 URL 路径。

虽然请求的记录找不到，但我们访问的 API 端点是合法的。可为这种情形创建一个包含更多详情的、更友好的 404 响应。在找不到记录时，把 getAccount()方法中抛出的 NotFoundException 异常改为 WebApplicationException 异常，并传入 404 作为响应码。如代码清单 2.13 所示。

代码清单 2.13　AccountResource.getAccount()

```
return response.orElseThrow(()
   -> new WebApplicationException("Account with id of " + accountNumber + "
   does not exist.", 404));
```

在 AccountResource 类中创建一个 JAX-RS 异常映射器，我们可将异常转化为具有含义的响应。如图 2.10 和代码清单 2.14 所示。

```
{
    "exceptionType": "javax.ws.rs.WebApplicationException",
    "code": 404,
    "error": "Account with id of 5 does not exist."
}
```

图 2.10　找不到账户

代码清单 2.14　将异常转化为具有含义的响应

```
@Path("/accounts")
public class AccountResource {
   ...
   @Provider
```

@Provider 将类标记为可自动发现的 JAX-RS 提供程序

```
public static class ErrorMapper implements ExceptionMapper<Exception> {

    @Override
    public Response toResponse(Exception exception) {

        int code = 500;
        if (exception instanceof WebApplicationException) {
            code = ((WebApplicationException)
    exception).getResponse().getAccountStatus();
        }

        JsonObjectBuilder entityBuilder = Json.createObjectBuilder()
            .add("exceptionType", exception.getClass().getName())
            .add("code", code);

        if (exception.getMessage() != null) {
            entityBuilder.add("error", exception.getMessage());
        }

        return Response.status(code)
            .entity(entityBuilder.build())
            .build();
    }
}
```

针对所有 Exception 类型实现 ExceptionMapper

覆写 toResponse 方法，以便将异常转换为 Response

如果为 WebApplicationException 类型，从中提取 HTTP 状态码，否则默认为 500

使用构建器构造包含异常类型和 HTTP 状态码的 JSON 格式数据

如果有消息，将其添加到 JSON 对象

返回含有 HTTP 状态码和 JSON 对象的 Response 对象

作为练习，请试着向 AccountResource 类添加用于创建账户、提取资金、存入资金和删除账户的方法。AccountResource 类的完整代码位于示例代码的/chapter2/account-service 目录中。

2.3 编写测试

账户服务中的方法具有如下功能：
- 读取所有账户
- 读取单个账户
- 创建新的账户
- 更新账户
- 删除账户

不过，我们还没有验证当前已完成代码的功能是否正确。我们只是通过浏览器访问 URL 来发起 HTTP GET 请求，验证了读取所有账户和读取单个账户的功能。即使有了这些手工验证，但还是不能覆盖后续可能的变更，除非每次变更都要手工验证。

确保已编写的代码都被测试，并以恰当的方式验证它们能达到预期的效果。为此，我们至少要为代码添加某种形式的测试。

Quarkus 支持通过向测试类添加@QuarkusTest 注解来运行 JUnit 5 单元测试。

@QuarkusTest 指示在测试过程中使用 JUnit 5 扩展程序，会对被测试的服务执行必要的
增强，类似于 Quarkus Maven、Gradle 插件在编译期间的作用。测试运行前，JUnit 5 扩
展程序也会启动运行构建完成的 Quarkus 服务，与其他构建工具的构造过程类似。

向 pom.xml 添加下面的依赖项，即可开始向账户服务添加测试：

```
<dependency>
    <groupId>io.quarkus</groupId>
    <artifactId>quarkus-junit5</artifactId>
    <scope>test</scope>
</dependency>
<dependency>
    <groupId>io.rest-assured</groupId>
    <artifactId>rest-assured</artifactId>
    <scope>test</scope>
</dependency>
```

如果账户服务的项目是从 https://code.quarkus.io 生成的，那么它已经包含了测试依
赖项。

注意

rest-assured 并非测试所需的依赖项，不过它提供了一种便于测试 HTTP 端点的方式。
我们也可以使用其他类库实现同样的效果，不过后文的示例都会使用 rest-assured。此外，
rest-assured 在对测试数据断言和匹配时会依赖 Hamcrest。

项目生成器还会为测试配置 Maven Surefire 插件，如下所示：

```
<plugin>
  <artifactId>maven-surefire-plugin</artifactId>
  <version>${surefire-plugin.version}</version>    ◄──── 将 Surefire 插件设置为与 JUnit 5 兼容
  <configuration>                                        的版本，最低为 3.0.0-M5
    <systemPropertyVariables>
      <java.util.logging.manager>org.jboss.logmanager.LogManager</java.util
      .logging.manager>
    </systemPropertyVariables>                ◄──── 设置系统属性，确保测试使用
  </configuration>                                    正确的日志管理器
</plugin>
```

下面的代码清单所示是一个测试案例，它验证了读取所有账户功能可以返回预期的
结果。

代码清单 2.15　AccountResourceTest

```
@QuarkusTest
public class AccountResourceTest {          把方法声明为测试方法
    @Test
    void testRetrieveAll() {  ◄──
        Response result =            在 JUnit 5 中，测试方法不必为 public
            given()
                .when().get("/accounts")  ◄──
                .then()                         向/account 发送 HTTP GET 请求
                    .statusCode(200)  ◄──
                    .body(                      验证响应状态码为 200，意为正常返回
```

```
                    containsString("George Baird"),
                    containsString("Mary Taylor"),         ◄──  验证正文包含所有客户的姓名
                    containsString("Diana Rigg")
                )
            .extract()                 提取响应内容
            .response();  ◄──                                 提取 JSON 数组，并转换为
                                                              Account 对象列表
    List<Account> accounts = result.jsonPath().getList("$");  ◄──
    assertThat(accounts, not(empty()));  ◄──
    assertThat(accounts, hasSize(3));  ◄──
    }                                                    断言 Account 对象列表不为空
}                        断言 Account 对象列表包含三条数据
```

一个测试方法还不足以防止功能受到未来的破坏。下面这段代码展示的是验证读取
单个 Account 的测试方法。

代码清单 2.16 验证读取单个 Account

```
@Test
void testGetAccount() {                              在 URL 路径参数中传入
    Account account =                                要读取的账户的 ID
        given()
            .when().get("/accounts/{accountNumber}", 545454545)  ◄──
            .then()
                .statusCode(200)
                .extract()                           验证响应中的账户对象的
                .as(Account.class);                  值符合预期

    assertThat(account.getAccountNumber(), equalTo(545454545L));  ◄──
    assertThat(account.getCustomerName(), equalTo("Diana Rigg"));
    assertThat(account.getBalance(), equalTo(new BigDecimal("422.00")));
    assertThat(account.getAccountStatus(), equalTo(AccountStatus.OPEN));
}
```

我们目前编写的测试只是验证已有数据的读取功能可返回正确的值，而没有验证过
账户服务的更新和添加数据功能。接下来添加一个测试，验证能成功地创建新账户。

创建账户的测试涉及多方面的考虑。除了要验证新账户的创建，测试还需要确保包
含所有账户的列表含有新创建的账户。在测试修改服务状态的功能时，必须安排好测试
的执行顺序。

为什么要按顺序执行测试？当测试要对服务的状态进行创建、删除或更新时，会对
读取状态的测试造成影响。比如，在代码清单 2.15 中读取所有账户的早前测试中，我们
期待它返回三个账户。而如果测试方法的执行顺序不能固定、不按预定顺序执行，那么
创建账户的测试就可能在代码清单 2.15 之前执行，这时测试就会由于找到了 4 个账户而
失败。

要指定测试执行的顺序，可在测试类定义上添加 @TestMethodOrder
(OrderAnnotation.class)注解。放在@QuarkusTest 之上或之下都可以。如代码清单 2.17
所示，添加到每个测试方法上的@Order(x)注解，以及其中的数字 x 用于指定当前测试

案例在所有案例构成的执行序列中的位置。@testRetrieveAll() 和 @testGetAccount() 的顺序在 Order(1) 或 Order(2) 都可以，因为它们不修改数据，所以顺序无关紧要。

代码清单 2.17　指定测试顺序

```
@Test
@Order(3)
void testCreateAccount() {                          设置该测试的执行顺序为3，即在读取
    Account newAccount = new Account(324324L, 112244L, "Sandy Holmes", new
        BigDecimal("154.55"));

                                                    设置 HTTP POST 请求的
                                                    内容类型为JSON
    Account returnedAccount =
        given()
            .contentType(ContentType.JSON)          在 HTTP POST 请求中携带
            .body(newAccount)                        新的账户对象
            .when().post("/accounts")
            .then()                                 把 HTTP POST 请求发往/accounts
                .statusCode(201)
                .extract()                          验证返回的 HTTP 状态码应为 201，
                .as(Account.class);                 表示创建成功

    assertThat(returnedAccount, notNullValue());            断言响应中包含的账户对象不为空，
    assertThat(returnedAccount, equalTo(newAccount));       且与传入的账户相同

    Response result =
        given()
            .when().get("/accounts")                向 /accounts 发送 HTTP GET 请
            .then()                                 求，尝试读取所有账户
                .statusCode(200)
                .body(
                    containsString("George Baird"),
                    containsString("Mary Taylor"),
                    containsString("Diana Rigg"),
                    containsString("Sandy Holmes")
                )                                   验证响应中包含新账户的客户
                .extract()                          姓名
                .response();

    List<Account> accounts = result.jsonPath().getList("$");
    assertThat(accounts, not(empty()));
    assertThat(accounts, hasSize(4));
}                                                   断言最终应包含 4 个账户
```

在账户项目所在的目录打开一个终端窗口，执行如下测试命令：

```
mvn test
```

图 2.11 所示为运行测试后出现的错误。

创建账户应该返回 HTTP 状态码 201，而测试却收到了 200。测试中的请求是成功的，HTTP 状态码却与预期不符。

为修复这一问题，我们不在服务端方法中直接返回创建后的 Account 实例，而是返回一个 Response 对象，这样才能为其设置合适的 HTTP 状态码。代码清单 2.18 展示了更

改后的创建方法。

```
[ERROR] Tests run: 3, Failures: 1, Errors: 0, Skipped: 0, Time elapsed: 3.817 s <<< FAILURE! -
in quarkus.accounts.AccountResourceTest
[ERROR] quarkus.accounts.AccountResourceTest.testCreateAccount  Time elapsed: 0.079 s  <<< FAIL
URE!
java.lang.AssertionError:
1 expectation failed.
Expected status code <201> but was <200>.

        at quarkus.accounts.AccountResourceTest.testCreateAccount(AccountResourceTest.java:72)
```

图 2.11 创建账户的测试失败

代码清单 2.18 更改后的创建方法

```
@Path("/accounts")
public class AccountResource {
    ...
    @POST
    @Consumes(MediaType.APPLICATION_JSON)
    @Produces(MediaType.APPLICATION_JSON)
    public Response createAccount(Account account) {
        if (account.getAccountNumber() == null) {
            throw new WebApplicationException("No Account number specified.", 400);
        }

        accounts.add(account);
        return Response.status(201).entity(account).build();  ◀────────┐
    }                                                                  │
    ...                              用 201 状态码构建一个 Response 对象,同
}                                    时在其中放入新创建的账户实体
```

再次运行 mvn test,会看到一个新的错误。现在测试失败的原因是,在 HTTP POST
请求中传入的账户和响应返回的账户不相等。测试失败信息为:

```
Expected: <quarkus.accounts.repository.Account@22361e23>
 but: was <quarkus.accounts.repository.Account@46994f26>
 at quarkus.accounts.activerecord.AccountResourceTest.testCreateAccount(
AccountResourceTest.java:77)
```

Account 类没有声明 equals 和 hashcode 方法,所以相等性检查会使用默认的对象比
较机制,这里的两个对象由于不相同而被认为不相等。

我们修改 Account 类,向其中添加 equals 和 hashcode 方法即可修复该问题,如下所示。

代码清单 2.19 修改 Account 类,添加方法

```
public class Account {
    ...
    @Override
    public boolean equals(Object o) {
        if (this == o) return true;

        if (o == null || getClass() != o.getClass()) return false;
```

```
    Account account = (Account) o;
    return accountNumber.equals(account.accountNumber) &&
        customerNumber.equals(account.customerNumber);
    }

    @Override
    public int hashCode() {
        return Objects.hash(accountNumber, customerNumber);
    }
    ...
}
```

注意

这里的相等性检查和哈希代码生成过程，只用到账户编号和客户编号。因此，账户的其余数据都可以修改，而不会影响它表示同一个账户实例。为对象正确地设计唯一的业务标识是很重要的。

再次运行 mvn test，所有测试都能运行通过。

在后续章节中，我们将讨论关于测试的更多话题，包括使用原生可执行程序运行测试，为测试定义资源依赖等。

2.4　生成原生可执行程序

Java 程序将 JVM (Java 虚拟机)作为其执行所需的操作系统。JVM 中包含了封装操作系统类库的所有底层 Java API，以及用于简化 Java 编程的便利性 API。包括所有 API 的 JVM 体积不小，如果按照常驻内存集大小(Resident Set Size，RSS)来衡量，它在运行态 Java 程序内存中占据了很大比例。

"原生可执行程序"是可由操作系统直接运行的程序文件，它们只依赖操作系统类库。这些文件只包含该程序专有的、必要的操作系统指令。与 Java 程序相比，原生可执行程序最关键的不同之处在于它们在运行期不再依赖 JVM。

由于不再需要 JVM，因此将 Java 程序向下编译为原生可执行程序可极大地减小文件，还能明显减少运行所需的 RSS，并缩短程序启动时间。

警告

程序体积的减少是"不可达代码剔除机制"的效果。这一机制的多个因素都会对原生可执行程序的代码执行造成影响。其中一个关键区别就是，由于非直接引用的代码会从原生可执行程序中移除，因而不能使用动态类型加载。可从 GraalVM 网站了解有关原生可执行程序中不可用技术的详情：https://www.graalvm.org/reference-manual/native-image/。

过去几年来，GraalVM 项目中的原生可执行程序编译技术逐渐流行起来。很多人可能知道子项目 Truffle 编译器面向 JVM 提供的跨语言编程能力，因而听说过 GraalVM。不过，将 Java 向下编译为原生可执行程序源自另一个子项目。

无服务器(serverless)环境要求进程尽快启动，并尽可能少地占用资源，这种情况下原生可执行程序的优势尤其明显。Quarkus 完美地支持原生可执行程序的生成和优化。具体的优化方式有预先编译(Ahead-of-Time，AOT)、构建期框架元数据处理和原生镜像预启动。

注意
预先编译指的是将 Java 字节码编译为原生可执行程序的过程。JVM 只提供即时编译(Just-in-Time，JIT)。

在构建期处理框架元数据可确保在构建期就完成应用初始部署时所需的类型，这样就不必在程序执行时再做处理。通过减少运行期所需的类型数量，收获降低内存使用和提高启动速度的双重好处。

注意
常见的元数据处理包括对 persistence.xml 的处理，以及由代码注解声明的处理。

通过在原生镜像构建过程中执行一次预启动，Quarkus 进一步减少运行期所需的类型数量。在此期间，Quarkus 尽量多地启动应用中的框架，将状态序列化后存储到原生可执行程序。这样，启动应用的大多数代码(甚至是所有代码)都在原生可执行程序的生成过程中运行过，最终进一步提升启动速度。

除了 Quarkus 的功能，GraalVM 还会针对源代码和打包后的类库，执行不可达代码剔除。通过检视所有代码，移除实际并不存在于执行路径上的方法和类。这样既能减少原生可执行程序的大小，又能降低运行应用所需的内存。

如何为项目生成原生可执行程序？由生成器在项目 pom.xml 文件里添加的，要求生成原生可执行程序的项目配置如下：

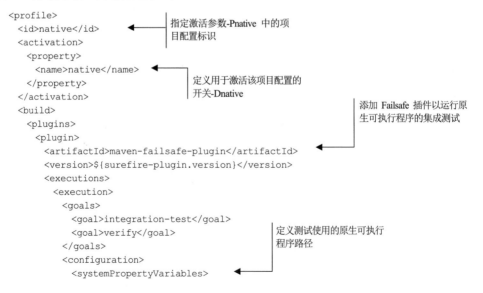

```
<profile>
  <id>native</id>              指定激活参数-Pnative 中的项
  <activation>                 目配置标识
    <property>
      <name>native</name>      定义用于激活该项目配置的
    </property>                开关-Dnative
  </activation>
  <build>                                  添加 Failsafe 插件以运行原
    <plugins>                              生可执行程序的集成测试
      <plugin>
        <artifactId>maven-failsafe-plugin</artifactId>
        <version>${surefire-plugin.version}</version>
        <executions>
          <execution>
            <goals>
              <goal>integration-test</goal>
              <goal>verify</goal>          定义测试使用的原生可执行
            </goals>                       程序路径
            <configuration>
              <systemPropertyVariables>
```

```
<native.image.path>${project.build.directory}/${project.build.finalName}
-runner</native.image.path>
```

```
            <java.util.logging.manager>org.jboss.logmanager
.LogManager</java.util.logging.manager>
            <maven.home>${maven.home}</maven.home>
          </systemPropertyVariables>
        </configuration>
      </execution>
    </executions>
  </plugin>
  </plugins>
</build>
<properties>
  <quarkus.package.type>native</quarkus.package.type>
</properties>
</profile>
```

指示 Quarkus Maven 插件在生成 Java Jar 运行器的同时，生成原生可执行程序

如果项目是从 https://code.quarkus.io 生成的，那么账户服务的 pom.xml 中就已经定义了项目配置 native。

注意

除了创建额外的项目配置，也可通过向 mvn clean install 传入参数 -Dquarkus.package.type=native 生成原生可执行程序。不过，创建新项目配置要更方便，还能支持对原生可执行程序进行集成测试。

在生成原生可执行程序前，我们要针对当前在用的 JDK 版本和操作系统安装 GraalVM。这里是 JDK 11。请根据 Quarkus 网站上的指引安装并配置 GraalVM：http://mng.bz/GOl8。安装 GraalVM 所需的前提条件请参阅 http://mng.bz/zEog。

完成 GraalVM 的安装后，运行下面的命令即可生成原生可执行程序：

```
mvn clean install -Pnative
```

原生构建过程比常规的 Java 编译慢得多，根据应用中类型的数量以及引用的外部类库的多少，整个过程可能需要数分钟。

完成后，将在/target 目录中生成一个以-runner 为后缀的可执行程序。这就是原生可执行程序构建过程的结果。GraalVM 实现相关功能时使用的是原生类库，因此原生可执行程序对应于构建所在的特定操作系统。

提示

要创建适用于 Linux 容器的原生可执行程序，请运行 mvn package -Pnative -Dquarkus.native.container-build=true。

以下面的方式尝试运行账户服务的原生可执行程序：

```
./target/chapter2-account-service-1.0.0-SNAPSHOT-runner
```

与之前的启动过程类似，代码清单 2.20 列出了原生可执行程序启动时的控制台输出。注意到账户服务的启动时间了吗？现在只需要 0.023 s！

代码清单 2.20　启动 Quarkus 原生可执行程序

```
--/ _ \/ / / _ \/ // / _/
-/ // / // / __/ , _/ ,< / // / \
--\_\_\___/ /_//_//_/|_|\___/___/
INFO    [io.quarkus] (main) chapter2-account-service 1.0.0-SNAPSHOT native
(powered by Quarkus 2.1.3.Final) started in 0.023s. Listening on:
http://0.0.0.0:8080
INFO    [io.quarkus] (main) Profile prod activated.
INFO    [io.quarkus] (main) Installed features: [cdi, resteasy,
resteasy-jsonb, smallrye-context-propagation]
```

注意

在原生可执行程序内部，仍然支持垃圾回收，虽然与 JVM 使用的是不同的垃圾回收器。这一变化的一个影响是，由于 JVM 对内存使用的持续优化，在超长期运行的进程中，我们会看到随着时间的增长，JVM 版本的内存表现要优于原生可执行程序。

除了构建原生可执行程序，我们现在还可以执行原生可执行程序的测试，在前面生成项目时我们就见过。要以原生可执行程序的方式运行当前测试，请按代码清单 2.21 所示的方式创建测试。

代码清单 2.21　创建测试

```
@NativeImageTest
public class NativeAccountResourceIT extends AccountResourceTest {
    // 以原生模式，运行相同的测试
}
```

mvn clean install -Pnative 除了会像先前那样完成原生可执行程序的构建，还会运行面向所生成的可执行程序的测试。如果一切正常，就会生成原生可执行程序，并且定义在 AccountResourceTest 类中的测试也会运行并通过。

2.5　在 Kubernetes 上运行应用

Quarkus 致力于打造 Kubernetes 原生体验，现在是时候把我们的账户服务面向 Kubernetes 进行测试、打包和部署了。有多种方法将 Quarkus 应用部署到 Kubernetes 上，本节将介绍其中几种。

2.5.1　生成 Kubernetes YAML

在使用 Kubernetes 时，到处都是 YAML——几乎不可能躲得过。不过，Quarkus 以扩展程序生成 YAML 的方式，为我们提供了几种方式来缓解手写 YAML 的麻烦。

我们首先要做的是向账户服务的 pom.xml 添加依赖项，如下所示：

```
<dependency>
  <groupId>io.quarkus</groupId>
```

```
<artifactId>quarkus-kubernetes</artifactId>
</dependency>
```

这一依赖可向 Quarkus 添加 Kubernetes 扩展，它针对面向 Kubernetes 部署所需的 YAML 提供生成、定制能力。

要了解它的产物，请在项目上运行 mvn clean install，然后查看/target/kubernetes 目录中生成的文件。默认情况下，它会为必要的配置分别生成 .yml 和.json 版本的文件。

在账户服务中，我们可以看到下面的示例代码片段。

代码清单 2.22　kubernetes.yml

```
---
apiVersion: "v1"
kind: "Service"          ◀────┐  定义用于安装的 Kubernetes
metadata:                     │  上的账户服务
  annotations:
    app.quarkus.io/build-timestamp: "...."
    app.quarkus.io/commit-id: "...."
  labels:
    app.kubernetes.io/name: "chapter2-account-service"
    app.kubernetes.io/version: "1.0.0-SNAPSHOT"
  name: "chapter2-account-service"
spec:
  ports:
  - name: "http"          ◀────┐  表示服务会公开 80 端口，
    port: 80                   │  应用也侦听 80 端口
    targetPort: 80
  selector:
    app.kubernetes.io/name: "chapter2-account-service"
    app.kubernetes.io/version: "1.0.0-SNAPSHOT"
  type: "ClusterIP"
---
apiVersion: "apps/v1"
kind: "Deployment"       ◀────┐  为服务创建 Kubernetes
metadata:                     │  Deployment
  annotations:
    app.quarkus.io/build-timestamp: "...."
    app.quarkus.io/commit-id: "...."
  labels:
    app.kubernetes.io/name: "chapter2-account-service"
    app.kubernetes.io/version: "1.0.0-SNAPSHOT"
  name: "chapter2-account-service"
spec:
  replicas: 1            ◀────┐  让 Kubernetes 只创建一个实例；也可以
  selector:                   │  将这个值调高，不过目前没有必要
  matchLabels:
    app.kubernetes.io/name: "chapter2-account-service"
    app.kubernetes.io/version: "1.0.0-SNAPSHOT"
  template:
    metadata:
      annotations:
        app.quarkus.io/build-timestamp: "...."
        app.quarkus.io/commit-id: "...."
```

```
      labels:
        app.kubernetes.io/name: "chapter2-account-service"
        app.kubernetes.io/version: "1.0.0-SNAPSHOT"
  spec:
    containers:
    - env:
      - name: "KUBERNETES_NAMESPACE"
        valueFrom:
          fieldRef:
            fieldPath: "metadata.namespace"
      image: "{docker-user}/chapter2-account-service:1.0.0-SNAPSHOT"  ◄──────────────┐
      imagePullPolicy: "Always"
      name: "chapter2-account-service"                        为 Deployment 定义要使用的
      ports:                                                  docker 镜像
      - containerPort: 80
        name: "http"
        protocol: "TCP"
```

针对默认的 kubernetes.yml，我们有必要进行一些定制：

● 将服务的名称改为 account-service

● 给 docker 镜像使用有意义的名称

要实现这些修改，需要更改 src/main/resources 下的 application.properties 文件，添加以下内容：

```
quarkus.container-image.group=quarkus-mp
quarkus.container-image.name=account-service
quarkus.kubernetes.name=account-service
```

再次运行 mvn clean install，并查看 /target/kubernetes 中的 kubernetes.yml，其中使用的名称现在变成 account-service，docker 镜像也变成 quarkus-mp/account-service:1.0.0-SNAPSHOT。

如果以 Minikube 作为部署目标，我们要针对性地生成一些资源文件，在将 Kubernetes 服务公开到本地机器时，需要用到这些文件。请在 pom.xml 中添加以下依赖：

```
<dependency>
  <groupId>io.quarkus</groupId>
  <artifactId>quarkus-minikube</artifactId>
</dependency>
```

关于如何面向 Minikube 进行部署的完整详情，请访问 https://quarkus.io/guides/deploying-to-kubernetes#deploying-to-minikube。

现在运行 mvn clean install 就能在 target/kubernetes 目录生成与 Minikube 相关的资源文件。打开这些文件，它们看起来大致相同，唯一的区别是 Service 的定义，如下所示：

```
spec:
  ports:
  - name: http
    nodePort: 30704  ◄─────────
    port: 80              对于 Kubernetes 来说，没必要使用 nodePort。但在使用 Minikube 时，
    targetPort: 80       nodePort 表示用于接收流量并转发到服务的本机端口
```

```
selector:
  app.kubernetes.io/name: account-service
  app.kubernetes.io/version: 1.0.0-SNAPSHOT
type: NodePort
```

部署到 Kubernetes 时，类型会设置为 ClusterIP；而在 Minikube 上就要使用 NodePort

在面向 Kubernetes 进行部署时，不推荐使用 Minikube 版本的 Kubernetes 资源文件。在本示例中，使用的是 Minikube 依赖，因为它能把服务公开到 localhost。

2.5.2　应用打包

在 Quarkus 中，将应用打包并部署到 Kubernetes 的方法有如下几种：

- Jib(https://github.com/GoogleContainerTools/jib)
- Docker
- S2I(源码到镜像)二进制构建

每种方法都要在 pom.xml 中添加对应的依赖项，即 quarkus-container-image-jib、quarkus-container-image-docker 和 quarkus-container-image-s2i。

为了简化运行示例所需的依赖项，我们不使用 Docker。Jib 的好处在于，生成容器镜像所需的依赖都包含在其内部。用 Docker 制作容器镜像时会用到 src/main/docker 目录中的内容，但它要求安装 Docker 守护程序。

向 pom.xml 添加下面的依赖项：

```xml
<dependency>
    <groupId>io.quarkus</groupId>
    <artifactId>quarkus-container-image-jib</artifactId>
</dependency>
```

然后，运行这个命令为 JVM 可执行程序创建容器镜像：

```
mvn clean package -Dquarkus.container-image.build=true
```

提示

如果本机还没有运行 Docker 守护程序，创建容器的过程会失败。这时需要改用 Minikube 提供的 Docker 守护程序。运行 minikube start，接着运行 eval $(minikube -p minikube docker-env)，即可将 Minikube 中的 Docker 守护进程公开出来。创建容器镜像前，每一个运行 Maven 命令的终端窗口都要执行 eval 命令，因为执行过程只作用于单个终端窗口。

运行成功后，运行 docker images 即可看到 quarkus-mp:account-service 镜像：

```
→ docker images
REPOSITORY                    TAG              IMAGE ID       CREATED         SIZE
quarkus-mp/account-service    1.0.0-SNAPSHOT   8bca7928d6a9   4 seconds ago   200MB
```

2.5.3　应用部署与运行

现在该把应用部署到 Minikube 了！如果尚未安装 Minikube，请先安装 Minikube。

安装后，在终端窗口中运行此命令：

```
minikube start
```

警告

如果这是你首次运行 Minikube，可能需要花一些时间来下载所需的容器镜像。Minikube 将以 4GB 内存、20GB 硬盘的默认设置启动。

提示

对于每个要执行命令来构建和部署容器的终端窗口，都要运行 eval $(minikube -p minikube docker-env)。

现在开始部署！请运行下面的命令：

```
mvn clean package -Dquarkus.kubernetes.deploy=true
```

它会用已经安装的容器扩展程序来生成必要的容器镜像，然后部署到.kube/config 指向的 Kubernetes 集群。执行 minikube start 后，Minikube 集群将被配置到/[HOME]/.kube/config。

成功后，构建过程应该以类似下面的消息结束：

```
[INFO] [io.quarkus.kubernetes.deployment.KubernetesDeployer] Deploying to
kubernetes server: https://192.168.64.2:8443/ in namespace: default.
[INFO] [io.quarkus.kubernetes.deployment.KubernetesDeployer] Applied:
Service account-service.
[INFO] [io.quarkus.kubernetes.deployment.KubernetesDeployer] Applied:
Deployment account-service.
```

重要

在 Quarkus 2.x 版本中，使用 mvn package -Dquarkus.kubernetes.deploy=true 重新部署已存在于 Kubernetes 中的应用会报错。可运行 kubectl delete-f/target/kubernetes/minikube.yaml 先删除应用，从而绕过这个问题。

输出的日志消息表示,已向 Kubernetes 部署了这些我们在此前生成的 kubernetes.yml 中见过的资源：

- Service
- Deployment

账户服务部署后，运行 minikube service list 可查看所有服务的详情：

```
|---------------|------------------|-----------------|--------------------------|
|   NAMESPACE   |       NAME       |   TARGET PORT   |           URL            |
|---------------|------------------|-----------------|--------------------------|
|    default    |  account-service |  http/80        | http://192.168.64.2:30704 |
|    default    |  kubernetes      |  No node port   |                          |
|  kube-system  |  kube-dns        |  No node port   |                          |
|---------------|------------------|-----------------+--|------------------------|
```

从本地访问 account-service 的 URL 是 http://192.168.64.2:30704。

由于 Minikube 绑定的是机器 IP 地址，因此使用 http://localhost:30704 是不能访问

Minikube 中的服务的。

　　如果要查看包含所有账户的列表，可以从浏览器中访问 http://192.168.64.2:30704/
accounts。再试试账户服务的其他 API 端点，以确保它们在部署到 Minikube 之后工作
正常。

　　要总结的内容真不少！回顾一下，本章讨论过的关键任务有：从 https://code.quarkus.io/
生成 Quarkus 项目，利用实时编码技术提高开发速度，为 Quarkus 微服务编写测试，生
成原生可执行程序来缩小镜像并提高启动速度，以及将 Quarkus 微服务部署到 Kubernetes。

2.6　本章小结

- 在浏览器中打开 https://code.quarkus.io/可以生成并下载项目代码。在下载之前，
  可以按需为应用选择扩展程序，并定制应用的名称。
- 使用 mvn quarkus:dev 启动微服务后，即可开始 Quarkus 实时编码。在 IDE 中修
  改 JAX-RS 资源，然后刷新浏览器即可看到变更已在应用中生效。
- 在测试类上标记@QuarkusTest 后，Quarkus 会以与 Quarkus Maven 插件一致的方
  式为测试打包应用。这样能使测试一直接近于实际构建，提升在测试中及早发现
  问题的可能性。
- 在 pom.xml 中定义 native 项目配置后，即可用 mvn clean install -Pnative 命令为
  Quarkus 应用生成原生可执行程序。在容器或 FaaS(函数即服务)这种服务不必运
  行数周的环境中，以这种方式生成的原生可执行程序的内存使用情况和启动时间
  会得到优化。
- Kubernetes 需要以资源文件的方式定义部署内容。向 Quarkus 应用添加 Kubernetes
  扩展程序时，扩展程序会自动创建用于部署到 Kubernetes 的 JSON 和 YAML 文件。
- 通过在 pom.xml 添加 quarkus-container-image-jib 依赖项，可以生成部署到
  Kubernetes 所需的容器镜像。运行 mvn clean package-Dquarkus.container-image.
  build=true 可以生成供 Kubernetes 使用的镜像。

第 II 部分

微服务开发

第 II 部分探讨如何使用 MicroProfile 和 Quarkus 进行微服务开发。无论是读取配置、使用 Panache 简化数据库开发、使用外部微服务、微服务安全、记录可用的 HTTP 端点、在微服务内部和微服务之间实现弹性，还是引入反应式编程并将其桥接到命令式世界，本部分都会有详细的介绍。

第*3*章

微服务配置

第 2 章介绍了 Account 服务，分别运行在本地和 Kubernetes 上。该服务支持运行的上下文远不止两种(稍后会介绍)。每种上下文各不相同，具有数据库、消息系统和后端业务微服务等外部服务。账户服务必须在它所在的上下文中与各个服务交互，每个服务都有配置要求。

图 3.1 展示了企业如何根据上下文使用不同的数据库。开发者在开发过程中使用本地桌面数据库，如 H2 嵌入式数据库。集成测试环境使用像 PostgreSQL 这样的低成本数据库。生产环境使用像 Oracle 这样的大型企业级数据库。预发布环境尽可能模仿生产，因此也使用 Oracle。应用程序需要一种方法来访问和应用每个上下文中特定的配置，而不需要为每个上下文重新编译、重新打包和重新部署。这里需要用到的是配置外置，应用程序能访问特定于所在上下文的配置。

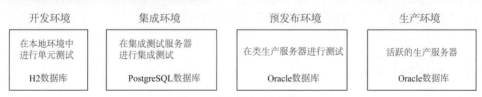

图 3.1　微服务上下文的例子

3.1 MicroProfile Config 架构概述

基于 MicroProfile Config 可以实现配置外置。利用它，应用程序可以访问并启用其中的配置属性，而不必在配置更改时修改应用程序。Quarkus 还使用 MicroProfile Config 进行自我配置，也具有同样的特定于上下文的配置优势。比如，Quarkus 在本地可能需要以8080 端口公开 Web 应用程序，而在预发布环境和生产环境中，可能要在不修改应用程序代码的情况下将 Quarkus 配置为使用 80 端口。

图 3.2 概要呈现了支持配置外置的 MicroProfile Config 架构。

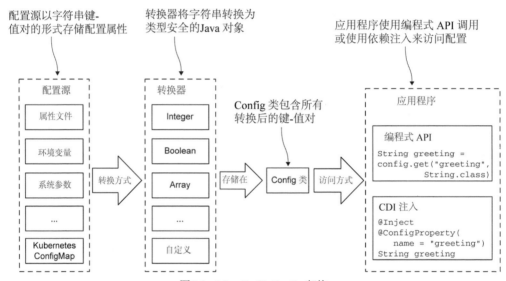

图 3.2 MicroProfile Config 架构

配置属性是在配置源中定义的字符串键-值对。应用启动时，Quarkus 使用 MicroProfile Config 从所有可用配置源加载属性。在加载属性时，它们会从字符串转换为 Java 数据类型并存储在 Config 类对象中。然后，应用程序可使用编程 API 或基于注释的 CDI 注入API 从 Config 类对象访问配置属性。

本节概述了 MicroProfile Config，本章的其余部分将详细介绍开发者最常用的架构组件。MicroProfile Config 提供了一些高级功能，比如为自定义数据类型创建转换器，以及构建自定义数据源，但这些超出了本书的讨论范围。

3.2 访问配置

应用程序通过 Config 对象访问配置。MicroProfile Config 提供了两种 API 风格用于访问 Config 对象。以下示例通过从 Config 对象读取配置属性 greeting 的值并存储在 greeting 变量中来展示两种 API 风格。

● 编程式 API——如果运行时没有可用的 CDI 注入，可以使用编程式 API。代码清单 3.1 展示了一个简短示例。

代码清单 3.1　编程式 API

```
Config config = ConfigProvider.getConfig();

String greeting = config.getValue("myapp.greeting", String.class);
```

用编程式 API config.getValue()
直接读取 greeting

● CDI 注入——如果运行时支持，则可使用 CDI 注入。由于 Quarkus 能支持 CDI 注入(见代码清单 3.2)，后面的示例将只关注 CDI 注入。

代码清单 3.2　CDI 注入 API 案例

```
@Inject
@ConfigProperty(name="myapp.greeting")
String greeting;
```

用 CDI 注入将 myapp.greeting 的
值注入 greeting 变量

注意

用@ConfigProperty 注入配置属性时，MicroProfile Config 规范要求使用@Inject 注解。而看重快乐开发的 Quarkus 让@ConfigProperty 注解上的@Inject 变成可选，从而简化了代码。本章的其余部分将仅使用 CDI 模式。

3.3　银行服务

有了配置外置和 MicroProfile Config 的背景知识，下一步就要应用这些知识了。下面首先创建一个使用配置 API 的微服务，即银行服务。银行服务很简单，关注点聚集于配置功能。它由以下可配置字段组成，这些字段可由 MicroProfile Config 访问并以 REST 端点的形式公开：

● name——包含银行名称的字符串字段。
● mobileBanking——表示是否支持手机银行的布尔值。
● supportConfig——含有多个配置值的 Java 对象，用于获取银行客服支持信息。

在后续章节中，会用其他功能来扩展银行服务，包括一些会扩展到账户服务的功能，例如，调用远程 REST 端点、传递安全令牌和跟踪请求。

3.3.1　创建银行服务

在第 2 章，应用是从 code.quarkus.io 生成的。本章中，我们换一种方法，使用 Quarkus Maven 插件。查看代码清单 3.3 中的 Maven 命令行，它可用于创建银行服务的 Quarkus 项目。

代码清单 3.3 使用 Maven 生成 bank-service

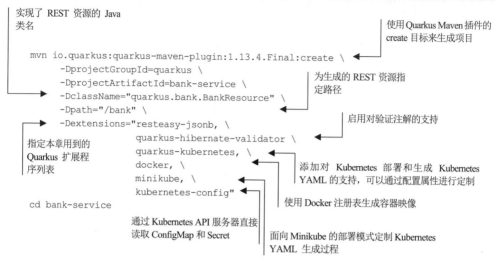

实现了 REST 资源的 Java
类名

使用 Quarkus Maven 插件的
create 目标来生成项目

```
mvn io.quarkus:quarkus-maven-plugin:1.13.4.Final:create \
    -DprojectGroupId=quarkus \
    -DprojectArtifactId=bank-service \
    -DclassName="quarkus.bank.BankResource" \
    -Dpath="/bank" \
    -Dextensions="resteasy-jsonb, \
                  quarkus-hibernate-validator \
                  quarkus-kubernetes, \
                  docker, \
                  minikube, \
                  kubernetes-config"

cd bank-service
```

为生成的 REST 资源指
定路径

启用对验证注解的支持

指定本章用到的
Quarkus 扩展程
序列表

添加对 Kubernetes 部署和生成 Kubernetes
YAML 的支持，可以通过配置属性进行定制

使用 Docker 注册表生成容器映像

通过 Kubernetes API 服务器直接
读取 ConfigMap 和 Secret

面向 Minikube 的部署模式定制 Kubernetes
YAML 生成过程

可以随时使用 add-extensions Maven 目标添加扩展程序，使用 remove-extension 目标
移除扩展程序。如果是在开发模式运行(mvn quarkus:dev)，Quarkus 会自动重新加载应用，
包括对扩展程序方面的修改！请参阅 Maven 工具指南：https://quarkus.io/guides/maven-
tooling。为了改善开发者体验，-Dextensions 属性还能指定缩写的扩展程序名。缩写名称
要足够明确，能指代一个扩展程序，否则命令会出错。我们可以用缩写名称 resteasy-jsonb
指定使用 quarkus-resteasy-jsonb 扩展程序，从而为 RESTEasy(JAX-RS)添加 JSON-B 序
列化支持。

注意
截止本书写作时，以 Quarkus 命令行的方式创建并管理 Quarkus 应用还处于试验状
态。请查阅 Quarkus 命令行使用指南(https://quarkus.io/guides/cli-tooling)来了解更多信息。
为了准备本章的示例程序，请完成下列步骤：

- 删除 src/test 及其子目录。由于我们对输出内容进行了特意修改，因此示例程序
  会频繁导致测试无法通过。
- 为防止可能出现的端口冲突，如果前面章节里启动的账户服务还在运行，请让它
  停止运行。
- 完成项目的创建和前置步骤后，请使用下面的命令行，以开发者模式启动应用。

代码清单 3.4 启动实时编码

```
mvn quarkus:dev
```

启动开发者模式后，就该着手配置银行服务了。

3.3.2　配置银行服务的名称字段

我们从配置属性bank.name(银行名称)开始,在BankResource.java文件里添加getName()方法,如代码清单3.5所示。

代码清单3.5　注入并使用银行名称的配置属性

```
@ConfigProperty(name="bank.name")
String name;

@GET
@Path("/name")
@Produces(MediaType.TEXT_PLAIN)
public String getName() {
    return name;
}
```

注入配置属性 bank.name 的值,
设置到 name 字段上

返回值是文本格式

返回注入的名称

打开 API 端点 http://locdalhost:8080/bank/name,并注意其中与图 3.3 类似的错误页。

错误消息指出代码里包含一个错误,Quarkus 接着在页面顶部展示了错误来源。代码尝试注入配置属性 bank.name,但目前尚未定义 bank.name。在尝试注入没有定义的配置属性时,Quarkus 按照 MicroProfile Config 规范的要求抛出 DeploymentException 异常。

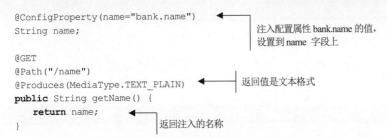

Error restarting Quarkus

java.lang.RuntimeException: java.lang.RuntimeException: Failed to start quarkus

The stacktrace below has been reversed to show the root cause first. Click Here to see the original stacktrace

```
javax.enterprise.inject.spi.DeploymentException: No config value of type [java.lang.String] exists for: bank.name
        at io.quarkus.arc.runtime.ConfigRecorder.validateConfigProperties(ConfigRecorder.java:37)
        at io.quarkus.deployment.steps.ConfigBuildStep$validateConfigProperties1249763973.deploy_0(ConfigBuildStep$v
        at io.quarkus.deployment.steps.ConfigBuildStep$validateConfigProperties1249763973.deploy(ConfigBuildStep$va
        at io.quarkus.runner.ApplicationImpl.doStart(ApplicationImpl.zig:436)
```

图 3.3　浏览器的输出结果

可采用以下的三种方法来解决缺少配置属性的问题,通常可以按具体需求进行选择:

(1) 默认值——一个保底值,它应该足够通用,适用于各种配置属性缺失的场景。

(2) 给定值——在配置源里,定义该属性和值。

(3) 标记为可选——如果缺失的配置属性需要由定制的业务逻辑来提供,可以采用这种方式。

我们先来看前两种方式,而第 3 种则在随后介绍。

指定默认值是很容易的,只需要修改@ConfigProperty 处的代码。

代码清单 3.6 为配置属性指定默认值

```
@ConfigProperty(name="bank.name",
   defaultValue = "Bank of Default")
```

指定默认值，在没有定义 bank.name 时，就会使用这个值。

重新打开 URL，就能展示更新后的银行名称了。

代码清单 3.7 输出：Bank of Default

```
Bank of Default
```

第(2)种方式是为配置属性给定一个值，通过向配置文件 application.properties 加入 bank.name 属性就可以轻松实现了。

代码清单 3.8 在 application.properties 文件中定义 bank.name 属性

```
bank.name=Bank of Quarkus
```

重新打开 URL，就能展示出更新后的银行名称了，如代码清单 3.9 所示。

代码清单 3.9 输出：Bank of Quarkus

```
Bank of Quarkus
```

3.4 配置源

配置源是一种能以键-值对形式提供配置值的来源形式。application.properties 就是一种配置源，Quarkus 还支持十多种其他配置源。微服务从多种配置源获取配置的情况很常见。图 3.4 展示的是各种配置源，以及本章用到的示例配置值。

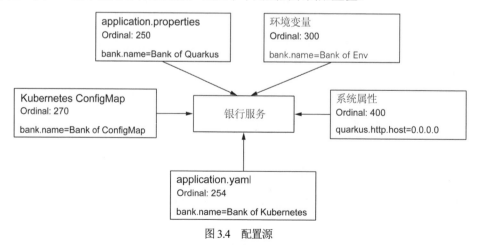

图 3.4 配置源

　　人们常常特意用多个配置源定义相同的配置属性。这种情况下，哪一个会优先使用？
MicroProfile Config 有一种简单而有效的方式来解决配置属性的冲突。每种配置源都指定
了 ordinal 序号。序号大的配置源定义的配置属性的优先级更高。有三种配置源是
MicroProfile Config 要求必须实现的，且每种来源要使用不同的序号。表 3.1 简要列举了
必须实现的配置源，还列举了本章用到的、由 Quarkus 额外支持的配置源，以及各种配
置源的序号。

表 3.1　MicroProfile Config 配置源示例

配置源	序号	说明
系统属性	400	MicroProfile Config 要求必须实现。能覆写几乎所有配置源的 JVM 属性，通过在 Java 命令行上添加-D 属性名=属性值来设置配置属性
环境变量	300	MicroProfile Config 要求必须实现。能覆写大部分属性值。Linux 容器把环境变量用作一种参数传递方式
Kubernetes ConfigMap 客户端	270	直接访问 Kubernetes ConfigMap。可覆写 application.properties 文件中的值
application.yml	254	以 YAML 格式存储配置属性，文件扩展名为.yaml 或 .yml
application.properties	250	大多数 Quarkus 应用默认使用的配置属性文件
microprofile-config.properties	100	MicroProfile Config 要求必须实现。对于以 MicroProfile 为中心的应用会很有用，它们希望应用能够跨多种 MicroProfile 实现移植能力

注意

　　MicroProfile Config 要求对 META-INF/microprofile-config.properties 提供支持，从而
为应用提供可移植性。Quarkus 是支持 microprofile-config.properties 文件的，但默认使用
的是 application.properties。本书使用的是 application.properties，虽然 microprofile-
config.properties 也能正常使用，且功能一致。

　　我们从环境变量开始，来验证配置源序号的功能。环境变量的特别之处在于，配置
属性值可能包含点、下画线和正斜线，但有些操作系统却不能支持把它们作为环境变量。
由于这一原因，这些字符要映射为由操作系统广泛支持的对应字符。

　　MicroProfile Config 以下面的顺序查找环境变量(以 bank.mobileBanking 为例)：

- 严格匹配——查找 bank.mobileBanking，如果找不到，跳到下一条规则。
- 把字母之外的字符替换为"_"——查找 bank_mobileBanking，如果找不到，跳到下一条规则。
- 把字母之外的字符替换为"_"，再转换为大写——查找 BANK_MOBILEBANKING。

　　如代码清单 3.10 所示，定义环境变量 BANK_NAME。

代码清单 3.10　定义环境变量 BANK_NAME

```
export BANK_NAME="Bank of Env"
```

以开发者模式启动 Quarkus(mvn quarkus:dev)，验证环境变量能够覆写 application.properties。重新加载 URL http://localhost:8080/bank/name，就能看到下面的输出结果。

代码清单 3.11　输出：Bank of Env

```
Bank of Env
```

接着，以可运行 JAR 包的方式启动 Quarkus，同时测试两种输出。第一种是以系统属性作为配置源，第二种是以一种不同的打包格式测试外置配置。

以下面两个代码示例的方式，用系统属性重新启动应用。

代码清单 3.12　以可运行.jar 文件的方式运行银行服务

```
mvn -Dquarkus.package.type=uber-jar package
```
把应用打包为全量 JAR。只需要有这个 JAR 和 JVM，应用就可以运行

```
java "-Dbank.name=Bank of System" \
     -jar target/bank-service-1.0.0-SNAPSHOT-runner.jar
```
运行应用，以系统属性的方式指定 bank.name

代码清单 3.13　启动过程产生的输出

```
--/ __ \/ / / / _ | / _ \/ //_/ / / / __/
-/ /_/ / / / / __ |/ , _/ ,< / /_/ /\ \
--_____/_/ |_/_/|_/_/|_|\___/___/
2021-05-10 14:27:25,976 INFO [io.quarkus] (main) bank-service
1.0.0-SNAPSHOT on JVM (powered by Quarkus 1.13.4.Final) started in 0.587s.
Listening on: http://0.0.0.0:8080
2021-05-10 14:27:25,993 INFO [io.quarkus] (main) Profile prod activated.
2021-05-10 14:27:25,994 INFO [io.quarkus] (main) Installed features: [cdi,
resteasy]
```
以全量 JAR 包的形式运行的 Quarkus 启动只用了 0.587 秒！

重新加载 API 端点 http://localhost:8080/bank/name，可以看到下面的输出结果。

代码清单 3.14　输出：Bank of System

```
Bank of System
```

这种方式有几点需要注意。首先，Quarkus 应用与各种流行的 Java 运行时一样，能以全量 JAR(uber-JAR)文件的方式运行。其次，启动过程只用了 0.5 秒多一点！尽管近年来，全量 JAR 已经成为一种流行的打包格式，却并不是一种容器友好的格式。因此，Quarkus 应用很少打包为全量 JAR。我们会在后面详细讨论。

停止运行 Quarkus，并以下面的方式移除 BANK_NAME 环境变量。

代码清单 3.15　移除环境变量

```
unset BANK_NAME
```

3.5 配置 mobileBanking 字段

在开始设置 mobileBanking(手机银行)配置之前，先以开发者模式启动 Quarkus。为防止出现异常，在这个例子里，我们运用一种与之前的 defaultValue 不同的方式，即使用 Java 的 Optional(可选)类型。向 BankResource.java 添加如下代码。

代码清单 3.16 在 BankResource 中添加对 mobileBanking 的支持

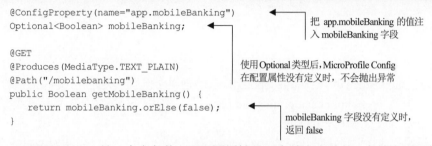

```
@ConfigProperty(name="app.mobileBanking")          把 app.mobileBanking 的值注
Optional<Boolean> mobileBanking;                   入 mobileBanking 字段

@GET                                               使用 Optional 类型后，MicroProfile Config
@Produces(MediaType.TEXT_PLAIN)                    在配置属性没有定义时，不会抛出异常
@Path("/mobilebanking")
public Boolean getMobileBanking() {
    return mobileBanking.orElse(false);            mobileBanking 字段没有定义时，
}                                                  返回 false
```

mobileBanking 是一个布尔值，而配置属性是以字符串存储的。字符串需要转换为布尔数据类型才能正确注入。如图 3.2 所示，MicroProfile Config 体系的转换器能把字符串的配置属性转换为基础数据类型，包括布尔类型。

注意
MicroProfile Config 还提供了为自定义数据类型创建转换器的 API。

MicroProfile Config 在处理未定义的配置属性时，支持利用 Java 的 Optional 数据类型消除 DeployomentException 异常。在 getMobileBanking()方法中，如果定义了配置值，mobileBanking 就会返回该值，否则返回 false。

为测试代码的效果，访问 API 端点/bank/mobilebanking，可以看到 HTTP 响应返回了 false，现在我们不再需要异常处理了。application.properties 指定的 app.mobileBanking 属性值，不管是 true 还是 false，都会由 API 端点返回。

3.6 使用@ConfigProperties 对配置属性分组

除了逐个配置属性注入，还可以把紧密关联的配置属性作为一个组，注入为类的多个字段值。如代码清单 3.17 所示，在类上标记@ConfigProperties 注解可以让类的所有字段都成为配置属性。每个字段都可以从配置源注入值。

代码清单 3.17 BankSupportConfig.java：定义@ConfigProperties

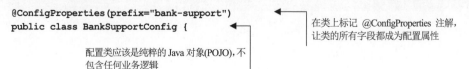

```
@ConfigProperties(prefix="bank-support")           在类上标记 @ConfigProperties 注解，
public class BankSupportConfig {                    让类的所有字段都成为配置属性

            配置类应该是纯粹的 Java 对象(POJO)，不
            包含任何业务逻辑
```

```
        private String phone;
        public String email;
```

不论访问修饰符如何，字段都会成为配置属性。
比如，BankSupportConfig 类既包含私有字段，也
包含公共字段

```
    public String getPhone() {
        return phone;
    }

    public void setPhone(String phone) {
        this.phone = phone;
    }
}
```

可选参数 prefix 可用于指定配置属性的前缀。比如，针对上面的代码片段，属性名称要用 bank-support.email 和 bank-support.phone。前缀会作用于类上所有的配置属性。

导入的类是 org.eclipse.microprofile.config.inject.ConfigProperties，而不是已被废弃的 io.quarkus.arc.config.ConfigProperties。

如代码清单 3.18 所示，向 BankResource.java 添加配置注入代码，然后用 JAX-RS API 端点返回注入后的配置属性值。

代码清单 3.18　BankResource.java：使用@ConfigProperties

```
@ConfigProperties(prefix="bank-support")
BankSupportConfig supportConfig;

@GET
@Produces(MediaType.APPLICATION_JSON)
@Path("/support")
public HashMap<String, String> getSupport() {
    HashMap<String,String> map = new HashMap<>();

    map.put("email", supportConfig.email);
    map.put("phone", supportConfig.getPhone());

    return map;
}
```

将 BankSupportConfig 注入为 supportConfig 字段。为了开发者的便利，Quarkus 并不要求使用@Inject 注解。不过，如果希望具备面向其他 MicroProfile 运行时的可移植性，仍然可以使用该注解

返回值(map)会被转换为 JSON 格式

把属性添加到 Map 中

可 以 直 接 添 加 supportConfig.email ， 因 为 email 是 公 开 的 字 段 。 而 supportConfig.phone 却需要使用 getPhone()访问器方法，因为 phone 是私有字段。最佳实践是，为了提供更好的可读性，应该以一致的方式访问各个配置属性。

定义了 BankSupportConfig 类和 JAX-RS API 端点后，最后一步就是定义配置属性本身了。下面的代码片段可为这些字段对应的配置属性指定值。

代码清单 3.19　在 application.properties 文件定义支持的配置属性

```
bank-support.email=support@bankofquarkus.com
bank-support.phone=555-555-5555
```

添加代码清单 3.18 中定义的前缀

如果访问 REST 端点 http://localhost:8080/bank/support，就能看到如下结果。

代码清单 3.20　站点支持的 REST 端点的 JSON 输出结果

```
{"phone":"555-555-5555","email":"support@bankofquarkus.com"}
```

3.7　Quarkus 特有的配置功能

到目前为止，我们关注的都是由 MicroProfile Config 规范定义的功能。Quarkus 在规范之外还增加了 Quarkus 特有的一些配置功能。

3.7.1　Quarkus 配置编组

利用编组(profile)，Quarkus 让我们能在单个配置源定义多套配置。Quarkus 内置定义了下面三种编组：

- dev——开发者模式激活使用(比如，通过运行 mvn quarkus:dev)
- test——运行测试时激活使用
- prod——开发或测试之外的模式下激活使用。在第 4 章，我们会用编组来区分生产环境和开发环境的与数据库相关的配置属性。

从下面的代码清单可以看出，指定配置编组的语法是%profile.key=value，这样 application.properties 文件中就有三份 bank.name 定义。

代码清单 3.21　包含配置编组的示例 application.properties

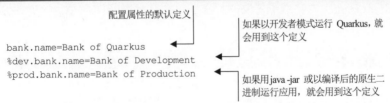

如果 Quarkus 以开发模式运行，比如运行 mvn quarkus:dev，bank.name 就是 Bank of Development；如果是以生产模式运行，比如运行 java -jar target/quarkus-app/quarkus-run.jar，bank.name 就是 Bank of Production。没有前缀的 bank.name 是一个保底值，如果不指定编组名，就会用到它。比如，在这个例子里，如果运行 mvn quarkus:test，由于%dev 和%prod 都不适用，而又没有定义%test.bank.name 配置属性，因此会使用保底值 Bank of Quarkus。

我们还可以声明自定义编组。本章前面介绍了 4 种上下文：开发(dev)、集成(integration)、预发布(staging)和生产环境(production)。由于 Quarkus 天然支持开发和生产环境配置编组，我们就创建一个名为 staging 的自定义编组，并按下面的方式，修改 application.properties。

代码清单 3.22　添加 staging 编组中的 bank.name 配置属性值

```
%staging.bank.name=Bank of Staging
```

可通过设置系统属性 quarkus.profile 来激活使用自定义编组(比如，java
-Dquarkus.profile=staging -jar myapp.jar)，也可通过设置环境变量 QUARKUS_PROFILE 达
到同样的效果。

运行 mvn compile quarkus:dev 以开发者模式启动 Quarkus，并访问 API 端点
http://localhost:8080/bank/name，输出结果如下。

代码清单 3.23　Quarkus 开发者模式的输出

```
Bank of Development
```

如果要查看生产环境对应编组的输出，请看下面两个代码清单。

代码清单 3.24　以生产环境模式运行应用

```
mvn package
java -jar target/quarkus-app/quarkus-run.jar
```

代码清单 3.25　以生产环境模式访问 http://localhost:8080/bank/name 获得的输出

```
Bank of Production
```

3.7.2　配置属性表达式

Quarkus 支持在 application.properties 文件里使用配置属性表达式，表达式的格式为
${my-expression}。Quarkus 在读取配置属性时，会对表达式求值。我们用下面的代码修
改配置文件，就可以体验配置属性表达式了。

代码清单 3.26　配置属性表达式的例子

```
support.email=support@bankofquarkus.com
bank-support.email=${support.email}
bank-support.phone=555-555-5555
```

添加 support.email 配置属性，作
为客服支持的电子邮件地址

设置 bank-support.email 的值，
让它使用配置属性表达式

刷新 API 端点/bank/support，验证客服支持的电子邮件地址符合下面的代码：

代码清单 3.27　支持 API 端点的 JSON 输出

```
{"phone":"555-555-5555","email":"support@bankofquarkus.com"}
```

虽然在本例中，support.email 和 bank-support.${support-email}来自同一个配置源，
不过并没有这样的强制要求。在第 4 章配置数据库凭据的时候，会用到配置属性表达式。
我们分别在不同的配置源里定义数据库凭据和引用这些凭据的属性表达式。

3.7.3　Quarkus ConfigMapping 功能

Quarkus 提供了一种自有 API @ConfigMapping，它具有与 MicroProfile 的@ConfigProperties 类似的配置分组功能，却更灵活，功能也更丰富。@ConfigMapping 的功能非常丰富，光讨论它就需要占用一整章的篇幅！这一节将演示它的两项功能：嵌套分组和配置属性的验证。其余功能可参阅 Quarkus ConfigMapping 指南文档(https://quarkus.io/guides/config-mappings)。

@ConfigMapping 需要定义为 Java 接口，见下面的代码。

代码清单 3.28　BankSupportConfigMapping.java

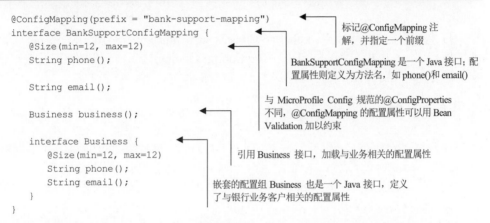

```
@ConfigMapping(prefix = "bank-support-mapping")
interface BankSupportConfigMapping {
    @Size(min=12, max=12)
    String phone();

    String email();

    Business business();

    interface Business {
        @Size(min=12, max=12)
        String phone();
        String email();
    }
}
```

标记@ConfigMapping 注解，并指定一个前缀

BankSupportConfigMapping 是一个 Java 接口；配置属性则定义为方法名，如 phone()和 email()

与 MicroProfile Config 规范的@ConfigProperties 不同，@ConfigMapping 的配置属性可以用 Bean Validation 加以约束

引用 Business 接口，加载与业务相关的配置属性

嵌套的配置组 Business 也是一个 Java 接口，定义了与银行业务客户相关的配置属性

定义@ConfigMapping 后，下一步就是要向 application.properties 添加相应的配置属性，如下所示。

代码清单 3.29　application.properties

代码清单 3.28 指定的前缀为 bank-support-mapping

为让嵌套的配置属性能被读取到，要把接口名称作为前缀

```
bank-support-mapping.email=support@bankofquarkus.com
bank-support-mapping.phone=555-555-5555
bank-support-mapping.business.email=business-support@bankofquarkus.com
bank-support-mapping.business.phone=555-555-1234
```

提示
嵌套的配置组可继续包含嵌套配置组。
最后向 BankResource.java 添加新的 JAX-RS 资源，从而访问@ConfigMapping。

代码清单 3.30　BankResource.java

```
@Inject
BankSupportConfigMapping configMapping;

@GET
@Produces(MediaType.APPLICATION_JSON)
@Path("/supportmapping")
public Map<String, String> getSupportMapping() {
    HashMap<String,String> map = getSupport();
    map.put("business.email", configMapping.business().email());
    map.put("business.phone", configMapping.business().phone());
    return map;
}
```

可从 API 端点/bank/supportmapping 处访问配置属性。这一方法几乎是从 /bank/support API 端点复制的，只是改为与业务相关的支持配置属性

将接口名作为方法名调用，从而访问嵌套配置组。business()方法调用会返回由 Business 接口定义的配置属性值

打开浏览器，访问 http://localhost:8080/bank/supportmapping，验证这些配置属性能否正确地显示。在成功从 API 端点里读取@ConfigMapping 之后，下一节我们调整一下方向，解释为什么 Quarkus 要把配置属性分为运行期和构建期两种类别。

3.7.4　运行期和构建期配置属性

作为 MicroProfile Config 的一种具体实现，Quarkus 的配置功能面向通用的容器场景(特别是 Kubernetes 的场景)做了优化。Kubernetes 被视为一种不可变基础设施，应用配置发生变更时，它会启动新的 Pod，而不是在运行中的 Pod 对应用配置进行修改。

让我们对 Quarkus 和传统 Java 运行时的配置功能做个快速的对比。大多数 Java 运行时在应用启动期间会扫描 classpath。这种运行态扫描提供了支持动态部署的能力，成本是更多的内存占用和更久的启动时间。classpath 扫描过程中，可能耗费相当多的资源，才能为查找结果建立内存模型(元模型)。此外，在应用每次启动都会耗费这种额外的开销。在 Kubernetes 这样高度动态化的环境里，鼓励对应用做频繁的增量变更，应用启动是相当常见的。

Quarkus 的思路有所不同，它把通用的容器环境视为首要目标环境，特别是 Kubernetes 环境。Quarkus 扩展程序在定义配置属性时分为两类：构建期和运行期配置。

在应用编译(构建)时，Quarkus 会对尽可能多的代码进行预先扫描和编译，所以在加载运行时，它天然就是静态的。构建期配置属性能影响编译和元模型的预装配过程(类似于注解的处理)。在运行态，比如以 java -jar myapp.jar 运行程序，对构建期配置属性的修改不会生效。它们的值，或者说值产生的效果，已经编译成 myapp.jar 的一部分。JDBC 驱动程序就是一例，开发者通常能预先知晓程序需要哪些驱动程序。

运行期配置属性不会对代码的预扫描和生成过程产生影响，却能对运行期执行过程形成影响。典型的例子有 quarkus.http.port=80 定义的端口号，以及 quarkus.datasource.jdbc.url=jdbc:postgresql://localhost:5432/mydatabase 定义的数据库连接字符串。

构建期预先扫描的效果是更少的运行期内存占用——只需要数十 MB 内存，以及更快的启动速度：以原生二进制启动只需要数十毫秒，而基于 JVM 运行则需要数百毫秒。

　　Quarkus 扩展程序各自的指引文档(https://quarkus.io/guides)列举了它们的可配置属性。指引文档 Quarkus: All Configuration Options(https://quarkus.io/guides/all-config)列举了所有 Quarkus 扩展程序的所有配置属性。在这两种文档里，小锁图标都表示对应的配置属性的值在编译期就固定了下来。

　　图 3.5 所示的是 Quarkus: All Configuration Options 指引文档，其中混合了固定值的配置属性和运行期可配置的属性。

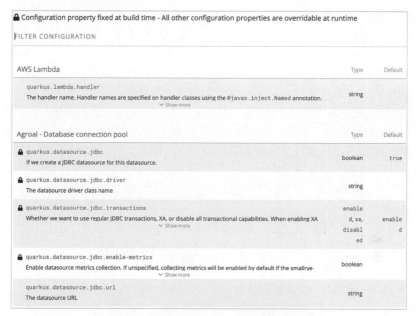

图 3.5　由小锁图标指示的构建期配置属性

　　比如，Agroal 数据库连接池扩展程序在构建期"固定了" quarkus.datasource.jdbc.driver 属性，而允许在编译后修改 quarkus.datasource.jdbc.url 属性的值。

3.8　Kubernetes 上的配置

　　本章我们一直都在对银行服务进行配置，Kubernetes 上部署的应用的配置也几乎一致。主要区别在于可供使用的配置源的种类和使用配置源的方式会有些差异。

3.8.1　Kubernetes 上的常见配置源

　　表 3.1 涵盖了本章中用到的各种配置源，不过我们现在来看看它们在 Kubernetes 上通常是如何使用的。

- 系统属性——容器镜像通常以预先定义好的参数启动运行时。一个典型例子是需要遵守团队或企业标准的要求。在下例中，企业标准要求使用 JBoss LogManager：

```
java -Djava.util.logging.manager=org.jboss.logmanager.LogManager \
  -jar /deployment/app.jar
```

- 环境变量——容器是一种自包含的可运行软件包。对以容器形式打包的应用进行配置时，环境变量是一种普遍使用的、较为正式的参数传递技术。比如，Postgres官方容器镜像使用了环境变量 POSTGRES_USER 来定义数据库用户(https://hub.docker.com/_/postgres)。在 Kubernetes 上，以这种形式向容器传递参数也很流行。

- Kubernetes ConfigMap——ConfigMap 是 Kubernetes 上支持配置外置的主要概念。ConfigMap 用于以键-值对的方式存储机密程度较低的数据。可将 ConfigMap 理解为一种访问键-值对的接口，而这个接口的实现方式有很多种。其中最常见的一种实现方式是把 ConfigMap 挂载到 Pod 成为存储卷，可由 Pod 内部所有容器使用。Quarkus 提供了一种不同的实现方式。Quarkus ConfigMap 扩展程序不把ConfigMap 挂载到容器，而使用一种更简单的方式：通过 Kubernetes 基于 REST 的 API 服务器，直接从 etcd 访问配置属性。图 3.6 对这两种不同方式做了比较。

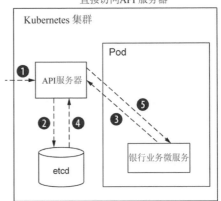

● 运行 kubectl create configmap
● 将存储配置属性的configmap 写入 etcd
● Pod创建的同时，创建存储卷
● 从 etcd 读取 configmap 配置属性
● 把配置属性挂载为application.properties文件
● 微服务读取配置属性

● 运行 kubectl create configmap
● 将存储配置属性的configmap 写入 etcd
● 银行业务微服务启动时，请求配置属性的内容
● API 服务器向 etcd 请求读取配置属性
● API 服务器返回配置属性的内容

图3.6 读取 ConfigMap：挂载与直接通过 API 服务器访问的比较

- application.properties——Quarkus 应用仍然可以提供 application.properties，在其中存放一些合适的默认值。
- 第三方配置源——Quarkus 支持各种能在 Kubernetes 运行的第三方流行配置源，比如 Spring Cloud 配置服务器、Vault 和 Consul。

3.8.2　在 Quarkus 应用中使用 ConfigMap

Quarkus 能识别由 application.properties、application.yaml 和 application.yml 创建的 ConfigMap。让我们通过 application.yaml 创建一个 ConfigMap，这样就可以与现有的 application.properties 区分了。按照下面的代码清单，在项目顶层目录创建 application.yaml。

代码清单 3.31　创建 application.yaml

```
bank:
  name: Bank of ConfigMap
```

在 name 属性前要保留两个空格，因为 YAML 格式对空格很敏感。

然后，创建 Kubernetes ConfigMap 对象，代码示例如下：

代码清单 3.22　创建 Kubernetes ConfigMap

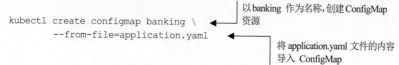

```
kubectl create configmap banking \
        --from-file=application.yaml
```

以 banking 作为名称，创建 ConfigMap 资源

将 application.yaml 文件的内容导入 ConfigMap

在 Kubernetes 上完成 ConfigMap 对象的创建后，下一步是让银行服务访问它，可参考下面代码清单的 application.properties 文件。

代码清单 3.33　配置 Quarkus，让它使用 banking ConfigMap

开启对 Kubernetes ConfigMap 的支持。%prod 表示只在生产环境运行期间生效

要使用的 ConfigMap 名称，以逗号分隔

```
%prod.quarkus.kubernetes-config.enabled=true
%prod.quarkus.kubernetes-config.config-maps=banking
```

使用 kubectl get cm/banking -oyaml 可查看 ConfigMap 的内容，使用 kubectl edit cm/banking 进行编辑，使用 kubectl delete cm/banking 进行删除。

完成 ConfigMap 的创建和银行微服务的配置后，使用下面的代码清单，把银行微服务部署到 Kubernetes。

代码清单 3.34　把更新后的应用部署到 Kubernetes

```
mvn clean package -Dquarkus.kubernetes.deploy=true
```

为验证输出结果，先运行 minikube service list 获取服务的基准 URL。

代码清单 3.35　minikube service list 命令的示例输出

```
|-------------|----------------|-------------|---------------------------|
| NAMESPACE   | NAME           | TARGET PORT | URL |
```

```
|-------------|-----------------|---------------|-----------------------------|
| default     | banking-service | http/80       | http://192.168.64.8:31763 |
| default     | kubernetes      | No node port  |
| kube-system | kube-dns        | No node port  |
|-------------|-----------------|---------------|-----------------------------|
```

服务的基准 URL，读者的 IP 地
址和端口可能与此处有所不同

在浏览器中打开这个 URL 时，在后面要加上/bank/name。在我们的例子里，完整的 URL 示例是 http://192.168.64.8:31763/bank/name。

输出的结果应该是由 ConfigMap 定义的 bank.name 的内容，如下所示。

代码清单 3.36 从 ConfigMap 获取输出结果

```
Bank of ConfigMap
```

3.8.3 编辑 ConfigMap

ConfigMap 的变更要求 Pod 重新启动才能生效。这会为银行微服务启动一个新实例，新实例会从配置源重新加载属性值。第一步必然是编辑 ConfigMap。输入 kubectl edit cm/banking，请看下面代码清单的 ConfigMap 编辑过程。

代码清单 3.37 ConfigMap 编辑视图的内容

```
apiVersion: v1                          application.yaml
data:                                   文件的内容
  application.yaml: |-
    bank:                               编辑这行，在其中填写
      name: Bank of Quarkus (ConfigMap) bank.name 的新值
kind: ConfigMap
metadata:
  creationTimestamp: "2020-08-04T06:08:56Z"
  managedFields:                        忽略所有其他在创建 ConfigMap 时由
  - apiVersion: v1                      Kubernetes 自动生成的内容。不要修
    fieldsType: FieldsV1                改 application.yaml 之外的内容；根据
    fieldsV1:                           修改的内容，会产生不同的后果
      f:data:
        .: {}
        f:application.yaml: {}
    manager: kubectl
    operation: Update
    time: "2020-08-04T07:09:30Z"
  name: banking
  namespace: default
  resourceVersion: "863163"
  selfLink: /api/v1/namespaces/default/configmaps/banking
  uid: 3eba39df-336d-4a83-b50f-24ff8b767660
```

Kubernetes 上有多种方法可以重新启动 Pod；不过，最简单的方法就是用下面的代码重新部署应用。

代码清单 3.38　把更新后的应用重新部署到 Kubernetes

```
mvn clean package -Dquarkus.kubernetes.deploy=true
```

提示

在 Quarkus 2.x 中，使用 mvn package -Dquarkus.kubernetes.deploy=true 重新部署已存在于 Kubernetes 中的应用会报错。请根据 https://github.com/quarkusio/quarkus/issues/19701 中的内容来查找解决方法。也可以运行 kubectl delete -f /target/kubernetes/minikube.yaml 先删除应用，从而绕过这个问题。

3.8.4　Kubernetes Secret

使用 ConfigMap 来存储和访问常规的配置属性是非常合适的。然而，在某些情况下，比如用到用户名、密码和 OAuth 令牌时，涉及处理保密的配置属性。Kubernetes 上用于存储敏感信息的解决方案是 Kubernetes Secret。默认情况下，Secret 数据是以 base64 编码的形式存储的。这虽然可以让数据对人眼不可读了，却还是很容易解码。从应用的视角看，Secret 用起来更接近于 ConfigMap 的效果。

警告

与 ConfigMap 一样，Secret 也存储在 etcd 中。所有能访问 etcd 的管理员都可以解码这些 base64 的 Secret 内容。在 Kubernetes 中，也可以轻松地对保密数据进行加密 (https://kubernetes.io/docs/tasks/administer-cluster/encrypt-data/)。

至此，配置属性大多数存储在文件中，包括 application.properties 和 application.yaml 等。ConfigMap 和 Secret 还可以存储字面值，也就是键-值对，而并不需要定义在文件里。请看下面的代码，可以创建一个包含数据库用户名和密码的 Secret。

代码清单 3.39　用字面值创建 Kubernetes Secret

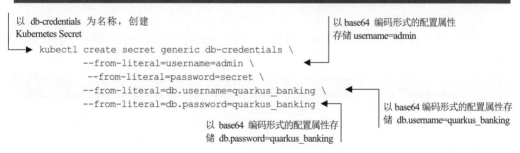

接着，运行下面代码清单中的命令，并查看输出结果，内容如代码清单 3.41 所示，确认已经被编码。

代码清单 3.40　获取 Secret 的内容

```
kubectl get secret db-credentials -oyaml
```

代码清单 3.41　kubectl 命令的输出

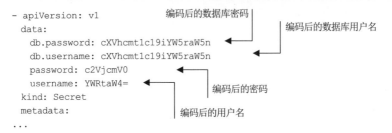

```
- apiVersion: v1
  data:
    db.password: cXVhcmt1c19iYW5raW5n
    db.username: cXVhcmt1c19iYW5raW5n
    password: c2VjcmV0
    username: YWRtaW4=
  kind: Secret
  metadata:
...
```

编码后的数据库密码
编码后的数据库用户名
编码后的密码
编码后的用户名

　　将配置属性 username 和 password 存放到 Kubernetes Secret 后，下一步就是要验证这些配置属性可注入应用来使用。我们会在后面用到数据库用户名和密码。如代码清单 3.42 所示，扩展 BankResource。

代码清单 3.42　从 BankResource.java 访问 Secret 资源

```java
@ConfigProperty(name="username")
String username;

@ConfigProperty(name="password")
String password;

@GET
@Produces(MediaType.APPLICATION_JSON)
@Path("/secrets")
public Map<String, String> getSecrets() {
    HashMap<String,String> map = new HashMap<>();

    map.put("username", username);
    map.put("password", password);

    return map;
}
```

把 username 和 password 注入 BankResource 的字段中

把 username 和 password 插入 HashMap，并以 JSON 字符串的形式返回

　　类似于 ConfigMap，应用访问 Secret 时也需要定义两个 Quarkus 配置属性。请看下面的代码清单。

代码清单 3.43　在 application.properties 中启用访问 Secret 的能力

启用访问 Secret 的能力。%prod 表示只在生产环境运行期间才会生效

要使用的 Secret 名称，以逗号分隔

```
%prod.quarkus.kubernetes-config.secrets.enabled=true
%prod.quarkus.kubernetes-config.secrets=db-credentials
```

　　重新部署应用，并打开 API 端点/bank/secrets。输出结果应该如代码清单 3.44 所示。

代码清单 3.44　浏览器输出

```
{"password":"secret","username":"admin"}
```

3.9　本章小结

本章包含很多基础知识。我们介绍了外置配置、MicroProfile Config 规范、Quarkus 特有的配置功能，以及 Kubernetes ConfigMap。本章最重要的两个要点是：配置外置是微服务部署的必然要求；Quarkus 基于 MicroProfile Config 规范和特色配置功能，让面向 Kubernetes 的部署非常务实且流畅。

下面列出一些要点：

- Quarkus 使用 MicroProfile Config API 支持应用的配置以及自身的配置。
- MicroProfile Config 规范使用配置源来抽象配置值的存储位置。
- 从多个配置源读取配置属性值时，需要遵循优先级顺序。
- 配置属性可使用@ConfigProperty 逐个加载，也可以使用@ConfigProperties 和 @ConfigMapping 批量加载。
- Quarkus 支持以编组的方式管理配置，从而支持面向特定上下文的配置值，比如区分开发环境、测试环境和生产环境。
- 并非所有 Quarkus 配置属性都可在运行期间修改。
- Quarkus 通过从 Kubernetes API 服务器读取 ConfigMap 键-值对来支持 ConfigMap。
- 应用可使用 Kubernetes Secret 来存储和访问敏感信息。

第 *4* 章

使用 Panache 访问数据

本章内容
- 了解 Panache
- 使用 Panache 简化 JPA 开发
- 用 Panache 和@QuarkusTest 做数据测试

我们在第 2 章创建账户服务时了解了如何使用 Quarkus 开发 JAX-RS API 端点。本章将继续使用账户服务，为原本在内存中存储的账户数据添加数据库存储。

由于大多数微服务都需要以某种形式存储数据，或要与其他存有数据的微服务交互，因此学习和理解如何从数据库存取数据十分关键。尽管无状态微服务已经广受关注，而且对于微服务来说，我们的确应该尽量将无状态作为目标，但很多时候我们会发现，如果想绕过数据存储，就会带来不必要的心智负担，最终产生过于复杂的分布式系统。

为简化有存储需求的微服务开发工作，Quarkus 提供了搭配 ORM(对象关系映射)框架 Hibernete 的 Panache。在 Play 框架、Ruby on Rails 和 JPA 经验的重要启发下，Panache 成为一种别具一格的从数据库存取状态的方式。面向不同的开发者偏好，Panache 提供了活动记录(active record)和数据仓储(data repository)两种不同的使用模式。其中数据仓储模式对于具有 Spring Data JPA 相关经验的人而言并不陌生。

在讨论 Panache 如何简化微服务中的数据库相关开发之前，我们先让账户服务用人们熟知的 JPA 存储数据。了解 JPA 数据存储机制，可以让我们在同一个账户服务的代码中体会不同数据操作方式带来的编码风格，从而更直观地比较它们之间的差异。

4.1 数据源

在研究面向持久化的对象建模之前，先为 JPA 和 Panache 要调用的数据库定义数据源。

Quarkus 中的 Agroal 扩展程序能处理数据源的配置与启动。不过，在使用 JPA 和 Panache 时，并不需要针对这个扩展添加额外的依赖项，因为它们依赖于 Agroal。最精简的配置只需要指定数据源的类型和数据库 URL 即可，如下所示：

- quarkus.datasource.db-kind=postgresql
- quarkus.datasource.username=database-user
- quarkus.datasource.password=database-pwd
- quarkus.datasource.jdbc.url=jdbc:postgresql://localhost:5432/my_database

注意

此处的用户名和密码只是示例。实际应该根据要连接的数据库来设置。

在上述示例中，配置文件向 Quarkus 指出，应用要连接的是一个 PostgreSQL 数据库，JDBC 配置中指定了数据库的 URL。

上面的配置并没有提及数据源的名称。这是因为它定义的是 default(默认)数据源，可供任何需要 JDBC 数据源的程序使用。如果要用配置创建多个数据源，就需要指定名称。比如，下面的配置可创建名为 orders 的数据源：

- quarkus.datasource.orders.db-kind=postgresql
- quarkus.datasource.orders.username=order-user
- quarkus.datasource.orders.password=order-pwd
- quarkus.datasource.orders.jdbc.url=jdbc:postgresql://localhost:5432/orders_db

可为各种类型的数据库创建数据源，比较常见的有 h2(常用于测试)、mysql、mariadb 和 postgresql。

除了要定义数据源相关的配置，Quarkus 在能创建数据源并与数据库通信之前，还需要 JDBC 驱动程序。为了解决这一问题，需要添加如下依赖项：

```
<dependency>
  <groupId>io.quarkus</groupId>
  <artifactId>quarkus-jdbc-postgresql</artifactId>
</dependency>
```

这里的依赖项要匹配前面在配置中指定的数据库类型 postgresql。如果要用不同类型的数据库，应用所需要的依赖项也就不同：依赖的制品名称以 quarkus-jdbc-为前缀，并以数据库类型名称为后缀。

Quarkus 也支持"通用 JDBC 驱动程序"相关依赖项，但选用 Quarkus 定制的 JDBC 驱动扩展程序效果更好，因为那样将支持 Quarkus 自动配置，还能确保与原生可执行程序模式兼容。目前，大部分 JDBC 驱动相关的依赖还不能在原生可执行程序模式下正常运行。

Quarkus 有一项创新的功能可以支持数据库相关的测试。在测试类型上添加 @QuarkusTestResource(H2DatabaseTestResource.class)注解即可在测试启动时，一同启动一个 H2 内存数据库。由于不依赖外部、运行态的数据库，因此作为内存数据库的 H2 有助于执行测试。需要引入 quarkus-test-h2 作为依赖项，还需要引入对应的 JDBC 驱动程序，如下所示：

```
<dependency>
  <groupId>io.quarkus</groupId>
  <artifactId>quarkus-test-h2</artifactId>
  <scope>test</scope>
</dependency>
<dependency>
```

```
    <groupId>io.quarkus</groupId>
    <artifactId>quarkus-jdbc-h2</artifactId>
    <scope>test</scope>
</dependency>
```

大部分应用并不直接与数据源打交道，而是使用额外一层封装来简化代码。现在，是时候修改第 2 章的账户服务了，把其中的内存数据存储改为 JPA。

4.2　JPA

在深入了解如何在 Quarkus 微服务中使用 JPA 之前，我们先从图 4.1 了解所涉及的组件及其交互关系：

图 4.1　账户服务：JPA

虽然很多开发者并不喜欢用 JPA 操作数据库；不过，JPA 为那些熟悉在 Java EE 和 Jakarta EE 中使用 JPA 的人提供了一种轻松的迁移路径。另外，JPA 也可为本章后面要介绍的 Panache 模式提供一份不错的对照。

从图 4.1 可以看出，账户资源在与数据库交互时，用到了 EntityManager 对象。无论是实体的查找、创建还是更新，都要通过 EntityManager 实例来完成。

先将第 2 章的账户服务转换为使用 JPA 作为数据存储。为向账户服务添加 JPA，需要添加以下依赖项：

```
<dependency>
    <groupId>io.quarkus</groupId>
    <artifactId>quarkus-hibernate-orm</artifactId>
</dependency>
<dependency>
    <groupId>io.quarkus</groupId>
    <artifactId>quarkus-jdbc-postgresql</artifactId>
</dependency>
```

quarkus-hibernate-orm 向项目添加 JPA 的 Hibernete 实现，而 quarkus-jdbc-postgresql 则添加 PostgreSQL 的 JDBC 驱动程序，第 4.1 节讨论过。

可从本书源代码的 chapter4/jpa/目录中找到将第 2 章的账户服务修改后的代码。

接下来将 Account 类修改为一个 JPA 实体。

代码清单 4.1　Account

指示此 POJO 类是一个 JPA 实体

定义命名查询，用于读取所有账户，并按账户编号排序

```
@Entity
@NamedQuery(name = "Accounts.findAll",
    query = "SELECT a FROM Account a ORDER BY a.accountNumber")
```

```
@NamedQuery(name = "Accounts.findByAccountNumber",
    query = "SELECT a FROM Account a WHERE a.accountNumber = :accountNumber
        ORDER BY a.accountNumber")
public class Account {
    @Id
    @SequenceGenerator(name = "accountsSequence", sequenceName =
        "accounts_id_seq",
        allocationSize = 1, initialValue = 10)
    @GeneratedValue(strategy = GenerationType.SEQUENCE,
        generator = "accountsSequence")
    private Long id;

    private Long accountNumber;
    private Long customerNumber;
    private String customerName;
    private BigDecimal balance;
    private AccountStatus accountStatus = AccountStatus.OPEN;

    ...
}
```

另一个命名查询，用于查找匹配账户
编号的账户

向 JPA 指明数据库表
的主键为 id 字段

为 id 字段创建起始于 10 的序列
生成器，选择从 10 开始可以为
测试启动时导入的记录预留空间

为主键指定生成值的来源，即
使用前一行的序列生成器

使用 JPA 时，各字段可以被
标记为私有，不必公开

注意

为了简化说明，上面的代码清单略去了第 2 章代码的 getter 方法、setter 方法、对象的常规方法、equals 方法和 hashcode 方法。

由于使用 JPA 时，不需要直接构造实例，因此删除了 Account 类的所有构造函数。

定义了 JPA 实体后，就可以用 EntityManager 与数据库交互来操作该实体了。在 AccountResource 类上首先要做的修改是注入一个 entityManager 实例：

```
@Inject
EntityManager entityManager;
```

然后就可以使用 entityManager 实例来读取所有账户了，如代码清单 4.2 所示：

代码清单 4.2　使用 entityManager 实例来读取所有账户

让 entityManager 使用 Account 类在代码清单
4.1 中定义的查询 "Accounts.findAll"，并期望
结果为 Account 类型

```
@GET
public List<Account> allAccounts() {
    return entityManager
        .createNamedQuery("Accounts.findAll", Account.class)
        .getResultList();
}
```

将数据库返回的结果转换为包含
Account 实例的列表

Account 类型还定义了另一个命名查询，可用于按账户编号查找账户。如代码清单 4.3 所示。

代码清单 4.3　Account 定义了另一个命名查询

向查询传入参数，根据查询中的参数　　　　　　　　　　使用命名查询 Accounts.findByAccountNumber
名传入值

```
public Account getAccount(@PathParam("acctNumber") Long accountNumber) {
    try {
        return entityManager
            .createNamedQuery("Accounts.findByAccountNumber", Account.class)
            .setParameter("accountNumber", accountNumber)
            .getSingleResult();
    } catch (NoResultException nre) {
        throw new WebApplicationException("Account with " + accountNumber
            + " does not exist.", 404);
    }
}
```

对于指定的账户编号，应该只有一个账
户，所以要求只返回单个 Account 实例

保留第 2 章添加的异常处理，在找不到账户
时捕获抛出的 NoResultException 并转换为
WebApplicationException

然后，在代码清单 4.4 中，我们看看如何用 EntityManager 向数据库添加记录。

代码清单 4.4　向数据库添加记录

要求 Quarkus 为此操作创建一个事务。这里之所以需要事务，是因为要
确保一旦方法发生异常，数据变更请求在提交之前能触发"回滚"。在
这里，就是创建账户的操作

```
@Transactional
public Response createAccount(Account account) {
    ...
    entityManager.persist(account);
    return Response.status(201).entity(account).build();
}
```

用 Account 实例调用 persist 方法可将其添加到持久化上下文，使其在事
务完成时可提交到数据库。这里的事务即为 createAccount()

上面我们学习了如何使用命名查询、持久化新的实体对象，那么如何更新已经存在
的实体？对于已经存在的实体调用 entityManager.persist()会抛出异常，所以需要用到代
码清单 4.5 所示的代码。

代码清单 4.5　AccountResource

在方法执行期间需要事务

```
@Transactional
public Account withdrawal(@PathParam("accountNumber") Long accountNumber,
    String amount) {
    Account entity = getAccount(accountNumber);
    entity.withdrawFunds(new BigDecimal(amount));
    return entity;
}
```

使用 accountNumber
读取 Account 实例

提取账户资金以便修改实体状态

注意，代码清单 4.5 中并没有用到 entityManager。我们并不需要每个操作都调用 entityManager 的方法，因为读取账户时已经用到过。读取账户时会将实例添加到持久化上下文，成为它托管的对象。可随时更新托管的对象，它们在事务提交时会被持久化到数据库中。

如果方法的参数不是 accountNumber 和 amount，而是 Account 实例，那么实例就可能是未托管对象，因为它尚不存在于当前的持久化上下文中。这样，更新余额的代码就需要这样编写：

```
@Transactional
public Account updateBalance(Account account) {
    entityManager.merge(account);          ◀───┐  将未托管的实例合并到持久化上
    return account;                              下文后，就变为托管对象
}
```

提示

使用未托管实例更新数据库状态时，有必要确保其状态在此期间没有发生变化。举例来说，上面方法中的更新余额要求先将账户读出。对余额的更新操作可能发生在另一个请求的读取账户与更新余额的调用之间。我们也有一些处理这一问题的方法，比如对 JPA 实体做版本化跟踪。无论怎样，在使用 entityManager.merge() 时需要仔细考虑。

代码修改到这里，已经可以用 Quarkus 的 DevServices 功能运行应用了。如果在 Docker 运行时执行 mnv quarkus:dev，应用就会先启动一个 PostgreSQL 数据库。DevServices 是 Quarkus 最近添加的一项扩展功能，可为尚未配置的外部服务自动创建所需的容器。有关数据源相关的用法详情，请访问 https://quarkus.io/guides/datasource# dev-services。

现在该写些测试了！为了在测试中使用 H2 数据库，而在生产部署中使用 PostgreSQL，我们要使用配置编组功能。下面是我们要用到的 application.properties 中的一部分：

将密码覆写为空，因为 H2
数据库不需要密码

```
quarkus.datasource.db-kind=postgresql          ◀───  定义在构建应用、实时编码时生产环境
quarkus.datasource.username=quarkus_banking          中使用的数据源配置
quarkus.datasource.password=quarkus_banking
quarkus.datasource.jdbc.url=jdbc:postgresql://localhost/quarkus_banking

%test.quarkus.datasource.db-kind=h2
%test.quarkus.datasource.username=username-default   ◀───  定义测试用的数据源配置
%test.quarkus.datasource.password=
%test.quarkus.datasource.jdbc.url=jdbc:h2:tcp://localhost/mem:default

quarkus.hibernate-orm.database.generation=drop-and-create
quarkus.hibernate-orm.sql-load-script=import.sql    ◀───┐
```

在启动时，让 Quarkus 根据已定义的实体类删除所有现存的数据表并重新创建

指明在创建时，用于
向数据库导入数据的
SQL 脚本

　　%test.是在第 3 章提到的多个配置编组之一。为 H2 的配置启用 test 编组可与生产、实时编码模式的配置进行区分。代码清单 4.6 中的测试使用了 4.1 节介绍的 H2 数据库。

代码清单 4.6　AccountResourceTest

```
@QuarkusTest
@QuarkusTestResource(H2DatabaseTestResource.class)  ◄──────┐  告知 Quarkus 在执行
@TestMethodOrder(OrderAnnotation.class)                    │  测试之前启动一个
public class AccountResourceTest {                         │  H2 数据库
  @Test
  @Order(1)
  void testRetrieveAll() {
    Response result =
      given()
        .when().get("/accounts")
        .then()
         .statusCode(200)
         .body(
           containsString("Debbie Hall"),
           containsString("David Tennant"),
           containsString("Alex Kingston")
          )
         .extract()
         .response();

    List<Account> accounts = result.jsonPath().getList("$");
    assertThat(accounts, not(empty()));
    assertThat(accounts, hasSize(8));
  }
}
```

　　这个测试看起来与第 2 章的很像，但也有区别。区别在于这个测试类上添加了 @QuarkusTestResource 注解，而且对客户名进行验证。为什么会有这样的区别？在第 2 章，所有数据都在内存中，而这里将数据保存到数据库。

　　为添加测试用的数据记录，在 chapter4/jpa/src/main/resources 目录定义一个 import.sql 脚本，内容如下：

```
INSERT INTO account(id, accountNumber, accountStatus, balance, customerName,
  customerNumber) VALUES (1, 123456789, 0, 550.78, 'Debbie Hall', 12345);
INSERT INTO account(id, accountNumber, accountStatus, balance, customerName,
customerNumber) VALUES (2, 111222333, 0, 2389.32, 'David Tennant', 112211);
INSERT INTO account(id, accountNumber, accountStatus, balance, customerName,
customerNumber) VALUES (3, 444666, 0, 3499.12, 'Billie Piper', 332233);
INSERT INTO account(id, accountNumber, accountStatus, balance, customerName,
customerNumber) VALUES (4, 87878787, 0, 890.54, 'Matt Smith', 444434);
INSERT INTO account(id, accountNumber, accountStatus, balance, customerName,
customerNumber) VALUES (5, 990880221, 0, 1298.34, 'Alex Kingston', 778877);
INSERT INTO account(id, accountNumber, accountStatus, balance, customerName,
customerNumber) VALUES (6, 987654321, 0, 781.82, 'Tom Baker', 908990);
INSERT INTO account(id, accountNumber, accountStatus, balance, customerName,
customerNumber) VALUES (7, 5465, 0, 239.33, 'Alex Trebek', 776868);
INSERT INTO account(id, accountNumber, accountStatus, balance, customerName,
customerNumber) VALUES (8, 78790, 0, 439.01, 'Vanna White', 444222);
```

然后，在 application.properties 中添加下面的代码，指示 Quarkus 使用这个脚本：

```
quarkus.hibernate-orm.sql-load-script=import.sql
```

所有这些都就绪之后，从 chapter4/jpa/目录执行下面的命令：

```
mvn clean install
```

就可以使用 H2 数据库执行测试，如果一切正常，测试会运行通过！

在账户服务使用 JPA 的过程中，我们完全没有提及 persistence.xml 文件。这是为什么呢？每一个用 Java EE 和 Jakarta EE 编写过 JPA 代码的人都了解如何创建用于配置驱动程序、数据源名称和其他 JPA 配置元素的 persistence.xml 文件。

有了 Quarkus，就不再需要 persistence.xml 文件了。它的内容中，有些可以由依赖项自动处理，有些取合适的默认值即可，还有些可以在 application.properties 文件中定制。Quarkus 开发还是可以使用 persistence.xml 文件的，在此就不再演示。

作为练习，请为以下场景补充测试方法：

- 创建账户
- 关闭账户
- 从账户中提取资金
- 向账户中存入资金

我们没有理由在这里介绍关于使用 JPA 的所有方面——这并不是本书的目标。尽管在 Quarkus 中，也可以选用 JPA，但本节的目的是要点出一些 JPA 的关键用法，以便与运用 Panache 访问数据进行差异化比较。

4.3 简化数据库开发

使用 JPA 访问数据库只是很多方式中的一种。Quarkus 还提供了使用活动记录和数据仓储的方式来管理状态的能力。这两种方式都由 Quarkus 的 Panache 扩展程序提供。Panache 致力于让基于 Quarkus 编写数据实体的工作变得轻松而有趣。

虽然接下的几节主要讨论数据操作，但为简化而生的 Panache 仍以 Quarkus 子品牌的形式持续演进着。除了能简化数据实体的开发工作，Panache 还提供用于生成 RESTful 增删查改 API 端点的实验性功能，从而节省搭建 JAX-RS 项目模板的时间。有关详情请访问 https://quarkus.io/guides/rest-data-panache。

4.3.1 活动记录

我们先来看活动记录模式与 JPA 有什么区别。从图 4.2 中可以看出，所有交互都是通过实体本身完成的。

由于领域对象常持有需要存储的数据，因此在活动记录中，数据访问逻辑直接放在领域对象中。活动记录模式是在 Ruby on Rails 和 Play 框架中发展和流行起来的。

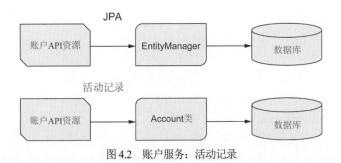

图 4.2　账户服务：活动记录

2002 年，Martin Fowler 在他的 *Patterns of Enterprise Application Architecture* 一书 (https://www.martinfowler.com/books/eaa.html)中提出这一方式。可在网站上查阅他给出的定义：https://www.martinfowler.com/eaaCatalog/activeRecord.html。

我们现在就来实现它！所有代码都位于本书源代码的/chapter4/active-record/ 目录。

由于要用 Panache 版本，而非常规的 Hibernete 版本，因此要使用的依赖项有所不同。为此，我们添加以下依赖项：

```
<dependency>
  <groupId>io.quarkus</groupId>
  <artifactId>quarkus-hibernate-orm-panache</artifactId>
</dependency>
```

由于需要用到 JDBC 驱动程序，因此可添加与 JPA 模式相同的 PostgreSQL 依赖项。

由于使用 Panache，实体类也不相同，如代码清单 4.7 所示。

代码清单 4.7　Account 类

```
@Entity
public class Account extends PanacheEntity {
    public Long accountNumber;
    public Long customerNumber;
    public String customerName;
    public BigDecimal balance;
    public AccountStatus accountStatus = AccountStatus.OPEN;

    public static long totalAccountsForCustomer(Long customerNumber) {
        return find("customerNumber", customerNumber).count();
    }

    public static Account findByAccountNumber(Long accountNumber) {
        return find("accountNumber", accountNumber).firstResult();
    }
    ...
}
```

Account 类继承 PanacheEntity，它提供数据访问的辅助方法，如 persist()

Account 类上的字段需要公开

可以添加自定义静态方法以便增强 PanacheEntity 所提供的功能

注意

为了节省篇幅，这里没有列出 equals()和 hashCode()方法。可以从本书源代码的 Chapter 4 目录查看完整的代码。

请注意代码清单 4.7 中的以下要点：

- 仍然需要@Entity 注解将类标记为 JPA 实体。
- 不再需要为字段编写 getter 和 setter 访问方法。在构建期间，Panache 会生成必要的 getter 与 setter 方法，并将代码中的字段访问替换为对这些方法的调用。
- 主键字段 id 的定义是由 PanacheEntity 处理的。如果要对 id 的配置做定制，可使用常规的 JPA 注解。

Account 类上添加了数据访问方法后，与它的交互将变得大不相同，如下所示。

代码清单 4.8　AccountResource 类

```
public class AccountResource {

    @GET
    public List<Account> allAccounts() {
        return Account.listAll();          ◀── 使用 Account 的父类 PanacheEntity
    }                                          提供的静态方法 listAll() 来读取所有
                                               账户

    @GET
    @Path("/{acctNumber}")
    public Account getAccount(@PathParam("acctNumber") Long accountNumber) {
        return Account.findByAccountNumber(accountNumber);   ◀──
    }
                                         调用代码清单 4.7 定义的自定义静态方
                                         法，根据账户编号读取单个账户实例
    @POST
    @Transactional
    public Response createAccount(Account account) {
        account.persist();
        return Response.status(201).entity(account).build();   ◀──
    }
                                         向持久化上下文添加新的
                                         Account 实例。在事务提交时，
                                         数据记录会被添加到数据库
    @PUT
    @Path("{accountNumber}/withdrawal")
    @Transactional
    public Account withdrawal(@PathParam("accountNumber") Long accountNumber,
            String amount) {
        Account entity = Account.findByAccountNumber(accountNumber);
        entity.withdrawFunds(new BigDecimal(amount));
        return entity;          ◀── 修改现存的实例时，会在
    }                               事务完成时持久化
}
```

测试时，也可以把前面 JPA 示例的 AccountResourceTest 复制过来用在活动记录方式中。由于 Account 不再定义属性读取和写入方法，唯一的必要修改就是将这些改为对字段的直接调用。

与之前一样，测试会使用内存中的 H2 数据库，并在启动时导入数据。与 JPA 版本相比，application.properties 也不需要修改。

从/chapter4/active-record/目录运行下面的命令：

```
mvn clean install
```

如果一切正常，所有测试都能运行通过。

简单回顾一下，Panache 活动记录的方式会将所有数据访问工作集成到 JPA 实体类中，同时会处理好定义主键之类的周边工作。PanacheEntity 提供的简化版数据操作方法不需要用精深的 SQL 知识构造查询，可以让开发者专注于更重要的业务逻辑。

4.3.2　数据仓储

接下来，我们讨论最后一种方式：数据仓储。

图 4.3 中的 AccountRepository 是用于数据访问方法的中介层，与 JPA 中的 EntityManager 有一定的相似性，但有着本质的区别。近十年来，数据仓储模式随着 Spring 框架大为流行。

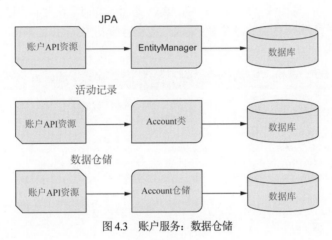

图 4.3　账户服务：数据仓储

在 *Patterns of Enterprise Application Architecture* (https://www.martinfowler.com/books/eaa.html)一书中，Martin Fowler 在介绍活动记录模式时一并介绍了数据仓储模式。他在以下网站，也给出解释：https://martinfowler.com/eaaCatalog/repository.html。

那么，实现数据仓储需要做些什么呢？其实与活动记录模式的步骤完全相同：

```
<dependency>
 <groupId>io.quarkus</groupId>
 <artifactId>quarkus-hibernate-orm-panache</artifactId>
</dependency>
```

在同一个依赖项中支持这两种模式有一个好处，即，能快速在两者之间切换；甚至还可在单个应用中针对不同场景使用不同的模式。

代码清单 4.9 展示了数据仓储模式的 Account 实体类：

代码清单 4.9　数据仓储模式的 Account 类

```
@Entity
public class Account {
  @Id
  @GeneratedValue
```

```
private Long id;
private Long accountNumber;
private Long customerNumber;
private String customerName;
private BigDecimal balance;
private AccountStatus accountStatus = AccountStatus.OPEN;

    ...

}
```

注意

为节省篇幅，代码清单省略了属性读取和写入方法、对象的常规方法以及 equals 和 hashcode 方法。

代码清单 4.9 与代码清单 4.1 中的 JPA 模式很类似，主要区别在于现在没有了 @NamedQuery 注解，主键的默认 ID 生成过程也有所不同。

在代码清单 4.10 中，我们关注其中的仓储类。

代码清单 4.10　关注仓储类

@ApplicationScoped 向(依赖注入)容器指明，该类只应该存在一个实例

```
@ApplicationScoped
public class AccountRepository implements PanacheRepository<Account> {
  public Account findByAccountNumber(Long accountNumber) {
    return find("accountNumber = ?1", accountNumber).firstResult();
  }
}
```

为数据访问方法实现 PanacheRepository

声明自定义的数据访问方法

与活动记录模式类似，父类定义了一些用于查询和读取实例的便捷方法。

从下例中，我们来看看 JAX-RS 资源的不同之处。

代码清单 4.11　分析 JAX-RS 资源的不同之处

```
public class AccountResource {

  @Inject
  AccountRepository accountRepository;

  @GET
  public List<Account> allAccounts() {
    return accountRepository.listAll();
  }

  @GET
  @Path("/{acctNumber}")
  public Account getAccount(@PathParam("acctNumber") Long accountNumber) {
```

注入 AccountRepository 实例用于数据访问操作

通过 listAll()读取所有账户

```
    Account account = accountRepository.findByAccountNumber(accountNumber);
    return account;
}

@POST
@Transactional
public Response createAccount(Account account) {
    accountRepository.persist(account);
    return Response.status(201).entity(account).build();
}

@PUT
@Path("{accountNumber}/withdrawal")
@Transactional
public Account withdrawal(@PathParam("accountNumber") Long accountNumber,
    String amount) {
    Account entity = accountRepository.findByAccountNumber(accountNumber);
    entity.withdrawFunds(new BigDecimal(amount));
    return entity;
}
}
```

使用 accountRepository 中的
自定义数据访问方法

向数据库持久化新的
Account 实例

不需要调用 accountRepository.persist()即可更新
账户余额：它可以在事务完成时自动执行

可复用 JPA 示例中的 AccountResourceTest，因为这两种模式都会用到实体类上的属性读取和写入方法。

使用下面的命令，即可从/chapter4/data-repository/目录运行测试：

```
mvn clean install
```

4.3.3　数据访问模式选型

前面介绍过 JPA、活动记录和数据仓储这几种模式。哪一种最好呢？

这与软件领域的很多其他话题一样，要取决于实际情况。这几种模式的关键特性如下。

- JPA
  - 从现有 Java EE 和 Jakarta EE 应用的迁移比较容易。
  - 不默认提供主键字段，需要自己创建。
  - 需要在实体类型或其父类上标记 @NamedQuery 注解。
  - 与活动记录和数据仓储的简化版本相比，JPA 的查询要求有具体的 SQL 语句。
  - 针对非主键的搜索需要编写 SQL 语句，或者用@NamedQuery。
- 活动记录
  - 不需要为字段定义读取和写入方法。
  - 由于数据访问层与实体对象耦合在一起，这让无数据库的测试工作变得困难。另外，使用数据库的测试也就比以往轻松多了。
  - 此外，耦合还违反了单一职责原则和关键点分离思想。

- 数据仓储
  - ◆ 不默认提供主键字段，需要自己创建。
  - ◆ 数据访问和业务逻辑明确区分开来，因此可以单独测试。
  - ◆ 如果不声明自定义方法，数据仓储类型就会是空的。有些人可能不太习惯。

这几种模式的关键区别还有很多。最终的选择还是要取决于应用本身的需求，以及开发者基于已有经验的主观选择。

值得注意的是，没有哪个模式是绝对正确或错误的——完全取决于个人的看法与偏好。

4.4 部署到 Kubernetes

现在账户服务有了数据库，是时候把它部署到 Kubernetes 上看看效果了！不过，我们要先部署服务所用到的 PostgreSQL 数据库。

4.4.1 部署 PostgreSQL 数据库

搭建 PostgreSQL 数据库时，需要向 Kubernetes 部署以下部件：

- 一个 Kubernetes Secret 资源，其中包含编码后的用户名与密码。在创建 PostgreSQL 数据库和 Quarkus 数据源配置时都会用到这一信息。
- PostgreSQL 数据库本身的部署

首先，确保 Minikube 已处于运行状态。如果尚未启动，请运行下面这个命令：

```
minikube start
```

提示

前面提到过，记得在所有 Minikube 资源部署终端窗口都运行 eval $(minikube -p minikube docker-env)，因为我们要使用 Minikube 内部的 Docker 来构建镜像。

Minikube 启动后，以下面的方式创建 Secret 资源：

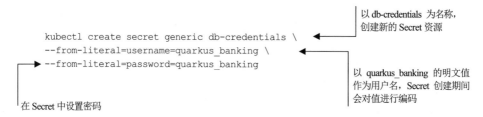

```
kubectl create secret generic db-credentials \
--from-literal=username=quarkus_banking \
--from-literal=password=quarkus_banking
```

以 db-credentials 为名称，创建新的 Secret 资源

以 quarkus_banking 的明文值作为用户名，Secret 创建期间会对值进行编码

在 Secret 中设置密码

注意

如果使用与第 3 章相同的 Minikube 实例，你需要先执行 kubectl delete secret generic db-credentials。

创建 Secret 之后，就可启动 PostgreSQL 数据库实例了，为此需要在 Kubernetes 上部署一个 Deployment 资源和一个 Service 资源。

切换到/chapter4/目录，并运行下面的指令：

```
kubectl apply -f postgresql_kubernetes.yml
```

运行成功后，终端会显示 Deployment 和 Service 已创建的提示。PostgreSQL 数据库运行后，就可以打包并部署需要用到数据库的微服务了。

4.4.2 打包与部署

本章提到的每个示例都可用于体验在 Kubernetes 上的效果。这里选用活动记录的例子。

在应用打包之前，我们要对它略加修改。这是因为在配置数据库时它要读取 Kubernetes Secret 资源。按照以下方式向 pom.xml 添加新的依赖项：

```
<dependency>
 <groupId>io.quarkus</groupId>
 <artifactId>quarkus-kubernetes-config</artifactId>
</dependency>
```

此依赖让应用能读取 Kubernetes 上的 ConfigMap 和 Secret 资源。为了让它知道要读取哪些信息，需要配置如下额外属性：

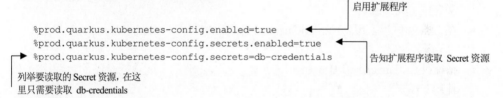

启用扩展程序

```
%prod.quarkus.kubernetes-config.enabled=true
%prod.quarkus.kubernetes-config.secrets.enabled=true
%prod.quarkus.kubernetes-config.secrets=db-credentials
```

告知扩展程序读取 Secret 资源

列举要读取的 Secret 资源，在这里只需要读取 db-credentials

注意

%prod.前缀可确保这些配置不会在开发或测试期间使用。

除了要在 application.properties 中增加这些内容，还需要面向 Kubernetes 修改其中的 datasource 信息，如下所示：

以变量的形式提供用户名和密码，它们的值将从 Secret 资源中读取

```
%prod.quarkus.datasource.username=${username}
%prod.quarkus.datasource.password=${password}
%prod.quarkus.datasource.jdbc.url=jdbc:postgresql://postgres.default:5432/
        quarkus_banking
```

更新 URL 的内容。本例中，服务名是 postgres，命名空间是 default

如果要在 Kubernetes 中使用 PostgreSQL 数据库，并从 Secret 资源读取数据库凭证，这些就是要做的相应修改。完成后，就可用下面的方式生成镜像，并部署到 Kubernetes：

```
mvn clean package -Dquarkus.kubernetes.deploy=true
```

完成了账户服务的部署后，运行 minikube service list 即可查看各个服务的详细情况，如下所示：

```
|--------------|-------------------|--------------|-------------------------|
| NAMESPACE    |        NAME       | TARGET PORT  |           URL           |
|--------------|-------------------|--------------|-------------------------|
| default      | account-service   | http/80      | http://192.168.64.2:30704 |
| default      | kubernetes        | No node port |                         |
| default      | postgres          | http/5432    | http://192.168.64.2:31615 |
| kube-system  | kube-dns          | No node port |                         |
|--------------|-------------------|--------------|-------------------------|
```

接着从浏览器访问 http://192.168.64.2:30704/accounts，就可以读取 Kubernetes 上的
PostgreSQL 数据库中的所有账户了。

本章的示例分别介绍了在 Quarkus 中编写数据库代码时的不同方式：从易于迁移到
Quarkus 的 JPA，到 Panache 对 Hibernetes ORM 的两种增强用法(即活动记录和数据仓储
模式)。

4.5　本章小结

- 向项目添加 quarkus-jdbc-postgresql 依赖项，并配合下面这些数据源配置属性，
  就可以让 Quarkus 应用连接到 PostgreSQL 数据库：db-kind、username、password
  和 jdbc.url。
- 在 JPA 实体类上用@NamedQuery 注解可以定义配合 EntityManager 使用的自定
  义查询。
- 搭配使用 Panache 和 Hibernete ORM，可用活动记录或数据仓储简化对 JPA 的
  使用。
- 若要启用活动记录模式，只需要添加 quarkus-hibernate-orm-panache 依赖项，并
  将 PanacheEntity 作为 JPA 实体类的父类。活动记录模式会内置与数据库交互的
  通用方法，应用的数据访问层因而得到简化。
- 若要启用数据仓储模式，请创建一个实现 PanacheRepository 接口的仓储类，用
  于存放自定义的数据访问方法，比如用来替代 JPA 实体类的@NamedQuery 的
  查询。
- 为 PostgreSQL 的 Kubernetes 定义部署(deployment)和服务(service)，并将 Minikube
  作为 Kubernetes 环境创建这些资源。

第5章

微服务客户端

本章内容
- MicroProfile REST Client 规范
- 在消费外部服务时使用类型安全的接口
- 定制请求头的内容

不少微服务只要有数据库或类似的数据服务就可以运行，有的微服务甚至在自己进程内就可以完成请求的处理，但有时，微服务必须与其他微服务交互才能完成请求的处理。从单体迈向微服务的过程中，微服务形成越来越小、越来越精简的趋势，这让微服务的数量越来越多。更重要的是，从前完成一项功能，在单体应用里是一个服务方法调用，现在变成各个小巧的微服务互相之间的调用。从前那些"进程内"的方法调用，现在都成为外部的微服务调用。

本章将介绍 MicroProfile REST Client 规范，以及 Quarkus 通过实现这一规范，以类型安全的方式与外部服务交互的方法。类似的方法有很多，比如 Java 的网络类库，以及 OkHttp 和 Apache HttpClient 这类第三方类库等。Quarkus 为开发者完成了对底层 HTTP 通信的构建过程的抽象，从而让开发者专注于声明外部服务，然后以类似于本地调用的方式与它们交互。

图 5.1 展示的是微服务之间的调用过程，正好也是贯穿本章示例的基础。本章延用前面的银行业务领域的例子。交易微服务调用账户微服务来读取账户的当前余额，确保正在处理的交易不会导致账户超支。

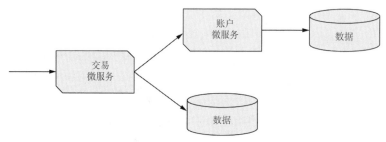

图 5.1　银行业务中微服务的消费过程

本章的账户服务与前面几章完全一致：本章要关注的是微服务的主调端，而不是被调端，所以账户服务只需要用 API 的方式公开几个用于读取和更新账户余额的方法。

注意
我们直接延用前几章的账户服务。可从第 5 章的代码目录/chapter5/account-service/查看账户服务的实现。

5.1　MicroProfile REST Client 规范

MicroProfile REST Client 规范源自 Eclipse MicroProfile(https://microprofile.io/)。它定义了如何以 Java 接口的形式表示外部服务，并确保与该服务交互的过程是类型安全的。这意味着我们能利用 Java 语言和编译过程，避免在与外部服务交互的代码中引入明显错误。

在使用很多 HTTP 类库、JAX-RS 客户端类库调用服务时，我们常常进行一系列对象转换、JSON 到 POJO 的转换，以及很多无法利用 Java 语言特性来保证正确性的其他步骤。代码看起来能够运行，但这样的代码可能由编译期发现不了的问题引发故障。只能在测试过程中、甚至是在生产环境中才能发现这类问题。MicroProfile REST Client 规范定义的类型安全的方式，让我们能在编译期就发现这类问题，而不需要推迟到执行期。

多年前，RESTEasy 项目(https://resteasy.github.io/)就提供了一种用 Java 接口定义外部服务的方法。

不过，只有一种 JAX-RS 实现包含这项功能，其他实现则没有这项功能。如果基于 RESTEasy 来开发就可以用到它；Thorntail 项目(https://thorntail.io/)在 RESTEasy 的编程式构建器上增加了一个 CDI 层。

MicroProfile REST Client 规范把 RESTEasy 和 Thorntail 的理念结合之后引入 Eclipse MicroProfile 平台。规范的很多内容与 JAX-RS 定义 RESTful API 端点的方式相兼容。

规范定义的几个比较重要的功能如下：
- 向对外调用请求添加额外的客户端请求头
- 跟随重定向到其他 URL 的调用

- 通过 HTTP 代理调用外部服务
- 注入用于过滤请求、操作消息正文的自定义提供程序
- 自动注册 JSON-P 和 JSON-B 提供程序
- 为 API 端点的 REST 客户端配置 SSL

了解了 MicroProfile REST Client 规范的起源和目的后，现在就准备在 Quarkus 中使用它吧！

5.2　定义服务接口

为让交易服务与账户服务通信，需要知道账户服务提供了哪些方法以及方法的参数和返回类型。如果没有这些信息，交易服务也就无法了解到账户服务的 API 契约。

支持通过 HTTP 等协议与其他服务通信的类库有很多，其中一些类就包含在 JDK 内部。不过，这种方式需要相当复杂的代码，才能正确设置 Content-Type 以及各种请求头，然后处理不同场景的响应码。代码清单 5.1 是 AccountService 的服务定义。

代码清单 5.1　AccountService 的服务定义

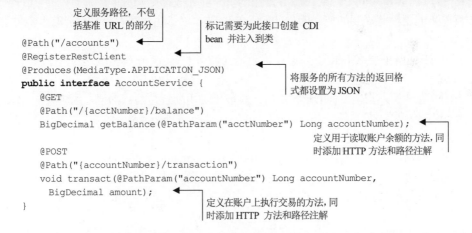

接口的定义看起来很熟悉，这也正是它的好处之一。用 Java 接口定义服务时，用到的正是我们熟悉的 JAX-RS 类注解和方法注解。用 Java 接口定义远程服务，并使用与创建 JAX-RS 资源类时相同的 JAX-RS 注解，意味着开发者已经熟悉了这些注解。如果在定义服务的 Java 接口用到的注解完全不同，或用一种全新的方式来定义服务，就会让开发者更难学习和使用。

与 JAX-RS 资源相比，这里的 Java 接口的唯一区别在于对@RegisterRestClient 注解的使用。这一注解告诉 Quarkus 要为接口定义的方法创建一个 CDI bean。Quarkus 自动生成 CDI bean，这样通过调用接口方法，就可以产生到外部服务的 HTTP 调用。

代码清单 5.1 中使用的是同步的响应类型。我们将在 5.3 节讨论异步类型，如 CompletionStage、Future、CompletableFuture。

我们来看看它的执行流程。在图 5.2 中，虚线框表示的是进程边界，物理机或者 Kubernetes Pod 都可以。

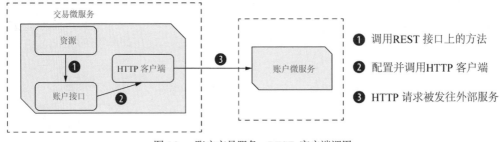

图 5.2 账户交易服务：REST 客户端调用

图 5.2 中调用账户服务的过程为：

- JAX-RS 资源调用 AccountService 接口上的方法，实际执行是由实现了接口的 CDI bean 完成的。
- 表示 AccountService 的 CDI bean 完成 HTTP 客户端的配置，包括 URL、HTTP 方法、Content-Type、其他请求头，以及 HTTP 请求上需要配置的其他各项参数。
- HTTP 客户端向外部账户服务发送请求，并完成返回响应的处理。

目前我们还没有提到如何声明外部服务的位置。与其他功能类似，我们有很多方法实现这一点。

使用@RegisterRestClient 注解时，可直接在注解的 baseUri 参数上设置 URL。由于 URL 会变化，因此对于生产环境来说，这种做法并不是很好，但可作为一种快速上手的简便方法。在注解上指定 baseUri 参数后，我们仍可用配置覆写它的值。用于设置 URL 的配置键为{包名}.{接口名}/mp-rest/url。可在 application.properties 添加它来配置外部服务的 URL。

针对代码清单 5.1 的配置键是 io.quarkus.transactions.AccountService/mp-rest/url。这么长的配置键不容易记住、容易出错。如果要简化配置键，可以在@RegisterRestClient 注解上设置 configKey 参数。比如，按下面的方式在接口上声明 configKey：

```
@RegisterRestClient(configKey = "account-service")
public interface AccountService {
}
```

这样，配键值就变成 account-service/mp-rest/url，相对没那么容易出错了。

现在我们了解了如何为外部服务创建服务定义，接下来在交易服务里实际使用它。

5.2.1 CDI REST 客户端

前面讨论过，Quarkus 可为用@RegisterRestClient 注解的 Java 接口自动创建 CDI bean。可通过代码清单 5.2 了解它的使用方式。

代码清单 5.2　TransactionResource 类

为了注入接口的 CDI bean，需要显式使用@Inject 注解。在其他场景中，
并不需要这样操作

```
public class TransactionResource {
    @Inject                                          用于代表外部服务的
    @RestClient                                      REST 客户端接口
    AccountService accountService;

    @POST
    @Path("/{acctNumber}")
    public Response newTransaction(
        @PathParam("acctNumber") Long accountNumber,   调用外部服务方法
        BigDecimal amount) {
        accountService.transact(accountNumber, amount);
        return Response.ok().build();
    }
}
```

Quarkus 根据接口的要求注入类型安全的 REST
客户端 bean 时所需的 CDI 标识符

　　只需要一个方法调用就可以完成外部服务的调用，就好像它是一个进程内服务。这
种能力相当强大，简化了用代码发起 HTTP 调用的过程。对于熟悉 Java EE 的开发者来说，
会发现这一做法与远程 EJB 非常类似。这两者在很多方面确实相似，不过这里的通信并
不是远程方法调用(Remote Method Invocation，RMI)，而是 HTTP。

　　我们完成了接口的定义，有了一个用到它的 JAX-RS 方法，现在该对这个 REST 客
户端进行测试了。

模拟外部服务

　　在执行单元测试时，如果要把被调服务启动起来，那就太麻烦了。在验证交易服务
的基本功能时，我们要用一个服务器来模拟会从账户服务收到的响应。一种思路是新建
一个服务器程序，用于处理请求并返回指定的响应。不过，幸运的是，有一个小巧的类
库正好提供了这个功能，它称为 WireMock。

　　第一步是按下面的方式，添加必要的依赖项：

```
<dependency>
    <groupId>com.github.tomakehurst</groupId>
    <artifactId>wiremock-jre8</artifactId>
    <scope>test</scope>
</dependency>
```

　　Quarkus 提供的 QuarkusTestResourceLifecycleManager 接口有助于配置测试环境。
通过实现这个接口，我们可以定制测试生命周期的 start()和 stop()的处理逻辑。所有逻辑
都会在标记了@QuarkusTestResource 注解的测试类上生效。如代码清单 5.3 所示，在与
WireMock 服务器打交道时，就要用到这个接口。

代码清单 5.3 WiremockAccountService

实现 QuarkusTestResourceLifecycleManager，响应测
试的 start 和 stop 事件

存储 WireMockServer 实例，才
能在测试关闭时将它关停

```
public class WiremockAccountService implements
    QuarkusTestResourceLifecycleManager {
  private WireMockServer wireMockServer;

  @Override
  public Map<String, String> start() {
    wireMockServer = new WireMockServer();
    wireMockServer.start();

    stubFor(get(urlEqualTo("/accounts/121212/balance"))
      .willReturn(aResponse()
        .withHeader("Content-Type", "application/json")
        .withBody("435.76")
    ));

    stubFor(post(urlEqualTo("/accounts/121212/transaction"))
      .willReturn(noContent())
    );

    return Collections.singletonMap(
      "io.quarkus.transactions.AccountService/mp-rest/url",
      wireMockServer.baseUrl());
  }

  @Override
  public void stop() {
    if (null != wireMockServer) {
      wireMockServer.stop();
    }
  }
}
```

创建并启动 WireMockServer

提供一个桩实现，用于响应读取账户余额的
HTTP GET 方法。由于这里是模拟的服务器，
因此需要对服务响应的账户号进行硬编码，然
后在测试的请求里使用这个账户号

再创建一个桩实现，用于响应创建交
易的 HTTP POST 方法

把 WireMock 服务器的 URL 设置到环境变量
io.quarkus.transactions.AccountService/ mp-rest/url
中，正好符合定义 URL 所需的配置键名

在测试关闭时，关停
WireMock 服务器

最后，我们要完成测试的编写，在其中调用交易服务，而交易服务会调用模拟服务
器。代码示例如下。

代码清单 5.4 交易服务的测试

```
@QuarkusTest
@QuarkusTestResource(WiremockAccountService.class)
public class TransactionServiceTest {
  @Test
  void testTransaction() {
    given()
      .body("142.12")
      .contentType(ContentType.JSON)
      .when().post("/transactions/{accountNumber}", 121212)
      .then()
      .statusCode(200);
```

向测试添加用于支持 WireMock
的生命周期管理器

用 WireMock 桩定义
的账户号发送 HTTP
POST 请求

验证返回的响应码是 200

```
    }
}
```

完成测试的编写后，打开/chapter5/transaction-service/目录，并运行如下命令：

```
mvn clean install
```

注意

请确保为数据库运行 Docker。

测试应该能运行通过，不会出错。

以模拟的服务器运行测试还不足以证明程序的正确性。现在把各个服务都部署到 Kubernetes，用真实的服务来验证代码的正确性。

部署到 Kubernetes

如果 Minikube 已经运行，就做好了准备！如果还没有，请运行下面这行代码：

```
minikube start
```

有了 Minikube，就可以启动 PostgreSQL 数据库实例了。为此，我们在 Kubernetes 中安装 PostgreSQL 要使用的 Deployment 和 Service 资源。

切换到/chapter5/目录，并运行下面的命令：

```
kubectl apply -f postgresql_kubernetes.yml
```

切换到/chapter5/account-service/目录，按下面的方式，把账户服务构建并部署到 Kubernetes：

```
mvn clean package -Dquarkus.kubernetes.deploy=true
```

警告

与第 4 章不同的是，此处的 PostgreSQL 没有使用 Secrets 存储用户名和密码。因此，不推荐在生产环境中使用这种安装方式。

注意

在上面命令之前运行 eval $(minikube -p minikube docker-env)，可以确保构建容器镜像时用到的是 Minikube 内部的 Docker。

如下所示，通过运行 kuectl get pods 验证服务已经正确启动：

```
NAME                             READY   STATUS    RESTARTS   AGE
account-service-6d6d7655cf-ktmhv 1/1     Running   0          6m55s
postgres-775d4d9dd5-b9v42        1/1     Running   0          13m
```

如果 STATUS 一列提示出现错误，可运行 kubectl logs account-service-6d6d7655cf-ktmhv，替换成实际的 Pod 名称，这样就可以查看容器日志，从而诊断问题。

运行 minikube service list 可以找到账户服务的 URL，然后用下面的代码来确认它能正常工作：

```
curl http://192.168.64.4:30704/accounts/444666/balance
```

如果一切正常，终端窗口会输出返回的余额，也就是 3499.12。

完成账户服务的部署和验证后，同样的操作轮到交易服务了。要记得交易服务里需要配置 URL 才能找到账户服务。为此，我们修改 application.properties，向其中添加下面的代码：

```
%prod.io.quarkus.transactions.AccountService/mp-rest/url=
    http://account-service:80
```

代码把 URL 设置在生产环境(%prod)的配置编组，这样就只在 Kubernetes 部署时才生效；同时 URL 使用了从 minikube service list 输出的账户服务的 Kubernetes 服务名。

将目录切换到/chapter5/transaction-service/，部署下一个服务：

```
mvn clean package -Dquarkus.kubernetes.deploy=true
```

确定服务没有出错、启动成功之后，我们以下面的方式，发送一个请求，从账户提取资金：

```
curl -H "Content-Type: application/json" -X POST -d "-143.43"
    http://192.168.64.4:31692/transactions/444666
```

如果请求完成，没有错误或提示，再运行前一个 curl 命令检查账户余额。如果按照预期一切工作正常，现在返回的余额应该是 3355.69！可以试试向不同账号存入或提取其他数额，再看看每个请求之后余额有什么变化。

使用 CDI 的 REST 客户端时，还有其他很多选项可以配置，虽然目前我们还没有用到。只要定义代码清单 5.1 的接口，就可以使用下面不同的配置：

与远程 API 端点建立连接的超时时间，以毫秒为单位

默认情况下，REST 客户端对应的 CDI bean 的作用域是@Dependent。这里把它改为@Singleton

与 REST 客户端搭配使用的一组由逗号分隔的 JAX-RS 提供程序

外部服务的 URL，本章前面的示例提到过

```
io.quarkus.transactions.AccountService/mp-rest/url=http://localhost:8080
io.quarkus.transactions.AccountService/mp-rest/scope=javax.inject.Singleton
io.quarkus.transactions.AccountService/mp-rest/providers=
io.quarkus.transactions.MyProvider
io.quarkus.transactions.AccountService/mp-rest/connectTimeout=400
io.quarkus.transactions.AccountService/mp-rest/readTimeout=1000
io.quarkus.transactions.AccountService/mp-rest/followRedirects=true
io.quarkus.transactions.AccountService/mp-rest/proxyAddress=http://myproxy:9100
```

指定是否应该跟随 HTTP 重定向响应，不跟随时返回错误

对 REST 客户端发送的所有请求都生效的 HTTP 代理

等待远程 API 端点响应的超时时间，以毫秒为单位

这些配置也可通过编程式 API 来实现，我们将在下一节介绍。如果在@RegisterRestClient 注解上使用了 configKey，上面所有配置键的 io.quarkus.transactions.AccountService/mp-rest/都要替换为 account-service/mp-rest/。

访问外部服务时，通过 CDI 使用 REST 客户端并不是唯一方式。现在我们来看如何

用编程式 API 实现同样的效果。

5.2.2　以编程方式使用 REST 客户端

除了利用 CDI 注入的方式调用 REST 客户端 bean 访问外部接口，还可使用编程式构建器 API。这组 API 为 REST 客户端的多种配置提供了更多控制能力，不需要维护配置值。请查看代码清单 5.5。

代码清单 5.5　编程式构建器 API

```
@Path("/accounts")
@Produces(MediaType.APPLICATION_JSON)
public interface AccountServiceProgrammatic {
    @GET
    @Path("/{acctNumber}/balance")
    BigDecimal getBalance(@PathParam("acctNumber") Long accountNumber);

    @POST
    @Path("{accountNumber}/transaction")
    void transact(@PathParam("accountNumber") Long accountNumber,
        BigDecimal amount);
}
```

这个接口与代码清单 5.1 唯一的区别就是移除了 @RegisterRestClient。以 CDI 和编程式 API 的方式使用时，确实可以使用同一个接口声明。这里要强调的是，对于编程式 API 的用法来说，@RegisterRestClient 注解并非是必需的。请查看代码清单 5.6。

代码清单 5.6　@RegisterRestClient 注解并非是必需的

用 RestClientBuilder 创建一个构建器实例，
从而以编程方式配置各项功能

为 REST 客户端发出的所有请求设置 URL，等同于 @RegisterRestClient 注解上的 baseUrl。这里将配置键 account.service 用作新的 URL

```
@Path("/transactions")
public class TransactionResource {
    @ConfigProperty(name = "account.service", defaultValue =
        "http://localhost:8080")
    String accountServiceUrl;

    ...

    @POST
    @Path("/api/{acctNumber}")
    public Response newTransactionWithApi(@PathParam("acctNumber") Long
        accountNumber, BigDecimal amount) throws MalformedURLException {
    AccountServiceProgrammatic acctService =
        RestClientBuilder.newBuilder()
            .baseUrl(new URL(accountServiceUrl))
            .connectTimeout(500, TimeUnit.MILLISECONDS)
            .readTimeout(1200, TimeUnit.MILLISECONDS)
            .build(AccountServiceProgrammatic.class);
```

注入配置键 account.service 的值，如果没有配置，默认设为 http://localhost:8080

把新的编程式 API 功能添加为 URL 路径 /transactions/api/

在连接外部服务时允许的最长等待时间

在触发异常之前，等待响应的时间

AccountServiceProgrammatic 接口可构建调用外部服务时使用的代理

```
    acctService.transact(accountNumber, amount);
    return Response.ok().build();
    }
}
```

以前面 CDI bean 相同的方式调用
服务

向 application.properties 添加如下配置：

```
%prod.account.service=http://account-service:80
```

接着，对交易服务进行构建，并重新部署到 Kubernetes。如下所示：

```
mvn clean package -Dquarkus.kubernetes.deploy=true
```

确定服务没有出错、启动成功之后，我们以下面的方式，发送一个请求，向账户存入资金：

```
curl -H "Content-Type: application/json" -X POST -d "2.03"
    http://192.168.64.4:31692/transactions/api/444666
```

再执行 curl http://192.168.64.4:30704/accounts/444666/balance 就会看到返回的余额比之前多出 2.03 元。可以尝试以不同的组合调用编程式 API 提供的账户存款和取款功能。CDI bean 与编程式 API 的 API 端点返回的内容应该都是相同的。

RestClientBuilder 的编程式 API 在配置 REST 客户端时具有更强的控制能力。不管是指定外部服务的 URL、注册 JAX-RS 提供程序、设置连接和请求超时，还是进行其他各项设置，RestClientBuilder 都可以实现。

5.2.3 选用 CDI 还是编程式 API

在这个问题上的答案并没有正确或者错误之分——完全取决于自身偏好。

有些开发者更喜欢处理 CDI bean，另一些人则更喜欢编程式 API 的完整流程把控能力。在使用 REST 客户端 CDI bean 时，有一点要注意的是，与编程式 API 相比，它需要在 application.properties 引入更多配置。不过，这是否形成问题很大程度上与开发者需要控制的内容有关。他们想控制的内容越多，那么相比于配置属性，使用编程式 API 可能就越容易。

不管选择哪种方式，都不会影响 REST 客户端对类型安全的保证，只会影响与接口的交互过程。

此外，这两种方式在与外部资源通信时，都提供线程安全的特性。代码清单 5.6 中的 acctService 可以存储在类变量上。代码清单为了简化代码而没有用到。

5.2.4 异步响应类型

近年来，人们逐步期望以响应方式编写代码，理想情况下，在等待期间不要阻塞线程。受网络延迟、网络负载情况以及其他很多因素的影响，调用外部服务可能很慢，所以在使用 REST 客户端时使用异步类型是不错的选择。

我们首先要修改 AccountService 和 AccountServiceProgrammatic 这两个接口，在其中

添加下面的方法：

```
@POST
@Path("{accountNumber}/transaction")
CompletionStage<Void> transactAsync(@PathParam("accountNumber") Long
    accountNumber, BigDecimal amount);
```

对接口上原有 transact()方法的唯一修改是返回值类型。之前返回的是 void，现在返回 CompletionStage<Void>。实质上，方法返回的仍然是 void，但经过 CompletionStage 包装之后，就能让方法先完成，而 HTTP 请求的响应处理会延迟到收到响应之后。虽然响应尚未收到，方法的执行过程可以先完成，响应处理过程可以继续等待。这种做法能让处理当前请求的线程在等待异步响应期间被释放，用于处理其他请求。

上面我们修改了接口，那么 JAX-RS 资源方法会有多大变化呢？请查看代码清单 5.7。

代码清单 5.7　JAX-RS 资源方法发生了变化

为异步版本定义一个新的 URL。返回类型从
Response 改为 CompletionStage<Void>

```
@POST
@Path("/async/{acctNumber}")
public CompletionStage<Void> newTransactionAsync(@PathParam("acctNumber")
    Long accountNumber, BigDecimal amount) {
    return accountService.transactAsync(accountNumber, amount);
}

@POST
@Path("/api/async/{acctNumber}")
public CompletionStage<Void>
    newTransactionWithApiAsync(@PathParam("acctNumber") Long accountNumber,
    BigDecimal amount) throws MalformedURLException {
    AccountServiceProgrammatic acctService =
        RestClientBuilder.newBuilder()
            .baseUrl(new URL(accountServiceUrl))
            .build(AccountServiceProgrammatic.class);

    return acctService.transactAsync(accountNumber, amount);
}
```

修改后的方法体，它返回 REST
客户端调用的结果

在 newTransactionAsync 方法中，我们
返回从 REST 客户端调用返回的
CompletionStage，而不再返回表示一切
正常的 Response

完成了交易服务的修改后，用下面的命令重新部署修改内容：

```
mvn clean package -Dquarkus.kubernetes.deploy=true
```

我们用 kubectl get pods 确定服务启动成功之后，以下面的方式获取账户余额，然后用新的异步 API 的 URL 向账户存入一定金额：

```
curl http://192.168.64.4:30704/accounts/444666/balance
curl -H "Content-Type: application/json" -X POST -d "5.63"
    http://192.168.64.4:31692/transactions/async/444666
```

虽然方法现在用的是异步返回类型，但它们的功能与同步版本完全一致。花点时间去试试异步方法吧，看看并发请求的数量上限会是多少。

5.3 定制 REST 客户端

目前我们的示例关注的还只是常规用法，也就是定义一个接口，然后通过调用接口来发送 HTTP 请求。REST 客户端还有其他很多功能，下面几节将介绍其中的一部分。

5.3.1 客户端请求头

应用发出和收到的所有请求都包含各种请求头——其中一部分大家都很熟悉，比如 Content-Type 和 Authorization，而还有一些是用于在调用链中传递的。有了 REST 客户端，我们就能向客户端出站请求添加自定义的请求头，也可要求将入站 JAX-RS 请求的标头传递到级联的出站请求。

为在账户服务里查看收到的请求头，我们按下面的方式修改 AccountResource，将收到的请求头返回响应中。还有一种方法是从服务内部，用记录日志的语句把标头内容打印到控制台。

代码清单 5.8 修改 AccountResource

```
public class AccountResource {
    @POST
    @Path("{accountNumber}/transaction")
    @Transactional
    public Map<String, List<String>> transact(@Context HttpHeaders headers,
        @PathParam("accountNumber") Long accountNumber, BigDecimal amount) {

        ...

        return headers.getRequestHeaders();
    }
}
```

向方法注入HTTP请求的HttpHeaders(请求头)，@Context 只能用在 JAX-RS 上，不过它的工作机制与 CDI 上的@Inject 类似

返回包含了 HTTP 请求头的 Map 对象

修改账户服务后，还需要修改交易服务中用到的 AccountService 接口。请查看代码清单 5.9。

代码清单 5.9 修改 AccountService 接口

指示应该使用默认的 ClientHeadersFactory 类。默认的工厂类会将 JAX-RS 入站请求的所有请求头传递到出站客户端请求中。请求头是以逗号分隔的，由名为 org.eclipse.microprofile.rest.client.propagateHeaders 的配置键定义

```
    @Path("/acounts")
    @RegisterRestClient
    @ClientHeaderParam(name = "class-level-param", value = "AccountService
        interface")
    @RegisterClientHeaders
    @Produces(MediaType.APPLICATION_JSON)
    public interface AccountService {
        ...

        @POST
        @Path("{accountNumber}/transaction")
```

向出站 HTTP 请求头添加类级别参数。声明加在接口上意味着接口中的所有方法都会添加这些请求头

```
Map<String, List<String>> transact(@PathParam("accountNumber") Long
    accountNumber, BigDecimal amount);

@POST
@Path("{accountNumber}/transaction")
@ClientHeaderParam(name = "method-level-param", value = "{generateValue}")
CompletionStage<Map<String, List<String>>>
    transactAsync(@PathParam("accountNumber") Long accountNumber,
        BigDecimal amount);
default String generateValue() {
    return "Value generated in method for async call";
}
}
```

把返回类型改
为包含请求头
的 Map 对象

类似于 transact 方法，返回包
含请求头的 Map 对象的
CompletionStage

在 transactAsync 方法上，用于为请
求头创建值的默认接口方法

与类上的@ClientHeaderParam 的用法类似，这里可
向出站 HTTP 请求添加方法级别的请求头

代码清单 5.9 中包含一些新功能，下面详细介绍这些新功能。

@ClientHeaderParam 是用于向发往外部服务的 HTTP 请求添加请求头的一种便利方式。可以看到，这个注解可以使用字符串常量定义的 value 值，也可以使用一个方法，该方法可以定义在接口内部，也可以定义在另一个类中；方法名以花括号括起来。如果要为请求设置认证令牌，通过调用方法添加请求头就非常有用；如果要调用具有安全防护的服务，而入站请求又没有指定令牌，就要使用这种机制。

使用 @ClientHeaderParam 有什么好处呢？我们还可在方法参数上使用 @HeaderParam 注解。@HeaderParam 注解的问题在于，它要求在所有接口方法上添加额外的参数。如果只需要添加一两个参数，问题不算很大，但如果要添加五六个呢？这不只会让接口方法的定义变得混乱，还会要求我们在调用方法时，为所有这些参数传入值。这就是@ClientHeaderParam 的用处所在：它可让接口方法保持纯粹，同时简化了方法调用。

@RegisterClientHeaders 注解与@ClientHeaderParam 类似。不过，它的作用是请求头的传递，而不是添加新的请求头。JAX-RS 入站请求到来时，它的默认行为是不会将任何请求头传递给级联的 REST 客户端调用。通过@RegisterClientHeaders 就可指定要从 JAX-RS 入站请求传递的特定请求头。

可在配置文件中使用配置键 org.eclipse.microprofile.rest.client.propagateHeaders 指定要传递的请求头，配置值是一组由逗号分隔的请求头名称列表。如果要把入站请求的认证标头传递给 REST 客户端调用，这一功能尤其有用。不过，请确保这种传递的合理性。有时，把入站请求的认证标头传出去会产生意外的结果，比如调用服务功能时的用户身份错误。

如果默认的请求头传递机制不够用——例如，需要修改某个请求头的内容——@RegisterClientHeaders 允许指定自定义的实现。例如，@RegisterClientHeaders (MyHeaderClass.class) 意为使用自定义实现，其中 MyHeaderClass 要继承 ClientHeadersFactory。ClientHeadersFactory 类唯一要求实现的方法是 update()，它的参数

包含 JAX-RS 入站请求头的 MultiMap 对象，以及 MultiMap 将用于出站 REST 客户端调用的请求头。对出站请求头进行修改就可改动发往外部服务的 HTTP 请求的内容。

我们要在 TransactionResource 上修改 newTransaction 和 newTransactionAsync 两个方法的返回类型，使其返回包含请求头的 Map。

最后一步指定哪些请求头需要自动传递。如果不执行这一步，@RegisterClientHeaders 什么都不会传递。请向交易服务的 application.properties 添加下面的内容：

```
org.eclipse.microprofile.rest.client.propagateHeaders=SpecialHeader ◄─── 要传递的请求头名为 SpecialHeader
```

完成这些修改后，采用下面的方式把更新后的账户服务和交易服务部署到 Kubernetes 上：

```
/chapter5/account-service > mvn clean package
    -Dquarkus.kubernetes.deploy=true
/chapter5/transaction-service > mvn clean package
    -Dquarkus.kubernetes.deploy=true
```

完成服务的修改后，现在该看看请求头的传递效果了。我们先运行同步版本的交易方法，它应该只添加了类级别的请求头。命令如下：

```
curl -H "Content-Type: application/json" -X POST -d "7.89"
http://192.168.64.4:31692/transactions/444666
```

终端的输出应该包含以下内容：

```
{
 "class-level-param":["AccountService-interface"], ◄─── 通过 AccountService 接口的@ClientHeaderParam
 "Accept":["application/json"],                          注解传递的请求头
 "Connection":["Keep-Alive"],
 "User-Agent":["Apache-HttpClient/4.5.12 (Java/11.0.5)"],
 "Host":["account-service:80"],
 "Content-Length":["4"],
 "Content-Type":["application/json"]
}
```

现在我们在异步版本的交易功能上执行相同的操作。这时，应该同时出现类级别和方法级别的请求头，如下所示：

```
curl -H "Content-Type: application/json" -X POST -d "6.12"
    http://192.168.64.4:31692/transactions/async/444666
```

输出结果现在应该如下所示：

```
{                                                    AccountService 生成的类级别请求头
 "class-level-param":["AccountService-interface"], ◄───
 "method-level-param":["Value generated in method for async call"], ◄───
 "Accept":["application/json"],                      由 AccountService 接口的 transactAsync 方
 "Connection":["Keep-Alive"],                        法生成的@ClientHeaderParam 的请求头
```

```
"User-Agent":["Apache-HttpClient/4.5.12 (Java/11.0.5)"],
"Host":["account-service:80"],
"Content-Length":["4"],
"Content-Type":["application/json"]
}
```

那么，请求头的传递效果如何呢？要体验它，就需要按照下面的方式，用 curl 传入
请求头：

```
curl -H "Special-Header: specialValue" -H "Content-Type: application/json" -X
    POST -d "10.32" http://192.168.64.4:31692/transactions/444666
curl -H "Special-Header: specialValue" -H "Content-Type: application/json" -X
    POST -d "9.21" http://192.168.64.4:31692/transactions/async/444666
```

如果工作正常，终端的输出除了会包含我们向初始调用传入的 Special-Header，还会
包含前面几个例子中的请求头。

读者练习

修改编程式 API 版本的 AccountServiceProgrammatic 和 TransactionResource，然后尝
试访问/api 端点，查看请求头。

本节介绍了几种向客户端请求添加额外请求头的方法。

我们可以向 REST 客户端接口添加@ClientHeaderParam，将其应用到所有方法上，
也可以只添加到特定方法上。@ClientHeaderParam 能够把静态值设置为请求头，也可以
通过调用方法来获得用于请求头的值。

5.3.2 声明提供程序

可编写各种用于定制请求和响应行为的提供程序，比如 ClientRequestFilter、
ClientResponseFilter、MessageBodyReader、MessageBodyWriter、ParamConverter、
ReaderInterceptor 以及 WriterInterceptor。每种类型的提供程序都能让开发者定制 HTTP 请
求和响应处理过程中的一种场景。JAX-RS 规范包含多种提供程序，我们演示的用法只会
覆盖其中一部分。REST 客户端还支持 ResponseExceptionMapper 功能。

图 5.3 重点展示了 JAX-RS 和 REST 客户端在准备 HTTP 请求和处理 HTTP 响应的过
程中，提供程序的执行情况。

图 5.3　REST 客户端代理中的提供程序处理序列

所有实现了上面这些接口的提供程序类，以下面的方式注册后，就可以使用：

- 向类自身添加@Provider 注解。这种方法最不灵活，因为它表示所有的 JAX-RS 交互都会用到这个提供程序，不管是 JAX-RS 入站请求还是出站 REST 客户端调用。
- 在 REST 客户端接口上添加@RegisterProvider(MyProvider.class)注解，可以把提供程序关联到特定接口。
- 如果使用编程式 API，通过调用 builder.register(MyProvider.class)可以在特定的 REST 客户端调用上使用提供程序。
- 实现 RestClientBuilderListener 或 RestClientListener 接口后，把提供程序直接注册到 RestClientBuilder。

下面将详细介绍客户端过滤器和异常映射器的用法。

客户端过滤器

本节将介绍如何为 REST 客户端调用编写 ClientRequestFilter(客户端请求过滤器)。ClientRequestFilter 可用于在 HTTP 请求发送之前对请求进行改写。可以对包括请求头的名称和值，以及 HTTP 请求正文在内的一切内容进行修改。编写请求过滤器的素材不是很多，在此仅编写一个向请求添加一个请求头的过滤器，把调用到的方法名作为它的值。请查看代码清单 5.10。

代码清单 5.10　AccountRequestFilter 仅编写了一个过滤器

覆写 filter 方法，执行所需的过滤操作。在方法中，可以使用 ClientRequestContext 修改要发送的请求

该类需要实现 ClientRequestFilter 接口

```java
public class AccountRequestFilter implements ClientRequestFilter {
    @Override
    public void filter(ClientRequestContext requestContext) throws IOException {
        String invokedMethod =
            (String) requestContext.getProperty(
              "org.eclipse.microprofile.rest.client.invokedMethod");
        requestContext.getHeaders().add("Invoked-Client-Method", invokedMethod);
    }
}
```

以 Invoked-Client-Method 为名称添加新的请求头，值来自上一行

REST 客户端会添加名为 org.eclipse.microprofile.rest.client.invokedMethod 的属性，值会是接口上被调用到的方法。在这里，我们读取它的值

要让上面这个过滤器在客户端请求调用过程中被用到，我们需要按下面的方式把它注册到 AccountService 上：

```java
@RegisterProvider(AccountRequestFilter.class)
public interface AccountService { ... }
```

然后把修改后的交易服务重新部署到 Kubernetes，命令如下：

```
mvn clean package -Dquarkus.kubernetes.deploy=true
```

完成服务的更新后，我们来看看由过滤器添加的新请求头。可以用同步版或异步版的方法来验证效果。因为过滤器是在接口上生效的，所以两种执行方式都可行。

```
curl -H "Content-Type: application/json" -X POST -d "15.64"
    http://192.168.64.4:31692/transactions/444666
```

收到请求头后，终端应该会出现下面这样的代码：

```
{
 "class-level-param":["AccountService-interface"],
 "method-level-param":["Value generated in method for async call"],
 "Accept":["application/json"],
 "Invoked-Client-Method":["transact"],
 "Connection":["Keep-Alive"],
 "User-Agent":["Apache-HttpClient/4.5.12 (Java/11.0.5)"],
 "Host":["account-service:80"],
 "Content-Length":["4"],
 "Content-Type":["application/json"]
}
```

由 AccountRequestFilter 添加的请求头，指示了 AccountService 接口上使用的方法名

返回的结果应该与我们前面看到的 CDI bean 版本是一致的。

读者练习

修改 TransactionResource 中使用 REST 客户端可编程 API 的方法，在其中注册过滤器，并尝试访问使用它们的 URL。

本节讨论了如何通过 @RegisterProvider 注解和类名，向 REST 客户端注册 ClientRequestFilter 和 ClientResponseFilter。

异常映射

另一种我们可以实现的提供程序是 ResponseExceptionMapper(响应异常映射器)。这种提供程序只作用于 REST 客户端，而不会作用于 JAX-RS API 端点。映射器的作用是把从外部服务收到的 Response(响应)转换为 Throwable，从而让处理更为便捷。

注意，只有在接口方法的 throws 子句上指定映射器的异常类型，映射器才能正常起作用。

与其他 JAX-RS 提供程序一样，我们能用一个具体的@Priority 值来标记异常映射器之间的优先级。优先级数字越小，实际优先级越高，也就会越早执行。

REST 客户端的实现包含一个默认的异常映射器，目的是处理所有状态码大于等于 400 的 Response。对于这种响应，默认的异常映射器会返回 WebApplicationException。默认异常映射器的优先级是 Integer 的最大值，所以设置一个小些的优先级值就能绕过它。

如果完全不想使用默认异常处理器，可通过配置 microprofile.rest.client.disable.default.mapper 属性为 true 来禁用它。

我们编写下面的异常映射器，用于处理所有账号不存在相关性的错误。为此，我们需要从映射器抛出一个异常。

```
public class AccountNotFoundException extends Exception {
    public AccountNotFoundException(String message) {
        super(message);
    }
}
```

异常并没有什么特别之处，因为一个构造函数的字符串参数就足够了。

接着，按照代码清单 5.11 所示的方式，完成映射器的编写。

代码清单 5.11　完成映射器的编写

为 AccountNotFoundException 类型实现
ResponseExceptionMapper

toThrowable 接收 Response 对象后，将其
转换为正确的异常类型，本例中是
AccountNotFoundException

```
public class AccountExceptionMapper implements
    ResponseExceptionMapper<AccountNotFoundException> {
    @Override
    public AccountNotFoundException toThrowable(Response response) {
        return new AccountNotFoundException("Failed to retrieve account");
    }

    @Override
    public boolean handles(int status, MultivaluedMap<String, Object> headers)
    {
        return status == 404;
    }
}
```

创建 AccountNotFoundException
的实例

handles 方法提供了一种判断映射器是否要为当前
Response 对象生成 Throwable 的方式；如果不生成，就
不应该针对它调用 toThrowable

只处理状态码为 404 的
Response 对象

如果不向 AccountExceptionMapper 添加@Priority 注解，默认的优先级是 5000。

为了验证异常映射的效果，我们按照下面的方式修改 TransactionResource，让它记录从 REST 客户端调用抛出的异常。

代码清单 5.12　修改 TransactionResource

```
public class TransactionResource {
...
    @POST
    @Path("/{acctNumber}")
    public Map<String, List<String>> newTransaction(@PathParam("acctNumber")
        Long accountNumber, BigDecimal amount) {
        try {
            return accountService.transact(accountNumber, amount);
        } catch (Throwable t) {
            t.printStackTrace();
            Map<String, List<String>> response = new HashMap<>();
            response.put("EXCEPTION - " + t.getClass(),
            Collections.singletonList(t.getMessage()));
            return response;
        }
    }
}
```

用 try-catch 代码块包装
REST 客户端调用

创建一个 Map，用于放置所收到的异常相关的信息，并
返回到响应中。这样做的作用只是为了展示记录的异
常；生产环境中的服务应该以更合适的方式处理异常

重新构建交易服务并部署到 Kubernetes，命令如下：

```
mvn clean package -Dquarkus.kubernetes.deploy=true
```

按下面的方式，用一个不存在的账户调用服务：

```
curl -H "Content-Type: application/json" -X POST -d "15.64"
    http://192.168.64.4:31692/transactions/11
```

返回的请求头，应该会包含异常的详细情况，如下所示：

```
{
 "EXCEPTION - class javax.ws.rs.WebApplicationException":["Unknown error,
status code 404"]
}
```

默认情况下，从 REST 客户端调用处收到的异常是 WebApplicationException。这里是默认异常映射器被激活的效果

下面修改 AccountService 接口，按照代码清单 5.13 所示的方式，在其中注册自定义的异常映射器：

代码清单 5.13　在 AccountService 中注册自定义的异常映射器

```
@RegisterProvider(AccountExceptionMapper.class)
public interface AccountService {
    ...

    @POST
    @Path("{accountNumber}/transaction")
    Map<String, List<String>> transact(@PathParam("accountNumber")
      Long accountNumber,
        BigDecimal amount) throws AccountNotFoundException;
}
```

注册用于处理异常的 AccountExceptionMapper

在 transact 方法上提示它可能返回 AccountNotFoundException，从而激活 AccountExceptionMapper 的功能

现在可以看看注册自定义映射器之后，异常会发生怎样的变化。用下面的方式，重新部署交易服务：

```
mvn clean package -Dquarkus.kubernetes.deploy=true
```

然后执行相同的请求，命令如下：

```
curl -H "Content-Type: application/json" -X POST -d "15.64"
    http://192.168.64.4:31692/transactions/11
```

终端的输出应该包含下面的响应：

```
{
 "EXCEPTION - class
    io.quarkus.transactions.AccountNotFoundException":["Failed to retrieve
    account"]
}
```

收到的异常类型变成 AccountNotFoundException

读者练习

尝试调用 TransactionResource 上的不同方法，看看异常映射器在不同生效状态下的情况。读者还可练习将交易信息存入本机数据库，用于审计用途。

5.4 本章小结

- 通过在定义外部服务的接口上添加@RegisterRestClient，就可使用@RestClient 注入一个实现接口的 CDI bean 来发起 REST 客户端调用。
- 使用[包名].[类名]/mp-rest/开头的配置键名可以实现对接口行为的定制。可以定制的功能有：外部服务的 URL，CDI bean 的作用域，注册的 JAX-RS 提供程序列表，以及连接和请求的超时时间。
- 如果 REST 客户端调用的服务的执行时间可能比较久，可将返回值类型改为 CompletionStage 并启用异步执行。
- 在描述外部服务的接口上添加@RegisterProvider 注解，并以 JAX-RS 提供程序类名作为值，表示应该在通过该接口发起的所有 REST 客户端请求上启用此提供程序。
- 通过实现 ResponseExceptionMapper，可对特定的 HTTP 状态码进行处理，并返回自定义的异常。这样让 REST 客户端调用变得更接近于执行本地方法。

第 **6** 章

应用的健康管理

本章内容
- 应用的健康管理
- MicroProfile Health 规范，以及应用健康信息的公开
- 公开账户服务和交易服务的健康信息
- 使用 Kubernetes 探针识别应用的健康问题

Kubernetes 与微服务架构的结合为开发者带来了应用开发方式的颠覆性改变。过去的数十个大型单体应用，现在变为成百上千个小型的、轻量级微服务实例。应用运行的实例数越多，出现单个应用失败的概率就越高。如果 Kubernetes 不将应用健康作为首要关切予以解决，失败概率的增加就会成为生产环境的严重挑战。

我们先来回顾运行在应用服务器上的单体应用是如何应对不健康应用的。

6.1　开发者在应用健康管理领域日益重要的地位

如果时间回到 20 世纪 90 年代，很多企业级 Java 开发者都与 Java 应用服务器打过交道。在那个年代，大多数开发者编写的是单体、三层架构的应用，一般不会有要把应用的健康信息公开出来的意识。从开发者视角看，应用健康状态的监控是系统管理员的职责，他们的本职工作就是要确保应用在生产环境中正常运行。

图 6.1 所示为典型的单体应用的高可用架构，它们运行于传统的、横向扩展的应用服务器配置中。

图 6.1 传统的应用服务器，高可用架构

该架构有几个值得注意的地方：

- 负载均衡器——负载均衡器的首要职责是让负载在多个应用实例间均衡分配，以确保应用的可扩展性和可用性。负载均衡器可将流量从失败的实例上转发到运行正常的实例上。管理员需要确保负载均衡器配置的正确性。

- 应用故障处置——对出现故障的应用的处置通常是手动的。由于是手工流程，管理员倾向于开展根本原因分析，并从根本上解决问题，这样他们以后就不会在同一问题上再次花费时间。不管怎样，由于重启故障应用要由管理员进行，这就会花费时间和资源。

- 角色与职责——在上面的场景中，开发者不直接参与到生产环境的健康管理中。开发者的职责通常仅限于协助诊断问题，以便确定根本原因是否来自应用一侧。

- 缺乏自动化——在这个流程中，唯一的自动化就是负载均衡器识别到 HTTP 500 后，不再向故障的应用发送 HTTP 流量了。负载均衡器还能通过间歇地发送流量来检测服务器的恢复，然后复原它的流量转发。但由于应用间没有正式的"健康信息"协议，负载均衡器和应用服务器就失去了自动检测应用故障的能力。

由于微服务的部署规模常常是成百上千的应用实例，在这种规模下，管理员不可能以手工方式去逐个管理其中的应用实例。减少系统对手工干预的依赖，可以极大地提升生产环境整体的可用性与效率，开发者在其中扮演着关键角色。具体来说，开发者可主动将应用的健康信息公开给 Kubernetes，Kubernetes 则用探针(probe)检查由应用公开的健康信息，并在必要时实施处置措施。接下来先介绍以 MicroProfile Health 作为应用健康 API，然后介绍 Kubernetes 的存活探针和就绪探针是如何实施处置措施的。

6.2 MicroProfile Health 规范

MicroProfile 社区发现，现代化的 Java 微服务是一种单一应用技术栈，通常运行在容器中。现代化容器平台还为容器化应用与平台之间定义了健康管理相关的正式契约。有了正式契约，平台就可对故障的应用容器进行重启，同时确保在容器应用准备好处理流量之前，不会收到流量。MicroProfile Health 规范通过定义如下行为来实现这一契约。

- 健康状态 API 端点——MicroProfile 定义了两个 API 端点用于获取应用健康状态：/health/live 和/health/ready。按照契约，Quarkus 把这些请求重定向到/q/health/live 和/q/health/ready。
- HTTP 状态码——HTTP 状态码要体现健康状态。
- HTTP 响应正文——JSON 正文也要包含状态、额外的健康元数据与上下文。
- 应用存活状态——表示应用是否处于正确运行状态。
- 应用就绪状态——表示应用是否已准备好处理流量。
- 应用健康 API——按应用的自定义逻辑提供应用的就绪和存活检查功能。

6.2.1 存活状态与就绪状态

存活状态与就绪状态的区别似乎不是很明显，但两者的用途是有着明确区别的。底层平台向/q/health/live API 端点发送 HTTP 请求，用于确定应用容器是否需要重启。比如，应用内存不足时可能出现无法预料的行为，因此需要重启。

底层平台向/q/health/ready API 端点发送 HTTP 请求时，则是为了确定应用实例是否已就绪、可以处理流量。如果尚未就绪，平台就不会向这个应用实例发送流量。应用可以处于存活但尚未就绪的状态。比如，在重建内存缓存，或连接到外部服务时，可能需要一些时间。在此期间，应用是存活的、处于正常运行状态，但由于依赖的服务还没有正确运行，所以它还没有达到就绪状态，不能接收外部流量。

注意

向/health API 端点发送 HTTP 请求时，将返回存活和就绪状态信息。MicroProfile Health 已将此 API 端点废弃，而建议分别使用/health/live 和/health/ready 两个 API 端点。Quarkus 建议直接使用/q/health/live 和/q/health/ready 这两个 API 端点，从而避免 HTTP 重定向。

6.2.2 确定存活状态与就绪状态

底层平台有两种确定状态的方式：检查 HTTP 状态码或者从 JSON 正文中分析并提取状态(UP, DOWN)。表 6.1 展示了 HTTP 状态码与 JSON 正文的对应关系。

表6.1 健康 API 端点、状态码和 JSON 正文中的状态

健康检查 API 端点	HTTP 状态码	JSON 正文状态
/q/health/live 和/q/health/ready	200	UP
/q/health/live 和/q/health/ready	503	DOWN
/q/health/live 和/q/health/ready	500	*不明确

JSON 正文状态"不明确"表示请求处理失败。

图 6.2 左侧所示为探针流量的处理流程，右侧所示为应用流量的处理流程。以从上到下为方向，它们以时间为顺序。从图中可以看出，调用试验持续失败一段时间后，容器会被重启。在探针再次检测到健康问题之前，常规的应用流量会保持正常。

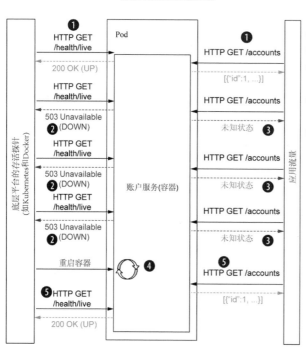

HTTP 存活检查

❶ 存活检查确认应用流量正常运行
❷ 应用的存活检查失败
❸ 账户服务停机。根据错误的不同，会产生相应的 HTTP 响应
❹ 调用试验失败三次后，容器重启。在重启期间，流量被重定向到其他实例
❺ 存活检查再次确认应用流量正常运行

图 6.2　存活检查及应用流量处理流程

图 6.3 中的处理流程与图 6.2 很像，不过它展示的是就绪健康检查。图中所示为，当数据库连接丢失时，就绪检查就会失败。这一失败会让 Kubernetes 将流量重定向到应用的另一个实例，直到数据库连接恢复。

关于图示，先说明几点。首先，稍后会以示例代码的形式研究这些场景；其次，探针是可配置的，稍后也会介绍。

我们现在进入编码过程！

6.3　开始学习 MicroProfile Health

本章将扩展账户服务、交易服务，向其中添加应用健康探测逻辑。从而向 Kubernetes 提供足够的元信息，以便在必要时实施处置措施。

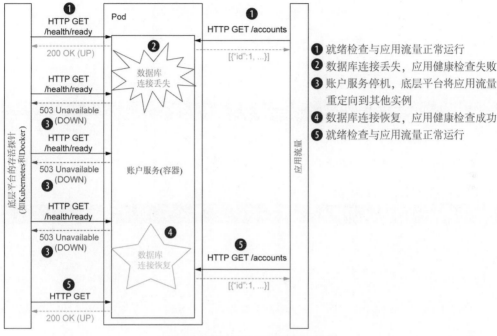

图 6.3　就绪检查及应用流量处理流程

　　账户服务要用到 PostgreSQL 数据库，因此数据库要处于运行中并随时可接受调用。可通过以下几步来确保这一点：

　　通过运行命令 kubectl get pods，检查 Kubernetes 集群中是否运行有 PostgreSQL。如果输出的内容不包含类似于 postgres-58db5b6954-27796 的文本，则数据库还没有运行。

　　如果数据库还没有运行，从 chapter06 的顶层目录运行 kubectl deploy -f postgresql_kubernetes.yml 来部署数据库。

　　数据库启动后，将本机调用数据库的流量转发到 Kubernetes 集群中的 PostgreSQL Pod。运行代码清单 6.1 中的命令便可实现。

代码清单 6.1　PostgreSQL 端口转发

```
# This will forward traffic until CTRL-C is pressed
kubectl port-forward service/postgres 5432:5432
```
　　　　　　　将本机的 5432 端口的流量转发到 Kubernetes Pod 中的 5432 端口。在开发期间，
　　　　　　　账户服务会调用本机 5432 端口，这部分流量现在就转发给 PostgreSQL Pod 了

　　数据库启动后，接下来就是要启动账户服务了。安装父级 pom.xml，并启动账户服务，如代码清单 6.2 所示。

代码清单 6.2　安装父级 pom，并构建制品

```
mvn clean install -DskipTests  ◀──┐   安装父级 pom.xml
cd account-service
mvn quarkus:dev  ◀──┐
                    └── 以开发者模式启动账
                        户服务
```

代码清单 6.3 中的命令检查健康 API 端点，来查看账户服务的健康状态：

代码清单 6.3　检查健康 API 端点是否可用

```
curl -i localhost:8080/q/health/live
```

代码清单 6.4 是输出结果，从中可以看出，Quarkus 中默认并不提供存活健康 API 端点。

代码清单 6.4　Quarkus 健康 API 端点不存在

```
HTTP/1.1 404 Not Found
Content-Length: 0
Content-Type: application/json
```

需要向账户服务添加一个新的 Quarkus 扩展程序才能支持 MicroProfile Health。使用下面的代码片段，即可添加所需的 quarkus-smallrye-health 扩展程序。

代码清单 6.5　用 quarkus-smallrye-health 扩展程序添加 MicroProfile Health 支持

```
mvn quarkus:add-extension -Dextensions="quarkus-smallrye-health"
```

由于 Quarkus 是以开发者模式运行的，因此扩展程序会自动加载。

6.3.1　账户服务中的 MicroProfile Health 存活状态

加载 MicroProfile Health 支持后，再次使用 curl -i localhost:8080/q/health/live 检查该 API 端点。如代码清单 6.6 所示，这次的结果会出现很大的不同：

代码清单 6.6　存活健康检测的输出

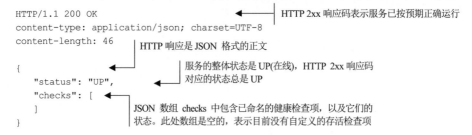

　　尽管输出的内容并不复杂，我们还是能从中了解到不少有用的上下文。首先，如果不编写自定义的健康检查项，MicroProfile Health 要求其默认状态为 UP。

　　其次，HTTP 状态码与 JSON 正文的状态有一种对应关系。HTTP 200 状态码对应 UP(在线)，而 HTTP 5xx 的状态码则对应 DOWN(停机)。底层平台会提供一些方法来配置在采取处置措施之前，如何处理由 JSON 正文其余部分提供的上下文补充信息。

　　最后，MicroProfile Health 标准要求 JSON 正文中要包含两个信息：一是要返回 status 状态字段，取值是 UP 或 DOWN；二是要返回一个包含检查项的 checks 数组，列举所有存活检查项。如果存活检查项的一个或多个结果是 DOWN，那么健康检查的整体状态就是 DOWN。

　　学习了存活检查后，现在该创建我们自定义的存活检查了。

6.3.2　为账户服务创建存活健康检查

　　为了学习 API 的用法，我们先按下面的代码的方式，创建一个总是返回 UP 的存活检查。

代码清单 6.7　AlwaysHealthyLivenessCheck.java

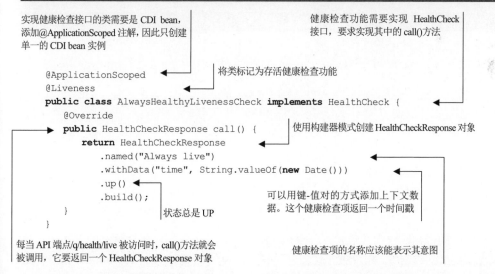

实现健康检查接口的类需要是 CDI bean，添加@ApplicationScoped 注解，因此只创建单一的 CDI bean 实例

健康检查功能需要实现 HealthCheck 接口，要求实现其中的 call()方法

将类标记为存活健康检查功能

```
@ApplicationScoped
@Liveness
public class AlwaysHealthyLivenessCheck implements HealthCheck {
    @Override
    public HealthCheckResponse call() {
        return HealthCheckResponse
            .named("Always live")
            .withData("time", String.valueOf(new Date()))
            .up()
            .build();
    }
}
```

使用构建器模式创建 HealthCheckResponse 对象

可以用键-值对的方式添加上下文数据。这个健康检查项返回一个时间戳

状态总是 UP

每当 API 端点/q/health/live 被访问时，call()方法就会被调用，它要返回一个 HealthCheckResponse 对象

健康检查项的名称应该能表示其意图

　　执行 curl localhost:8080/q/health/live 命令即可测试我们的健康检查功能。结果应该与代码清单 6.8 所示的内容类似：

代码清单 6.8　存活健康检查的结果

```
HTTP/1.1 200 OK
content-type: application/json; charset=UTF-8
content-length: 220

{
    "status": "UP",
```

由于应用的状态是 UP，HTTP 状态码返回了 OK

JSON 格式的健康状态与 HTTP 响应码对应

```
    "checks": [
      {
          "name": "Always live",
          "status": "UP",
          "data": {
              "time": "Mon Sep 28 23:56:38 PDT 2020"
          }
      }
    ]
}
```

AlwaysHealthyLivenessCheck 类的状态是 UP。因此，整体状态也会是 UP。如果任何具体的健康检查项是 DOWN，那么整体状态也会是 DOWN

JSON 的其余内容来自 HealthCheckResponse 对象定义的值

下面，我们进一步加深对应用就绪状态的理解。

6.3.3 账户服务的 MicroProfile Health 就绪状态

对应用的存活状态建立了准确理解后，接下来可试试应用的就绪状态了，命令为 curl -i http://localhost:8080/q/health/ready。它的输出如代码清单 6.9 所示，有趣的是，这似乎与预期有些不符。

代码清单 6.9 账户服务已就绪，可以处理流量

```
HTTP/1.1 200 OK
content-type: application/json; charset=UTF-8
content-length: 150

{
    "status": "UP",
    "checks": [
      {
          "name": "Database connections health check",
          "status": "UP"
      }
    ]
}
```

数据库连接工作正常

在上面的内容输出中，包含了一个预先配置的、关于数据库就绪状态的健康检查。如果无法连接到数据库，账户服务就会返回 HTTP 503 状态码，接着 Kubernetes 就不会向服务转发流量了。那么，数据库就绪健康检查是由什么机制提供的呢？使用了 Panache 扩展程序的 Hibernete ORM 会自动将 Agroal 数据源扩展程序添加为应用程序的依赖项。正是 Agroal 数据源扩展程序为我们提供了就绪健康检查功能，Quarkus 支持的各种关系型数据库都能从中受益。

注意
作为惯例，针对各类后端服务提供客户端连接功能的 Quarkus 扩展程序都内置有健康检查功能，包括关系型和非关系型数据库，Kafka 和 JMS 之类的消息处理系统，S3 和 DynamoDB 之类的 Amazon 云服务等。

6.3.4　禁用第三方就绪健康检查

有时需要禁用 Agroal 这类由第三方提供的就绪健康检查。比如，在无法连接到后端服务时，应用如果能以备用的处理逻辑来继续工作，就不需要停掉流量了。我们有两种方法禁用第三方的就绪健康检查。

第一，将 MicroProfile Health 配置属性 mp.health.disable-default-procedures 设为 true，能禁用所有第三方健康检查。这是一种粗粒度的控制方法。

第二，Quarkus 的就绪健康检查可以按扩展程序逐个禁用。配置 quarkus.<client>.health.enabled=false 即可禁用单个 Quarkus 扩展程序的就绪健康检查，其中<client>指的是需要禁用的扩展程序。例如，如果要禁用由 Agroal 扩展程序提供的数据源健康检查，就配置 quarkus.datasource.health.enabled=false。具体的配置属性名称可从 Quarkus 扩展程序文档查询。

6.3.5　创建新的就绪健康检查

创建就绪健康检查的过程与创建存活健康检查几乎是一样的。仅有的区别在于要把@Liveness 注解换成@Readiness，以及用于判断就绪状态的逻辑会有所不同。账户服务已经有了内置的数据库就绪健康检查，所以我们就在交易服务中创建就绪健康检查，检查账户服务是否就绪。如果账户服务没有就绪，就让交易服务也返回 DOWN。首先，我们需要向交易服务添加与健康状态相关的扩展程序，如代码清单 6.10 所示。

代码清单 6.10　向交易服务添加健康状态扩展程序

```
cd transaction-service
mvn quarkus:add-extension -Dextensions="quarkus-smallrye-health"
```

添加了扩展程序后，创建 AccountHealthReadinessCheck 类，代码如下：

代码清单 6.11　AccountHealthReadinessCheck.java

将类标记为就绪健康
检查功能

　　@Readiness

当不指定注入范围时，Quarkus 自动将它设置为@Singleton CDI。虽然还算不上一个可移植功能，但确实能让代码简化一点，从而为 Quarkus 开发者增加一份乐趣

```
public class AccountHealthReadinessCheck implements HealthCheck {
    @Inject
    @RestClient
    AccountService accountService;
    BigDecimal balance;

    @Override
    public HealthCheckResponse call() {
        try {
            balance = accountService.getBalance(999999999L);
        } catch (WebApplicationException ex) {
            // This class is a singleton, so clear last request's balance
```

注入 AccountService 的 REST 客户端实例，用于调用账户服务

调用 AccountService 的 API 端点，获取特殊账户"健康检查"的余额，以检查账户服务是否可用

```
        balance = new BigDecimal(Integer.MIN_VALUE);
        if (ex.getResponse().getStatus() >= 500) {
        return HealthCheckResponse
            .named("AccountServiceCheck")
            .withData("exception", ex.toString())
            .down()
            .build();
        }
    }
```

仅当获得 HTTP 5xx 状态码时，返回 DOWN 状态。HTTP 5xx 意味着服务无法响应正确的请求。其他状态码都包含服务能够响应请求的语义

返回 UP 状态，余额也将一并返回

```
    return HealthCheckResponse
        .named("AccountServiceCheck")
        .withData("balance", balance.toString())
        .up()
        .build();
    }
}
```

按照代码清单 6.12 所示的指令，向账户表添加就绪健康检查账户：

代码清单 6.12 向 src/main/resources/import.sql 添加测试账户

```
INSERT INTO account(id, accountNumber, accountStatus, balance, customerName,
  customerNumber) VALUES (9, 999999999, 0, 999999999.01, 'Readiness
  HealthCheck', 99999999999);
```

请将代码清单 6.13 中的配置更新到 application.properties 中：

代码清单 6.13 交易服务的补充配置

在开发者模式下，账户服务已经侦听了 8080 端口，为了防止端口冲突，交易服务要侦听 8088

```
%dev.quarkus.http.port=8088
%dev.io.quarkus.transactions.AccountService/mp-rest/url=http://localhost:8080
```

在开发者模式下，账户服务是在本机 8080 端口运行的，REST 客户端访问它时，也要用 localhost

打开一个新的终端窗口，以代码清单 6.14 所示的方式启动交易服务：

代码清单 6.14 启动交易服务

```
mvn compile quarkus:dev \
  -Ddebug=5006
```

Quarkus 的默认调试端口为 5005，已经用作运行中的账户服务的调试端口。此处将交易服务的调试端口设为 5006

要测试 AccountHealthReadinessCheck 类的功能，运行 curl -i localhost:8088/q/health/ready 命令，可以看到代码清单 6.15 所示的输出：

代码清单 6.15　ReadinessCheck 的流量处理

```
HTTP/1.1 200 OK
content-type: application/json; charset=UTF-8
content-length: 234

{
    "status": "UP",
    "checks": [
        {
            "name": "AccountServiceCheck",
            "status": "UP",
            "data": {
                "balance": "999999999.01"
            }
        }
    ]
}
```

HTTP 整体的状态码是 200，说明服务已就绪，可以接收流量

账户服务已就绪，可以接收流量

现在，我们的三个服务都处于运行中：PostgreSQL、账户服务和交易服务。图 6.4 显示了这些服务的就绪健康状态。

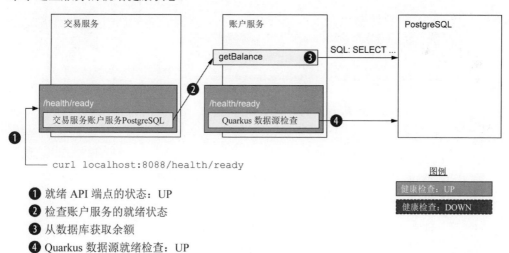

① 就绪 API 端点的状态：UP

② 检查账户服务的就绪状态

③ 从数据库获取余额

④ Quarkus 数据源就绪检查：UP

图 6.4　服务就绪健康状态

在 6.1 节，我们在终端运行 kubectl port-forward … 命令启动了端口转发；现在，在该终端按下 Ctrl＋C 停止端口转发。然后再次使用 curl -i localhost:8088/q/health/ready 检查就绪 API 端点。结果如代码清单 6.16 所示，可以看出，交易服务的状态为 DOWN，处于未就绪状态。

代码清单 6.16　AccountHealthReadinessCheck 状态为 DOWN，未就绪

```
HTTP/1.1 503 Service Unavailable
content-type: application/json; charset=UTF-8
content-length: 276
```

交易服务未就绪

```
{
    "status": "DOWN",
    "checks": [
        {
            "name": "AccountServiceCheck",
            "status": "DOWN",
            "data": {
                "exception": "javax.ws.rs.WebApplicationException: Unknown
                error, status code 500"
            }
        }
    ]
}
```

调用账户服务时遇到了异常，导致了交易服务的停机

数据库的停机导致了账户服务无法就绪的级联失败，接着是交易服务也无法就绪。图 6.5 描绘了这一状况。

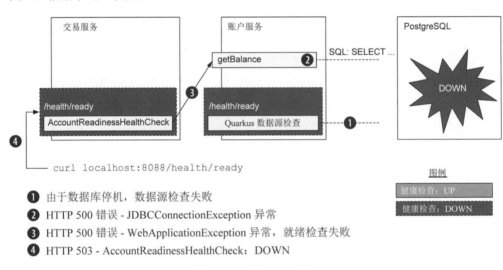

❶ 由于数据库停机，数据源检查失败
❷ HTTP 500 错误 - JDBCConnectionException 异常
❸ HTTP 500 错误 - WebApplicationException 异常，就绪检查失败
❹ HTTP 503 - AccountReadinessHealthCheck：DOWN

图 6.5 服务就绪级联失败

注意
在下一章的第 7.3 节，我们会讨论如何防止级联失败。
接下来讨论 Quarkus 特有的健康管理功能，然后将服务部署到 Kubernetes 上。

6.3.6 Quarkus 健康分组

Quarkus 扩展 MicroProfile Health，额外提供了健康分组的功能，可以按组定义健康检查。在需要对一些不影响容器访问能力(就绪状态)和容器生命周期(存活状态)的健康检查项做监控时，健康分组功能非常有用，它支持以不同的 REST 端点提供这些健康检查。这些 API 端点通常不是由 Kubernetes 存活和就绪探针直接监控的，而是会由第三方或自定义的工具用到。比如，外部工具可通过健康组的 API 端点来监控与业务相关的、非致

命性健康检查。

要创建健康组，请使用@HealthGroup("group-name")注解。代码清单 6.17 展示了健康检查组的例子。

代码清单 6.17　CustomGroupLivenessCheckHealth.java 健康检查组的示例

```
@ApplicationScoped          ◄─────┤指定自定义健康组
@HealthGroup("custom")
public class CustomGroupLivenessCheck implements HealthCheck {
    @Override
    public HealthCheckResponse call() {
        return HealthCheckResponse.up("custom liveness");   ◄──
    }
}
```
> 与 AlwaysHealthyReadinessCheck 类似，CustomGroupLivenessCheck 类
> 也总是返回 UP。在真实项目中，健康检查组会使用业务逻辑来确定健
> 康状态

可从/q/health/group 访问所有的健康检查组。访问具体的健康检查组时，使用 /q/health/group/<group>，其中的 group 是健康组的名称。代码清单 6.18 显示了使用命令行 curl -i http://localhost:8088/q/health/group/custom 来访问由健康组 custom 所生成的示例输出：

代码清单 6.18　健康检查组输出

```
HTTP/1.1 200 OK
content-type: application/json; charset=UTF-8
content-length: 132

{
    "status": "UP",
    "checks": [
        {
            "name": "custom liveness",
            "status": "UP"
        }
    ]
}
```

讨论了这个 Quarkus 功能之后，在讨论 Kubernetes 部署之前，我们再来看 Quarkus 提供的另一个应用健康功能：Quarkus 健康状态界面。

6.3.7　使用 Quarkus 健康状态界面

在应用开发期间，除了以 JSON 输出的方式查看健康状态，Quarkus 还提供一个很有用的健康状态界面，不过它并不定位为生产环境工具。健康状态界面如图 6.6 所示，要启用它，请向 application.properties 文件添加 quarkus.smallryehealth.ui.enable=true 配置。通过单击标题栏的齿轮按钮并设置一个间隔时间，还可让健康状态界面自动刷新。下面的示例所示是当账户服务无法连接 PostgreSQL 数据库时的健康状态界面(访问方式：http://localhost:8080/q/health-ui)。

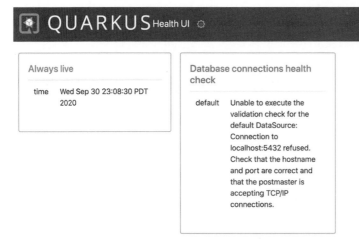

图 6.6　在账户服务中启用健康状态界面

与原生二进制、JAR 部署方式一样，这个界面也可以包含在生产环境构建过程中，方法是向 application.properties 中添加配置属性 quarkus.smallrye-health.ui.always-include=true。

现在，通过添加 Kubernetes 健康检查探针，并部署到 Kubernetes 上，我们就可以把这些新学习到的与健康检查相关的各种知识一并运用起来。

6.4　Kubernetes 存活和就绪探针

Kubernetes 是内置了存活和就绪检查探针的底层平台之一。不过，这些检查需要由用户来启用和配置。表 6.2 介绍了 Kubernetes 健康检查探针的配置参数。我们可以在 application.properties 中以 Quarkus 配置属性的方式配置这些参数。

表 6.2　Kubernetes 健康检查探针的配置参数

Kubernetes 探针参数	Quarkus 配置属性	描述及 Quarkus 默认值
initialDelaySeconds	quarkus.kubernetes.livenessprobe.initial-delay	探测开始之前，需要等待的时间。默认为 0 秒
	quarkus.kubernetes.readinessprobe.initial-delay	
periodSeconds	quarkus.kubernetes.livenessprobe.period	探测间隔，默认是 30 秒
	quarkus.kubernetes.readinessprobe.period	
timeout	quarkus.kubernetes.livenessprobe.timeout	等待探测完成的时长，默认是 10 秒
	quarkus.kubernetes.readinessprobe.timeout	
successThreshold	quarkus.kubernetes.livenessprobe.success-threshold	探测失败后，最少要连续探测成功多少次才认为是探测成功。默认是 1。对于存活检查，值必须为 1

(续表)

Kubernetes 探针参数	Quarkus 配置属性	描述及 Quarkus 默认值
	qarkus.kubernetes.readinessprobe.success-threshold	
failureThreshold	quarkus.kubernetes.livenessprobe.failure-threshold	放弃之前，重试 failureThreshold 次。放弃存活检查意味着容器会重启；放弃就绪探测会暂停向容器发送流量。默认是 3
	quarkus.kubernetes.readinessprobe.failure-threshold	

注意

查阅 Quarkus 的 Kubernetes 和 OpenShift 扩展程序的文档(https://quarkus.io/guides)可了解其他有关存活探针与就绪探针的配置属性。

Quarkus 健康相关的扩展程序可以为 Kubernetes 探针生成 YAML。下面是一个自动生成 target/kubernetes/minikube.yaml 中的存活检查的 YAML 片段。

代码清单 6.19　生成的存活检查的 YAML 片段

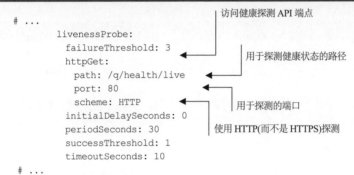

```
# ...
        livenessProbe:
          failureThreshold: 3
          httpGet:
            path: /q/health/live
            port: 80
            scheme: HTTP
          initialDelaySeconds: 0
          periodSeconds: 30
          successThreshold: 1
          timeoutSeconds: 10
# ...
```

访问健康探测 API 端点
用于探测健康状态的路径
用于探测的端口
使用 HTTP(而不是 HTTPS)探测

Pod 可包含多个容器。存活探针和就绪探针是按容器定义的。同样，探测失败导致的重启与流量中止也是针对 Pod 中的单个容器，而非将 Pod 视为一个整体。

6.4.1　定制健康检查属性

表 6.2 所列的探测参数是一些相对合理的默认值。我们可以根据特定业务和应用的需要，来定制这些健康检查。比如，从业务视角看，对于核心业务应用，我们希望探测更频繁，从而能够更快地检测并解决潜在的问题。另一方面，有些应用启动所需的时间较长，因此 initialDelaySeconds 要设置大一些的值。确定合适的探针配置，可能需要一些试错性试验，不过直接采纳探针属性的默认值会是一种不错的开始。

为了简化探针的开发，我们向账户服务和交易服务的 application.properties 都添加代码清单 6.20 中的配置。目的是尽早发现一些存活和就绪的问题，以便加速编码循环。如果下面的值不能满足应用的需要，请不要在生产环境中使用这些值。

代码清单 6.20　为了更快速地开发和测试循环而覆写探针默认配置

```
# Health probe configuration
quarkus.kubernetes.liveness-probe.initial-delay=10
quarkus.kubernetes.liveness-probe.period=2
quarkus.kubernetes.liveness-probe.timeout=5

quarkus.kubernetes.readiness-probe.initial-delay=10
quarkus.kubernetes.readiness-probe.period=2
quarkus.kubernetes.readiness-probe.timeout=5
```

这些属性所生成的 YAML 文件与代码清单 6.19 生成的类似，但会使用我们指定的值

完成健康检查属性的更新后，下一步将更新后的服务部署到 Kubernetes 上，实际查看存活探针(容器重启)与就绪探针(流量中断)的效果。

6.4.2　部署到 Kubernetes

在部署到 Kubernetes 之前，先将 Docker 镜像仓库指向运行在 Minikube 中的实例。这样，我们所生成的容器镜像就会直接推送到 Kubernetes 中的 Docker 镜像仓库。完成 Docker 镜像仓库的设置后，将应用部署到 Kubernetes，然后跟踪部署过程。代码清单 6.21 中显示了具体步骤。

代码清单 6.21　将账户服务部署到 Kubernetes

使用运行在 Minikube 中的 Docker 镜像仓库。也可以在运行 minikube docker-env 之后手工设置那些环境变量

```
eval $(minikube -p minikube docker-env)

# Run this command in the chapter top-level directory
mvn clean package -DskipTests -Dquarkus.kubernetes.deploy=true

# Run next command in a separate terminal window, and leave running
kubectl get pods -w
```

将账户服务和交易服务部署到 Kubernetes

通过监控 Pod 生命周期事件跟踪部署过程

在 Quarkus 2.x 中，使用 mvn package -Dquarkus.kubernetes.deploy=true 重新部署已存在于 Kubernetes 中的应用会报错。请根据 https://github.com/quarkusio/quarkus/issues/19701 中的信息来查找解决方法。也可以运行 kubectl delete -f/target/kubernetes/minikube.yaml 先删除应用，从而绕过这个问题。

请从代码清单 6.22 中查看 kubectl get pods -w 命令的输出：

代码清单 6.22　Pod 状态终端窗口中的输出

READY 列标示了 Pod 中已就绪、可处理流量的容器数。0/1 表示，共有 1 个容器，其中就续的为 0 个。1/1 表示 1 个容器中的 1 个已就绪。每当有容器重启，RESTARTS 列的值就会增加 1

```
NAME                              READY  STATUS          RESTARTS  AGE
```

Pod 和其中的容器会被调度到集群的节点，并由节点创建

```
...
account-service-68f7c4779c-jpggz          0/1   Pending            0   0s
account-service-68f7c4779c-jpggz          0/1   ContainerCreating  0   0s
account-service-68f7c4779c-jpggz          0/1   Running            0   3s
transaction-service-5fb7f69496-d86sg      0/1   Pending            0   0s
transaction-service-5fb7f69496-d86sg      0/1   ContainerCreating  0   0s
transaction-service-5fb7f69496-d86sg      0/1   Running            0   2s
account-service-68f7c4779c-jpggz          1/1   Running            0   13s
transaction-service-5fb7f69496-d86sg      1/1   Running            0   15s
```

容器已创建、正在启动，但目前还没有
就绪，不能处理流量

对于交易服务，具体步骤也是相同
的。两个服务都应该能启动成功

Kubernetes 正在创建 Pod 及其容器，其中包括从
Docker Hub 这样的镜像仓库下载容器镜像

容器已处于运行中、已就绪，可以
处理流量

在部署过程中，可能出现容器重启。在分配了较少 CPU 核心数的 Minikube 中同时
部署多个服务可能导致某个服务的启动过程超出 initial-delay 的配置。在部署达到稳定状
态之前，可能出现一两次重启。如果 Pod 重启的次数超出 4~5 次，就需要借助 kubectl logs
<POD_NAME>之类的命令进行诊断了。

为简化访问交易服务的 URL，将它的 URL 存储到环境变量，代码清单 6.23 即为对
应的命令：

代码清单 6.23　获取交易服务的 URL

```
export TRANSACTION_URL=$(minikube service --url transaction-service)
```

将交易服务的 URL 存储为环境变
量 TRANSACTION_URL

接着，通过运行 curl -i $TRANSACTION_URL/q/health/live，我们可以看到如下
HTTP 状态，这样就验证了交易服务的健康状态：

代码清单 6.24　curl -i $TRANSACTION_URL/q/health/live 的输出结果

```
HTTP/1.1 200 OK
content-type: application/json; charset=UTF-8
content-length: 411
...
```

代码清单只保留了 HTTP 状态码

最后，我们通过 curl -i $TRANSACTION_URL/q/health/ready 验证交易服务已就绪，
应该能得到与代码清单 6.15 一样的输出结果，其中包括 HTTP 200 的状态码，以及包含
UP 的 JSON 正文。图 6.7 展示了服务间就绪检查的工作流程。

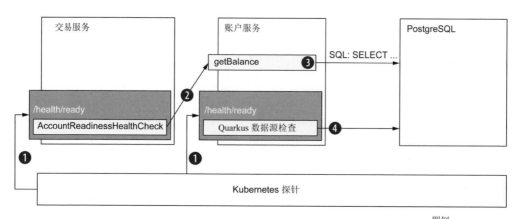

① Kubernetes 探测"就绪检查 API 端点"
② 检查账户服务的就绪状态
③ 从数据库获取余额
④ Quarkus 数据源就绪检查结果：UP

图 6.7 Kubernetes 中的服务就绪检查状态

6.4.3 测试 Kubernetes 中的就绪健康检查

各个服务当前运行正常，是健康的，下面我们考察就绪检查失败的情形。一种简单的做法是，把 PostgreSQL 的实例数缩容为零，数据源健康检查就会失败。在运行本章的命令时，把代码清单 6.21 处创建的显示 Pod 状态的终端窗口放到显眼处，有助于观察 Pod创建销毁的过程。

运行代码清单 6.25 所示的命令，即可将 PostgreSQL 实例缩容为零。

代码清单 6.25 将数据库实例数(副本数)缩容为零

```
kubectl scale --replicas=0 deployment/postgres
```

下面所示为 Pod 状态终端窗口的更新，其中展示了 Pod 终止的过程。

代码清单 6.26 将 Pod 缩容为零时，kubectl get pods -w 命令的输出

处于就绪状态的 postgres Pod，
但正在终止

已不再就绪的 postgres Pod，正
在终止或已终止

NAME	READY	STATUS	RESTARTS	AGE
...				
postgres-58db5b6954-2pg7x	1/1	Terminating	0	13m
postgres-58db5b6954-2pg7x	0/1	Terminating	0	13m
account-service-68f7c4779c-jpggz	0/1	Running	0	7m59s
transaction-service-5fb7f69496-d86sg	0/1	Running	0	7m50s

账户服务不再就绪了(0/1)。由于数据库变成 DOWN，
账户服务的就绪健康检查状态也为 DOWN。Pod 仍然
处于运行中，但是不会收到流量了

交易服务不再处于就绪状态了(0/1)。由于账户服务不
再接受流量，交易服务的就绪健康检查状态也为
DOWN。Pod 仍然处于运行中，但不会收到流量了

用 curl -i $TRANSACTION_URL/q/health/ready 访问交易服务的"就绪检查 API 端点",我们会收到 Connection Refused 的提示。通过将数据库实例缩容到零,探针暂停了去往账户服务容器的流量,继而导致去往交换易服务的流量也被暂停,包括其中的 /q/health/ready 的 API 端点。图 6.8 展示了 Kubernetes 中的这种服务间级联失败。

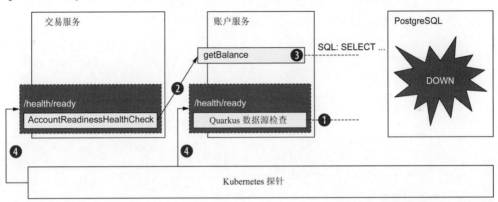

① Quarkus 数据源就绪检查:DOWN
② HTTP 500 错误:AccountReadinessHealthCheck 检查失败
③ getBalance() 失败;无法连接到数据库
④ Kubernetes 探测"就绪检查 API 端点",失败。
Kubernetes 暂停向容器发送流量

图 6.8 Kubernetes 中的服务就绪检查的级联失败

如果要恢复到健康状态,我们运行代码清单 6.27 中的命令,重新启动数据库。

代码清单 6.27 将数据库扩容为一个实例

```
kubectl scale --replicas=1 deployment/postgres
```

在首先将数据库实例数缩容为零、再扩容回一个实例的过程中,数据库中的内容会丢失。这是因为,数据库的表结构与数据目前配置的都是临时存储。解决这个问题的最简单办法就是创建一个新的账户服务(account-service)实例,这样就可以重新生成数据表、重新预填充数据库了。在真实项目的生产环境部署中,不会在每次创建 Pod 时重新生成表、预填充数据。不过,这里不妨将它作为一种学习。运行代码清单 6.28 中的命令就可添加一个新的 account-service 实例,请留意 Pod 状态终端窗口中的输出。

代码清单 6.28 将 account-service 扩容至两个实例

```
kubectl scale --replicas=2 deployment/account-service
```

代码清单6.29 扩容至两个实例时的 Pod 状态输出

Pod 容器运行中,暂时还
没有就绪

Kubernetes 正在调度
Pod 的创建过程

Pod 正在创建中

```
NAME                                    READY    STATUS             RESTARTS    AGE
...
account-service-68f7c4779c-bf458        0/1      Pending            0           1s
account-service-68f7c4779c-bf458        0/1      ContainerCreating  0           1s
account-service-68f7c4779c-bf458        0/1      Running            0           2s
account-service-68f7c4779c-bf458        1/1      Running            0           12s
transaction-service-5fb7f69496-d86sg    1/1      Running            0           23m
```

Pod 已就绪,可
以处理流量

新的 account-service 实例连接数据库并插入特殊的
"健康检查"账户。这让交易服务的就绪健康检查
变为 UP、回到就绪状态,可以处理流量

当然,在真实的生产环境场景中,数据库都会使用持久化配置和数据,所以这种通过创建两个实例来修复数据的步骤通常是不必要的。

通过运行 curl -i $TRANSACTION_URL/q/health/ready,我们可以验证健康状态已回到 UP。

6.5 本章小结

- 传统的应用服务器在处理故障时,需要手工介入处置。在运行成百上千个容器的环境中,无法进行大规模的手工处置。
- 结合运用 Kubernetes 健康检查探针和开发者提供的健康检查功能,可以让 Kubernetes 集群与微服务体系更具响应性、更高效。
- 按照健康检查功能的引导,Kubernetes 能够在容器无法处理流量,或尚未就绪时暂停其流量,在它就绪时再恢复。
- 按照开发者通过健康检查功能的引导,Kubernetes 能够重启正在出错或已经出错的容器。
- 开发者可通过创建就绪检查、存活检查来报告更精确的、应用特有的健康状态信息。

第 *7* 章

应用韧性策略

在微服务架构中,服务之间可能存在大量的相互依赖,因而应用的健壮性至关重要。容易受到故障影响的服务会对其他服务产生负面影响。本章要讨论的是如何运用韧性模式提升应用的健壮性,从而确保应用整体的健康度。

7.1　韧性策略简介

不管是预期或是意外的,服务的停机总是难以完全避免的。在服务依赖的其他服务出现不稳定或不可用的情形时,通过运用一些韧性策略,能够缩短服务的停机时间。

Quarkus 通过 MicroProfile Fault Tolerance 容错 API 提供了韧性策略功能。这些 API 以注解的形式提供,可以用在类和方法上,既可以单独使用,也可以结合使用。表 7.1 列举了我们可以使用的容错注解。

表 7.1　MicroProfile Fault Tolerance 容错注解

注解	说明
@Asynchronous	用单独的线程执行方法
@Bulkhead	限制并发请求数量
@CircuitBreaker	避免重复出错
@Fallback	如果方法以意外的方式结束(抛出异常),就启用替代逻辑
@Retry	如果方法以意外的方式结束,就自动重试
@Timeout	防止方法调用过程超过指定时长

7.2   用@Asynchronous 启用单独的线程执行方法

服务调用的远程服务响应速度可能比较慢。如果不希望工作线程在等待响应期间被
阻塞，可以用@Asynchronous 注解启用单独的线程来调用远程服务，从而提高并发能力
和吞吐量。请查看代码清单 7.1 所示的例子。

代码清单 7.1   @Asynchronous 示例

```
@Asynchronous
public String invokeLongRunningOperation() {      从单独的线程池获取线
    callLongRunningRemoteService();                程，执行阻塞式操作
}
```

本书并不提倡在 Quarkus 中使用@Asynchronous，也不打算深入介绍这一注解。
@Asynchronous 注解主要用在重度运用线程、线程池来实现高并发和吞吐能力的运行时
中，如 Jakarta EE 运行时。Quarkus 运用无阻塞式网络技术栈以及基于 Netty 和 Eclipse
Vert.X 的事件循环执行模型，天然就具备异步、响应式 API，在获得更好的并发和吞吐量
处理能力的同时，占用的内存和 CPU 还更少。

比如，Quarkus 扩展程序 RESTEasy Reactive 提供了对 JAX-RS 注解的支持，能够直
接在 IO 线程上处理请求。开发者可按自己熟悉的 API 的方式使用，同时获得通常只在
Vert.x 这种异步运行时才能获得的吞吐能力。

7.3   用舱壁模式限制并发

舱壁的概念来自于造船业，它指的是当船体受损时，通过关闭舱壁门即可将进水限
制在较小的范围。架构模式中的舱壁，沿用这一概念用于表示通过限制方法的并发调用，
来防止一个服务的故障级联传导到另一个服务。

比如，服务的远程调用的后端服务可能运行很慢。在传统 Java EE 和 Spring 之类的
"每个请求占用一个线程"的运行时里，每个对远端慢服务的调用都会消耗主调服务的
内存资源和线程池中的线程，最终导致可用资源的枯竭。在 Quarkus RESTEasy Reactive
中，有了@Asynchronous 注解之后，这就不是大问题，因为它拥有高效的线程模型。

如果远程服务的内存或 CPU 受限，过多的并发请求会导致对方过载，最终产生故障；
这时舱壁模式会很有用。比如，微服务要调用的核心业务系统是一个遗留系统，它的软
硬件的升级可能非常昂贵或困难。在流量较大的微服务中，运用舱壁来限制访问量对遗
留系统的效果会很好。

MicroProfile Fault Tolerance 规范支持用@Bulkhead 注解启用舱壁，注解可用在方法
上，也可用在类上。请查看代码清单 7.2 中的例子。

代码清单 7.2　舱壁示例

```
@Bulkhead(10)
public String invokeLegacySystem() {
...
}
```

invokeLegacySystem()的调用限制为 10 个并发调用。如果超过 10，就会引发 BulkheadException

表 7.2 列举的是@Bulkhead 注解允许的参数。

表 7.2　@Bulkhead 的参数

参数	默认值	说明
value	10	最大的并发调用数
waitingTaskQueue	10	@Bulkhead 与@Asynchronous 一起使用时，此参数可用于指定请求线程队列的大小

value 使用的是同步信号量，确保并发调用不会超过指定的数目。在同一方法上同时使用@Bulkhead 和@Asynchronous 时，value 定义的是并发调用方法时允许的并发线程数。

@Bulkhead 注解可与@Asynchronous、@CircuitBreaker、@Fallback、@Retry 和@Timeout 注解搭配使用。

图 7.1 展示了限制并发调用为 2 时的舱壁效果。现在，我们对舱壁有了深入理解，接下来就要在服务上运用@Bulkhead 注解了。

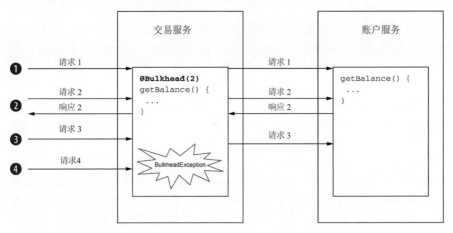

❶ 交易服务收到请求 1，调用AccountService.getBalance()，等待响应。信号量计数：1。
❷ 交易服务收到请求 2 并调用AccountService.getBalance()，等待响应。信号量计数：2(在请求期间)。信号量计数：1(收到响应后)。
❸ 交易服务收到请求 3，调用AccountService.getBalance()，等待响应。信号量计数：2。
❹ 交易服务收到请求 4，信号量计数已达到阈值 2，引发了 BulkheadException。

图 7.1　舱壁时序图

7.4 在交易服务中使用舱壁

为在 Quarkus 中使用 MicroProfile Fault Tolerance API，请按代码清单 7.3 所示的方式安装 quarkus-smallrye-fault-tolerance 扩展程序。

代码清单 7.3 为 Quarkus 安装 MicroProfile Fault Tolerance 扩展程序

```
cd transaction-service
mvn quarkus:add-extension -Dextensions="quarkus-smallrye-fault-tolerance"
```

修改 newTransactionWithApi()方法，让它使用舱壁。为简化验证过程，这里的舱壁只允许一个并发调用。

代码清单 7.4 向 newTransactionWithApi()方法添加@Bulkhead

```
@POST
@Path("/api/{acctNumber}")
@Bulkhead(1)                           ◄────────┐   如果尝试超过一个并发操作，就会
public Response newTransactionWithApi(          │   引发 BulkheadException
        @PathParam("acctNumber") Long accountNumber,
        BigDecimal amount)
    throws MalformedURLException {
    ...
}
```

与之前几章一样，使用代码清单 7.5 中所示的命令启动 PostgreSQL 数据库，并启用端口转发。

代码清单 7.5 启动 PostgreSQL 数据库，启用端口转发

```
# From chapter7 top-level directory
kubectl apply -f ./postgresql_kubernetes.yml

# It may take some time for PostgreSQL to start
kubectl port-forward service/postgres 5432:5432
```

在第 1 个终端，用 mvn quarkus:dev 启动账户服务；在第 2 个终端，用 mvn quarkus:dev -Ddebug=5006 启动交易服务。这个新的 Quarkus 实例需要指定调试端口，才能防止与账户服务的默认调试端口(5005)产生冲突。

再打开两个终端窗口，把它们称为终端 3 和终端 4。在这两个终端中，我们只运行简单的 curl 命令，而不需要安装什么特殊工具。请在两个终端同时运行代码清单 7.6 中的代码。

代码清单 7.6 终端 3 和终端 4

```
count=0
while (( count++ <= 100 )); do
   curl -i \
        -H "Content-Type: application/json" \
```

```
            -X POST \
            -d "2.03" \
            http://localhost:8088/transactions/api/444666
      echo
done
```

两个终端的输出应该都是伴随着 HTTP/1.0 200 OK 响应和 BulkheadException 输出的随机混合。如代码清单 7.7 所示。

代码清单 7.7　终端 3 和终端 4 的示例输出

```
HTTP/1.1 200 OK
Content-Length: 0

HTTP/1.1 500 Internal Server Error
content-type: text/html; charset=utf-8
content-length: 13993
...
...
org.eclipse.microprofile.faulttolerance.exceptions.BulkheadException
...
...

HTTP/1.1 200 OK
Content-Length: 0
```

舱壁成功地将方法调用限制在一个并发。不过，500 Internal Server Error(内部服务器错误)对于调用方来说，却并不是一个理想的 HTTP 响应。

下一节我们将介绍@Fallback 注解，它能用执行替代逻辑来妥善处理舱壁异常。

7.5　以降级处理的方式处理异常

@Fallback 注解可以主导异常的处理过程：通过它，我们可以指定一个降级方法，标记了注解的方法如果以异常的方式结束，就会执行降级方法中的替代逻辑。@Fallback 降级方法可由任何 Java 异常触发，包括由 Fault Tolerance 规范支持的其他韧性策略所抛出的异常。

表 7.3 列出了 @Fallback 注解支持的参数。

表 7.3　@Fallback 的参数

参数	说明
applyOn	触发降级处理的异常类型列表
fallbackMethod	如果标记注解的方法抛出异常，应该调用此方法。fallbackMethod 指定的方法签名(即参数类型和返回值类型)必须与标记注解的方法相同。这个参数与 value 参数应该二选一
skipOn	不应该触发 fallbackMethod 方法调用的异常类型。这个列表比 applyOn 参数列举的类型优先级高
value	指定 FallbackHandler 类。这个参数与 fallbackMethod 参数应该二选一

下面的示例使用 fallbackMethod 降级方法，把 BulkheadException 引发的 500 Internal Server Error 的 HTTP 状态码替换为更具含义的 HTTP 状态码。按照下面的代码示例，我们向 newTransactionWithApi()添加@Fallback 注解，并指定 fallbackMethod。

代码清单7.8　向 newTransactionWithApi()添加@Fallback 注解

```
@POST
@Path("/api/{acctNumber}")
@Bulkhead(1)
@Fallback(fallbackMethod = "bulkheadFallbackGetBalance",
          applyOn = { BulkheadException.class })
public Response newTransactionWithApi(
    @PathParam("acctNumber") Long accountNumber,
    BigDecimal amount)
  throws MalformedURLException {
    ...
    }

public Response bulkheadFallbackGetBalance(Long accountNumber,
                                BigDecimal amount) {
    return Response.status(Response.Status.TOO_MANY_REQUESTS).build();
}
```

发生异常时，调用
bulkheadFallbackGetBalance()

具体来说，只在发生
BulkheadException 时，才调用降级
方法。其他类型的异常都按默认方
式处理

降级方法的方法签名(即参数类型和返回
值类型)与 newTransactionWithApi()一致

返回更符合当前场景的 429(TOO_MANY
REQUESTS，请求过多)状态码

在终端 3 和终端 4 中，再次同时运行代码清单 7.6 中的 shell 脚本。其输出结果应该与代码清单 7.9 类似。

代码清单7.9　添加了 fallbackMethod 降级方法后的输出结果

```
HTTP/1.1 200 OK
Content-Length: 0

HTTP/1.1 429 Too Many Requests
Content-Length: 0

HTTP/1.1 200 OK
Content-Length: 0
```

500 内部服务器异常的 HTTP 状态码以及
对应的 Java 异常输出现在变成 429(请求过
多)，响应正文为空

降级处理可与 MicroProfile Fault Tolerance 的其他注解搭配使用。下一节，我们将同时使用@Fallback 和@Timeout 注解。

7.6　为调用指定超时

方法调用偶尔需要较长的执行时间。一旦线程由于等待方法完成而被阻塞，线程就不能用于处理其他入站请求了。此外，服务的响应时间可能要满足一定的要求，才能符合延迟方面的业务目标。我们可以用@Timemout 注解来限制线程调用方法所花费的时间。

表 7.4 列出@Timeout 注解支持的参数。

表 7.4　@Timeout 注解支持的参数

参数	默认值	说明
value	1000	如果方法执行的时间超过此值，将抛出 TimeoutException
unit	ChronoUnit.MILLIS	value 参数的时间单位

@Timeout 注解可与这些注解搭配使用：@Asynchronous、@Bulkhead、@CircuitBreaker、@Fallback 和@Retry。

我们向 TransactionService 添加一个用于从账户服务获取账户余额的方法,把它的超时时间设为 100 毫秒，发生 TimeoutException(超时异常)时，要调用降级方法。按代码清单 7.10 所示的方式添加代码。

代码清单 7.10　向 TransactionResource.java 添加 getBalance()方法

```
@GET
@Path("/{acctnumber}/balance")                如果 getBalance()执行超过 100 毫秒,
@Timeout(100)                                 就抛出 TimeoutException        如果有异常抛出，调用
@Fallback(fallbackMethod = "timeoutFallbackGetBalance")                    timeoutFallbackGetBalance()
@Produces(MediaType.APPLICATION_JSON)
public Response getBalance(
     @PathParam("acctnumber") Long accountNumber) {
    String balance = accountService.getBalance(accountNumber).toString();
    return Response.ok(balance).build();
}

public Response timeoutFallbackGetBalance(Long accountNumber) {
    return Response.status(Response.Status.GATEWAY_TIMEOUT).build();
}
```

调用 accountService.getBalance()并返回账户余额。　　返回一个更符合当前场景的 GATEWAY_TIMEOUT (上游
accountService.getBalance()应在 100 毫秒内完成，　　服务超时)HTTP 状态码
否则会抛出 TimeoutException

我们用 WireMock 和 JUnit 测试来验证@Timeout 注解的效果。

按代码清单 7.11 所示的方式，修改 WireMock 中的 AccountService 类，向它添加对新方法 getBalance()的调用。同时，需要对这个类做一点小的重构。

代码清单 7.11　为测试@Timeout, 修改 WiremockAccountService

```
public class WiremockAccountService implements
     QuarkusTestResourceLifecycleManager {
  private WireMockServer wireMockServer;

  @Override
  public Map<String, String> start() {
    wireMockServer = new WireMockServer();
    wireMockServer.start();
                                    重构 mockAccountService(),
                                    使用类声明的方法
    mockAccountService();
    mockTimeout();
```

```
    return
      Collections.singletonMap("io.quarkus.transactions.AccountService/mprest/
      url", wireMockServer.baseUrl());
  }
```

重构后的 mockAccountService()方法

```
  protected void mockAccountService() {
    stubFor(get(urlEqualTo("/accounts/121212/balance"))
       .willReturn(aResponse().withHeader("Content-Type",
    "application/json").withBody("435.76")));
    stubFor(post(urlEqualTo("/accounts/121212/transaction")).willReturn(
      aResponse()
         // noContent() needed to be changed once the external service
      returned a Map
         .withHeader("Content-Type",
    "application/json").withStatus(200).withBody("{}")));
  }
```

所有对 API 端点/accounts/
123456/balance 的调用,
都会调用这个桩实现

```
  protected void mockTimeout() {
    stubFor(get(urlEqualTo("/accounts/123456/balance"))
```

返回 200
(OK 的
HTTP 状
态码)

```
       .willReturn(aResponse()
       .withHeader("Content-Type","application/json")
       .withStatus(200)
       .withFixedDelay(200)
       .withBody("435.76")));
```

注入 200 毫秒的延迟, 强制让所有超时时间少于
200 毫秒的远程调用引发 TimeoutException

```
    stubFor(get(urlEqualTo("/accounts/456789/balance"))
       .willReturn(aResponse()
       .withHeader("Content-Type", "application/json")
       .withStatus(200) .withBody("435.76")));
       .withBody("435.76")));
  }
```

所有对 API 端点/accounts/
456789/balance 的调用, 都
会调用这个桩实现, 不会引
发 TimeoutException

```
  @Override
  public void stop() {
    if (null != wireMockServer) {
      wireMockServer.stop();
    }
  }
}
```

　　完成对账户服务 API 端点的模拟后,我们按代码清单 7.12 所示的方式,创建用于测试@Timeout 注解的测试代码。

代码清单 7.12　创建 FaultyAccountServiceTest 类

```
@QuarkusTest
@QuarkusTestResource(WiremockAccountService.class)
public class FaultyAccountServiceTest {
  @Test
  void testTimeout() {
    given()
       .contentType(ContentType.JSON)
    .get("/transactions/123456/balance").then().statusCode(504);
```

将 WiremockAccountService 绑定
到 QuarkusTest 生命周期上

模拟的 API 端点/accounts/456789/balance 上定义了 200 毫秒的延迟。而 getBalance()方法定义的超时时间是 100 毫秒, 所以会强制引发 TimeoutException。超时导致降级方法被调用, 最终返回 504
(GATEWAY TIMEOUT, 上游服务超时)HTTP 状态码

```
        .contentType(ContentType.JSON)
      .get("/transactions/456789/balance").then().statusCode(200);
    }
  }
```

模拟的 API 端点 /accounts/456789/balance 返回
的 HTTP 状态码是 200

在运行该测试前，我们先停掉账户服务，这样可防止账户服务与 WireMock 服务器
产生端口冲突。运行 mvn test 启动应用测试，代码清单 7.13 是输出结果的样例。

代码清单 7.13　mvn test 的示例输出

```
[INFO] Results:
[INFO]
[INFO] Tests run: 2, Failures: 0, Errors: 0, Skipped: 0
[INFO]
[INFO] -------------------------------------------------------------------------
[INFO] BUILD SUCCESS
[INFO] -------------------------------------------------------------------------
```

下一节将介绍@Retry(重试)韧性策略，以及如何把它与其他策略(如@Timeout)搭配
使用，共同提高交易服务的整体韧性。

7.7　用@Retry 从临时故障中恢复

有些情况下，故障只是偶然的。比如，与远程系统的连接临时抖动。这种情况下，
在视为处理失败之前，在方法调用上多试几次可能会更合适。

@Retry 注解能在方法以异常方式完成时，按照配置的次数对方法的调用进行重试。
表 7.5 列出了它支持的参数。

表 7.5　@Retry 的参数

参数	默认值	说明
abortOn	无	不应该触发重试的异常类型列表
delay	0	在多次重试之间的延迟
delayUnit	ChronoUnit.MILLIS	delay 参数的时间单位
jitter	0	在多次重试之间要波动的时长。比如，100 毫秒的延迟外加 20 毫秒的波动，最终的延迟范围为 80 ~ 120 毫秒
jitterDelayUnit	ChronoUnit.MILLIS	jitter 参数的时间单位
maxDuration	1800000	所有延迟的最长时限
durationUnit	ChronoUnit.MILLIS	maxDuration 参数的时间单位
maxRetries	3	最大重试次数
retryOn	所有异常	应该触发重试的异常类型列表

在使用韧性策略@Retry 时，要加倍谨慎。如果后端服务已过载，再对它重试，且延
迟太小，就会让问题更严重。

@Retry 注解可与下面这些注解搭配使用：@Asynchronous、@Bulkhead、@CircuitBreaker、@Fallback 和@Timeout。

我们向 transactionService.getBalance()方法添加代码清单 7.14 所示的@Retry 重试代码。

代码清单 7.14　添加@Retry 注解

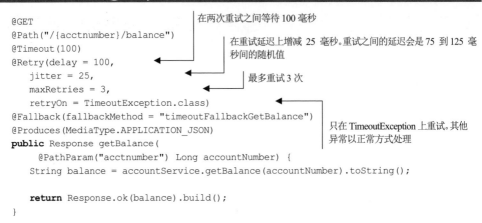

```
@GET
@Path("/{acctnumber}/balance")
@Timeout(100)
@Retry(delay = 100,
    jitter = 25,
    maxRetries = 3,
    retryOn = TimeoutException.class)
@Fallback(fallbackMethod = "timeoutFallbackGetBalance")
@Produces(MediaType.APPLICATION_JSON)
public Response getBalance(
    @PathParam("acctnumber") Long accountNumber) {
    String balance = accountService.getBalance(accountNumber).toString();

    return Response.ok(balance).build();
}
```

在两次重试之间等待 100 毫秒

在重试延迟上增减 25 毫秒。重试之间的延迟会是 75 到 125 毫秒间的随机值

最多重试 3 次

只在 TimeoutException 上重试。其他异常以正常方式处理

运行 mvn test 即可验证@Retry 注解的效果。输出结果会与代码清单 7.13 一致。由于模拟的实现始终返回 504 (GATEWAY TIMEOUT，上游服务超时)，因此@Retry 注解会三次使用超时异常，最终结果仍然是 504。

@Retry 韧性策略可用于从故障中恢复。下一节要讨论的是@CircuitBreaker 韧性策略，它也是一种流行的故障处理方法。

7.8　用熔断器避免持续故障

熔断器能避免潜在会发生故障的操作。它是一种从 Netflix Hystrix 框架流行起来的韧性模式，也是最难理解的韧性模式。熔断器由以下三个步骤构成：

(1) 检测持续故障，通常是针对开销大的操作，比如远程服务调用。

(2) "让调用快速失败"，不再执行大开销操作，而是抛出异常。

(3) 尝试恢复，间断地允许执行开销大的操作。如果成功，恢复正常的处理流程。

以上三个步骤，都可以根据具体场景的需求进行配置。

7.8.1　MicroProfile Fault Tolerance 规范中的@CircuitBreaker

MicroProfile Fault Tolerance 规范定义了@CircuitBreaker(熔断器)注解及其行为。表 7.6 列出了它所支持的参数。

表 7.6 @CircuitBreaker 的参数

参数	默认值	说明
requestVolumeThreshold	20	用于计算熔断器断开的滑动窗口大小(请求数)
failureRatio	0.5	在 requestVolumeThreshold 指定的窗口内,如果出错的请求比例超过了这个参数值,则断开熔断器。比如,如果 requestVolumeThreshold 为 4,那么最近的 4 个请求中,如果出现 2 个失败,就会断开熔断器
delay	5000	在允许新请求通过之前,熔断器保持断开的时间
delayUnit	ChronoUnit.MILLIS	delay 参数的时间单位
successThreshold	1	闭合熔断器所要求的,访问成功的请求试验次数
failOn	所有异常	应视为请求出错的异常类型
skipOn	无	不应导致熔断器断开的异常列表。这个列表比 failOn 参数中的列表优先级要高

@CircuitBreaker 注解可与@Timeout、@Fallback、@Asynchronous、@Bulkhead 和 @Retry 这些注解搭配使用。

7.8.2 熔断器的工作原理

图 7.2 所示为熔断器的可视化时间序列图,下面逐一介绍图中的各个步骤。

(1) 请求成功——requestVolumeThreshold 的值为 3。最近的三个请求获得成功,记作三个对勾。

(2) 请求失败——账户服务宕机。MicroProfile REST 客户端抛出了 HttpHostConnectException。1/3(33%)的请求出错,记作一个叉、两个对勾。

(3) 请求失败——账户服务宕机。抛出 HttpHostConnectException。失败率为 2/3(66%),现在有两个叉。2/3 满足了 failureRatio 条件,再次出错将引发 CircuitBreakerException。后续的 delay 秒数(值为 5 秒)之内的所有请求,都将自动引发 CircuitBreakerOpen-Exception。

(4) 请求失败——最近的三个请求全部出错。注意,熔断器是在第 3 步骤结束时断开的。这个步骤代表的是 5 秒延迟内的所有请求。

(5) 请求失败——尽管账户服务已经恢复运行,熔断器在 5 秒结束之前,仍然不会发出请求。

(6) 请求成功——在 5 秒延迟后,熔断器处于半开状态,直到 successThreshold 个请求(值为 2)访问成功为止。当前是半开状态下的第一个成功请求。

(7) 请求成功——第二个成功请求。这个请求之后,就满足了 successThreshold 为 2 的条件,所以熔断器会闭合。

(8) 请求成功——恢复正常请求流程。

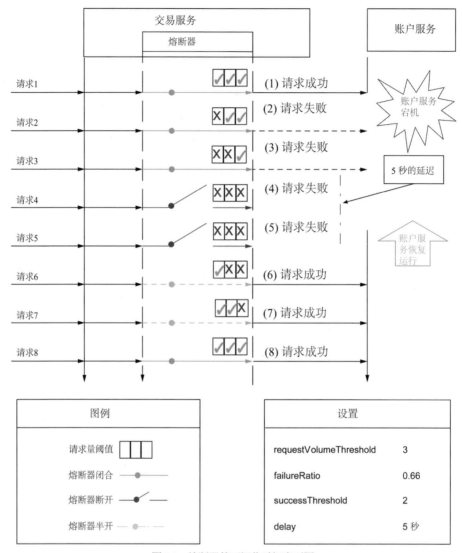

图 7.2   熔断器的可视化时间序列图

7.8.3   更新交易服务，运用@CircuitBreaker

我们不再创建单独的降级方法来处理 CircuitBreakerException，而将所有降级处理过程都移到专门的 FallbackHandler 类型，同时添加一些简明的控制台输出。按代码清单 7.15 所示的方式新增代码。

代码清单 7.15   TransactionServiceFallbackHandler 类

```
public
class TransactionServiceFallbackHandler
```

```
    implements FallbackHandler<Response> {
Logger LOG = Logger.getLogger(TransactionServiceFallbackHandler.class);

@Override
public Response handle(ExecutionContext context) {
    Response response;
    String name;
```

降级处理类要实现
FallbackHandler 接口

FallbackHandler 的实现类必须实现 handle()方法。类型为
ExecutionContext 的参数提供了一些上下文信息，比如被标记
注解、产生降级调用的方法，以及具体的异常

降级处理类以异常的
名称作为逻辑主键

```
    if (context.getFailure().getCause() == null) {
        name = context.getFailure() .getClass().getSimpleName();
    } else {
        name =
    context.getFailure().getCause().getClass().getSimpleName();
    }

    switch (name) {
        case "BulkheadException":
            response = Response
                    .status(Response.Status.TOO_MANY_REQUESTS)
                    .build();
        break;

        case "TimeoutException":
            response = Response
                    .status(Response.Status.GATEWAY_TIMEOUT)
                    .build();
        break;

        case "CircuitBreakerOpenException":
            response = Response
                    .status(Response.Status.SERVICE_UNAVAILABLE)
                    .build();
        break;
        case "WebApplicationException":
        case "HttpHostConnectException":
            response = Response
                    .status(Response.Status.BAD_GATEWAY)
                    .build();
        break;
        default:
            response = Response
                    .status(Response.Status.NOT_IMPLEMENTED)
                    .build();
    }

    LOG.info("******** "
        + context.getMethod().getName()
        + ": " + name
        + " ********");
    return response;
    }
}
```

BulkheadException 应该返回
TOO_MANY_REQUESTS(请求过
多)的 HTTP 状态码，正文为空

TimeoutException 应该返回
GATEWAY_TIMEOUT(上游服务
超时)的 HTTP 状态码，正文为空

CircuitBreakerException 应该返回
SERVICE_UNAVAILABLE(服务不可
用)的 HTTP 状态码，正文为空

MicroProfile REST 客户端在无法连接后端服
务时，会产生 HttpHostConnectException，并
导致熔断器断开

我们要将@Fallback 注解上的 fallbackMethod 替换为 FallbackHandler。请按代码清单7.16 所示的方式，向 newTransactionWithApi()方法添加@CircuitBreaker 注解。

代码清单 7.16 向 newTransactionWithApi()添加@CircuitBreaker

延迟设为 5 秒

为了简化对熔断器的验证，把 requestVolumeThreshold 设置为较小的值 3

把失败率设置为 0.66(2/3)。如果最近的三个请求中有两个出错，熔断器就会断开

半开状态下的熔断器会在出现 2 个连续成功请求后闭合

延迟单位设为秒

```java
@POST
@Path("/api/{acctNumber}")
@Bulkhead(1)
@CircuitBreaker(
    requestVolumeThreshold=3,
    failureRatio=.66,
    delay = 5,
    delayUnit = ChronoUnit.SECONDS,
    successThreshold=2
)
@Fallback(value = TransactionServiceFallbackHandler.class)
    public Response newTransactionWithApi(
        @PathParam("acctNumber") Long accountNumber, BigDecimal amount) {
    ...
}

...

@GET
@Path("/bulkhead/{acctnumber}/balance")
@Timeout(100)
@Fallback(value = TransactionServiceFallbackHandler.class)
@Produces(MediaType.APPLICATION_JSON)
public Response getBalance(
    @PathParam("acctnumber") Long accountNumber) {
    ...
}
```

更新 newTransactionWithAPI，让它不再调用 fallbackMethod，改为调用 TransactionServiceFallbackHandler

更新 getBalance()，让它不再调用 fallbackMethod，改为调用 TransactionServiceFallbackHandler

7.8.4 测试熔断器

为验证熔断器的效果，我们按下面的方式在 WiremockAccountService 类补充代码。

```java
public class WiremockAccountService implements
        QuarkusTestResourceLifecycleManager {
    private WireMockServer wireMockServer;

    private static final String SERVER_ERROR_1 = "CB Fail 1";
    private static final String SERVER_ERROR_2 = "CB Fail 2";
    private static final String CB_OPEN_1 = "CB Open 1";
    private static final String CB_OPEN_2 = "CB Open 2";
    private static final String CB_OPEN_3 = "CB Open 3";
    private static final String CB_SUCCESS_1 = "CB Success 1";
    private static final String CB_SUCCESS_2 = "CB Success 2";
```

为 WireMock 场景 circuitbreaker 定义的状态。这些字段按顺序定义了熔断器的状态

```
    ...

    @Override
    public Map<String, String> start() {
        wireMockServer = new WireMockServer();
        wireMockServer.start();

        mockAccountService();
        mockTimeout();
        mockCircuitBreaker();

        ..
    }

    void mockCircuitBreaker() {
    // 定义用于支持熔断器状态机所需的 WireMock 场景
        createCircuitBreakerStub(Scenario.STARTED, SERVER_ERROR_1, "100.00", 200);
        createCircuitBreakerStub(SERVER_ERROR_1, SERVER_ERROR_2, "200.00", 502);
        createCircuitBreakerStub(SERVER_ERROR_2, CB_OPEN_1, "300.00", 502);
        createCircuitBreakerStub(CB_OPEN_1, CB_OPEN_2, "400.00", 200);
        createCircuitBreakerStub(CB_OPEN_2, CB_OPEN_3, "400.00", 200);
        createCircuitBreakerStub(CB_OPEN_3, CB_SUCCESS_1, "500.00", 200);
        createCircuitBreakerStub(CB_SUCCESS_1, CB_SUCCESS_2, "600.00", 200);
    }

    void createCircuitBreakerStub(String currentState, String nextState,
                                  String response, int status) {

        stubFor(post(urlEqualTo("/accounts/444666/transaction")).inScenario("cir
        cuitbreaker")

        .whenScenarioStateIs(currentState).willSetStateTo(nextState).willReturn(
            aResponse().withStatus(status).withHeader("Content-Type",
        MediaType.TEXT_PLAIN).withBody(response)));
    }
    ...
```

创建模拟的熔断器

熔断器已断开。即使模拟的服务正常运行，请求返回 200，熔断器仍处于延迟期

返回 502，这是熔断器第二次收到出错信息。第二次出错会导致熔断器断开

返回 502，这是熔断器第一次收到出错信息

第二个成功调用让熔断器闭合

延迟期之后的第一个成功调用

为场景里每个状态转变过程创建一个 WireMock 熔断器桩对象。第一个桩对象定义的是 requestVolumeThreshold 范围内的第一个请求

所有对 API 端点 /accounts/444666/transaction 的调用都会由桩对象处理。对这个 API 端点的每次调用都会让熔断器测试场景中的状态前进一位。响应正文为账户余额

　　把 WiremockAccountService 改为支持熔断器后，下一步要修改的是用于测试熔断器的 FaultyAccountService，如代码清单 7.17 所示。

代码清单 7.17　熔断器的 JUnit 测试

```
@Test
void testCircuitBreaker() {
    RequestSpecification request =
        given()
            .body("142.12")
```

```
                    .contentType(ContentType.JSON);
```

本次成功的请求为 requestVolumeThreshold
窗口的第一个请求

期望获得 502 响应, 熔断器第二次收到
出错信息。本次请求会导致熔断器开启

期望获得 502 响应, 熔断器第一
次收到出错信息

```
request.post("/transactions/api/444666").then().statusCode(200);
request.post("/transactions/api/444666").then().statusCode(502);
request.post("/transactions/api/444666").then().statusCode(502);
request.post("/transactions/api/444666").then().statusCode(503);
request.post("/transactions/api/444666").then().statusCode(503);
```

熔断器仍为开启状态

熔断器已开启

```
try {
    TimeUnit.MILLISECONDS.sleep(1000);
} catch (InterruptedException e) {
}
```

休眠一段时间, 超过熔
断器的延迟期

```
request.post("/transactions/api/444666").then().statusCode(200);
request.post("/transactions/api/444666").then().statusCode(200);
}
```

延迟后的第一个成功
请求

第二个成功请求会让熔断器闭
合。熔断器现在已闭合, 后续调
用将得以继续

注意

早期的 Quarkus 版本将 Hystrix 框架用作熔断器的底层实现。Hystrix 实现现已废弃, 后续 Quarkus 版本使用的是自有实现。如果开发者是面向 MicroProfile Fault Tolerance 规范开发的, 他们的源代码就不需要修改。这正体现了面向规范开发, 而不是面向特定实现方开发在实际项目中的价值。

7.9　用配置属性覆盖注解参数

我们可以用配置属性的方式, 全局地启用或禁用 MicroProfile Fault Tolerance 注解或者调整注解参数。这个功能可用于支持在部署环境发生变化时的运维需求。通过用配置属性覆盖注解参数, 负责生产环境的开发者即使没有 Java 背景, 也可以根据生产环境的需要来调整容错参数。

"服务网格"让运维团队对微服务的部署有更多的控制和感知能力, 当前的使用越来越普遍。服务网格支持对网络流量进行管控, 在其中应用服务网格的容错功能, 从而让 Kubernetes 集群的服务更为可靠。通过以配置属性的形式外置化容错注解参数, 运维团队可确保应用的@Timeout 和@Retry 这类注解不会与对应的服务网格配置产生冲突。

下面是用配置属性启用或禁用容错注解的方法:

- MP_Fault_Tolerance_NonFallback_Enabled=true——禁用除@Fallback 外的所有与容错相关的注解。

- <注解名>/enabled=false——禁用应用用到的、特定容错功能类别的所有注解。例如，Bulkhead/enabled=false 能禁用应用内的所有舱壁功能。
- <类名>/<注解名>/enabled=false——禁用指定类型上的特定注解。比如，io.quarkus.transactions.TransactionResource/Timeout/enabled=false 可禁用 Transaction-Resource 类和其中所有方法上定义的@Timeout 注解。
- <类名>/<方法名>/<注解名>/enabled=false——禁用指定类型的特定方法上的特定注解。比如，io.quarkus.transactions.TransactionResource/getBalance/Timeout/enabled=false 可以禁用 TransactionResource.getBalance()方法上的@Timeout 注解，TransactionResource 类其他的@Timeout 注解都不受影响。

请按照代码清单 7.18 所示的方式，向 application.properties 添加下面的配置，从而禁用 TransactionResource 类上的超时功能。

代码清单 7.18　application.properties

```
# Modify the MicroProfile Fault Tolerance settings
io.quarkus.transactions.TransactionResource/Timeout/enabled=false
```

现在执行 mvn test。由于期望的超时功能不再起作用了，因此测试会失败。虽然让测试不通过不是我们的目的，却能证实@Timeout 注解确实被禁用了。

代码清单 7.19　mvn test 失败：期望的超时功能不起作用

```
[INFO]
[INFO] Results:
[INFO]
[ERROR] Failures:
[ERROR]   FaultyAccountServiceTest.testTimeout:21 1 expectation failed.
Expected status code <504> but was <502>.

[INFO]
[ERROR] Tests run: 3, Failures: 1, Errors: 0, Skipped: 0
```

如果要修改注解的参数，配置属性的格式为<类名>/<方法名>/<注解名>/<参数名>=参数值。请按代码清单 7.20 所示的方式添加配置：

代码清单 7.20　application.properties

注释掉禁用超时的配置

```
# io.quarkus.transactions.TransactionResource/Timeout/enabled=false
io.quarkus.transactions.TransactionResource/getBalance/Timeout/value=150
```

把超时值从 100 改为 150。由于仍然低于 WireMock 测试桩配置的延时 200 毫秒，所以还是会引发 TimeoutException

现在运行 mvn test。所有测试应该都能通过。现在，所有功能在本地都能工作正常了，下一步是要把服务部署到 Kubernetes。

7.10 部署到 Kubernetes

以代码清单 7.21 所示的方式，把更新后的交易服务部署到 Kubernetes。对账户服务也运行同样的命令，确保它们都运行成功。

代码清单 7.21　终端 2

```
# Use the Minikube Docker daemon to build the image
eval $(/usr/local/bin/minikube docker-env)

# Deploy to Kubernetes. Run this for both the AccountService
# and the TransactionService
mvn package -Dquarkus.kubernetes.deploy=true
```

提示

在 Quarkus 2.x 中，使用 mvn package -Dquarkus.kubernetes.deploy=true 重新部署已存在于 Kubernetes 中的应用会报错。请根据 https://github.com/quarkusio/quarkus/issues/19701 中的最新信息来查找解决方法。也可以运行 kubectl delete -f/target/kubernetes/minikube.yaml 先删除应用，从而绕过这个问题。

测试运行在 Kubernetes 中的舱壁逻辑所用的方法与代码，与代码清单 7.6 几乎相同。在终端 1 和终端 2 中，同时运行代码清单 7.22 中的代码。

代码清单 7.22　终端 1

```
TRANSACTION_URL=`minikube service transaction-service --url`
count=0
while (( count++ <= 100 )); do
    curl -i \
        -H "Content-Type: application/json" \
        -X POST \
        -d "2.03" \
        $TRANSACTION_URL/transactions/api/444666
    echo
done
```

在两个终端同时运行后，输出结果如代码清单 7.23 所示。

代码清单 7.23　终端 1 的输出结果

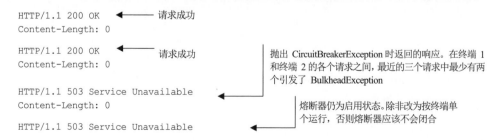

```
HTTP/1.1 200 OK        ◄────  请求成功
Content-Length: 0

HTTP/1.1 200 OK        ◄────  请求成功
Content-Length: 0

HTTP/1.1 503 Service Unavailable
Content-Length: 0

HTTP/1.1 503 Service Unavailable
```

抛出 CircuitBreakerException 时返回的响应。在终端 1 和终端 2 的各个请求之间，最近的三个请求中最少有两个引发了 BulkheadException

熔断器仍为启用状态。除非改为按终端单个运行，否则熔断器应该不会闭合

```
Content-Length: 0
```

注意

如果要验证舱壁的效果，想收到状态码 429 (TOO_MANY_REQUESTS，请求过多)，就要让熔断器排除 BulkheadExceptions。可将 @CircuitBreakerskipOn 参数设置为 BulkheadException.class，也可以通过 application.properties 配置 io.quarkus.transactions. TransactionResource/newTransactionWithApi/CircuitBreaker/skipOn=org.eclipse.microprofile. faulttolerance.exceptions.BulkheadException。我们将这个步骤留给读者作为练习。

7.11　本章小结

- 对韧性策略的运用能够提升应用的可靠性。
- MicroProfile Fault Tolerance 支持 6 种韧性策略：@Asynchronous、@Bulkhead、@CircuitBreaker、@Fallback、@Retry 和@Timeout。
- @Asynchronous 可让任务在独立线程中执行。
- @Bulkhead 可限制并发请求数，防止级联故障。
- @CircuitBreaker 对故障进行识别后，一段时间内防止继续执行其逻辑，从而防止故障持续。
- @Fallback 在抛出异常时，执行替代逻辑。
- @Retry 在抛出异常时，对方法调用进行重试。
- @Timeout 防止方法的调用超过指定的时长。
- Quarkus 中的 RESTEasy Reactive 扩展程序可替代对@Asynchronous 注解的使用。
- 可通过配置属性，对 MicroProfile Fault Tolerance 相关注解进行启用、禁用和定制。

第 *8* 章

命令式世界的反应式编程

本章内容
- 微服务响应性的重要性
- MicroProfile 反应式消息规范
- 使用 Apache Kafka 发送与接收消息

我们说微服务具备响应性，指的是它具备在一定时间内完成所需工作的能力。任务的复杂度决定了微服务完成这项任务所需的时间。虽然不同微服务完成任务需要的时间有所差异，但它们却都被认为具有响应性。现在，用户都期望页面加载和查询应答能迅速完成，因此开发微服务时，确保微服务具有良好响应性的能力相当关键。在面对巨大流量时，如果微服务不能保持足够好的响应能力，就难以获得成功。在这个流量爆炸的年代，应用在处理高负载的同时，还要维持响应能力是至关重要的。

尽管"反应式"可以有不同方面的理解，本章主要关注的是利用反应式流(Reactive Streams)在单个应用之内和多个应用之间建立执行流水线。我们从了解反应式流开始，然后介绍 MicroProfile 反应式消息规范，以及如何运用它来构建响应式微服务，其中包括如何与 Apache Kafka 或其他消息系统交互。本章最后会探讨开发者如何在单个应用或微服务中，把命令式与反应式代码结合起来使用。

8.1 反应式编程的示例

图 8.1 展示了银行业务的各个微服务与 Apache Kafka 消息系统交互的详细情况，目的是实现服务之间的消息传送。其中存在两个不同的消息流，贯穿于多个服务。

在第一个流程中，当余额超支时，账户服务会向其中发送事件。事件先被添加到 Kafka 主题，接着由透支服务消费。透支服务确定本次超支要收取的费用后，向另一个 Kafka 主题发送新事件，从而以账户内交易的形式处理收费过程。

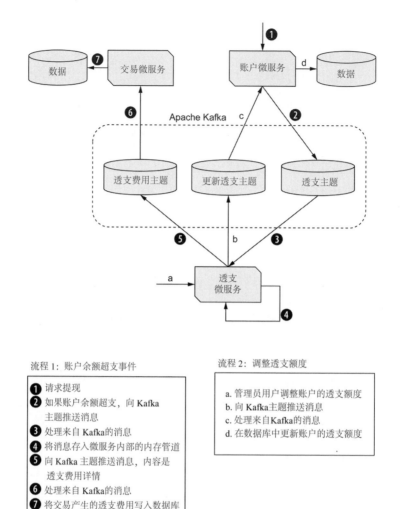

图8.1　运用反应式消息机制的微服务

什么是 Kafka 主题

主题是一种为事件(也就是消息)提供持久存储、供随时查询的容器。主题可以从零个、一个或多个生产者接收事件，然后这些事件可以由零个、一个或多个消费者订阅。与传统的消息系统不同的是，主题中的事件在消费完成后并不会删除。为了在处理高负载的伸缩性机制中有更好的性能表现，主题由多个代理服务器(broker)实例上的分区构成。主题在写入事件时，只做追加操作，这样便可确保在需要时，事件构成的序列整体可以从起始处重播，得到与数据最终状态一致的结果。

在第二个流程中，管理员用户可以调整具体账户的透支额度，比如基于客户的高价值属性。额度调整时，账户服务会向 Kafka 主题发送用于处理的新事件，其中包括新的透支额度。

注意

在本章中，我们会交替使用"事件"和"消息"。在反应式消息机制和事件驱动架构中，这两个术语的含义是相同的。具体的选择通常取决于社区的使用习惯，以及在提及相关术语时的词汇，比如"反应式消息机制"和"事件驱动架构"。

8.2　反应式流

"反应式流"是一种规范，它定义了各种类库或技术之间的异步流式交互行为。在 JDK 9 中，它由 java.util.concurrent.Flow 实现。不过，反应式流不是供开发者直接使用的，而是作为基础，夯实开发者用到的类库和技术，让他们建立相应认知的同时，却不需要关心具体用法。

反应式流是构建反应式系统的基石，请通过 https://www.reactivemanifesto.org/ 了解更多详情。反应式系统是设计响应式系统时的一种架构风格。反应式系统的要素是系统韧性、系统弹性和异步消息传递。

开发者应该对反应式流的这些基础组成部件有一定的理解：发布者、订阅者和处理者(请查看图 8.2)。

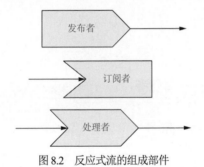

图 8.2　反应式流的组成部件

8.2.1　发布者、订阅者和处理者

"发布者"是反应式流(即流水线)所在的第一个阶段，它没有其他前序元素。所有数据处理流水线所在的流都是由发布者发起的。

"订阅者"是反应式流的最后一个阶段。流由订阅者完成，流上不能再发生其余的处理步骤。

"处理者"联结订阅者和发布者，形成流水线上的阶段，完成流的中继。处理者能以任意方式操作和处理流上的数据，但不会创建新的流，也不会终止它所在的流。

在最简单的形态中，流可只由一个发布者和订阅者构成。复杂的流可在发布者与订阅者之间包含多个处理者，如图 8.3 所示。一个流能包含无限多个处理者。

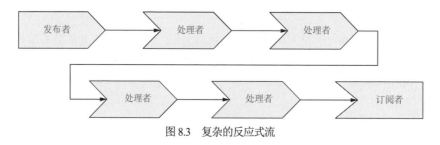

图 8.3 复杂的反应式流

理解了反应式流的基础组成部件还不够。对于反应式流及其性能来说，回压(Back pressure)是一个关键概念。

8.2.2 回压的重要性

到底什么是回压？我们先来研究一个由服务 A 作为发布者、服务 B 作为订阅者的流。图 8.4 中的例子展示的是不对服务 A 能向服务 B 发送的消息数量加以限制时的情形。这存在什么问题吗？也可能很幸运，没有遇到问题——但一般情况下，这会成为一个巨大的问题。

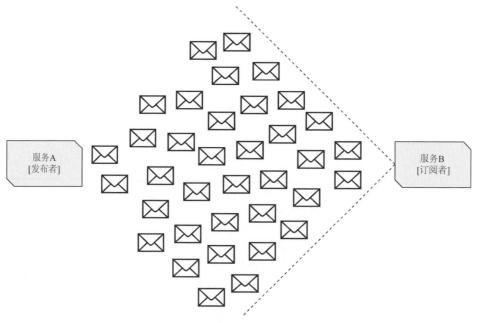

图 8.4 服务 B 和网络过载

当服务 B 无法处理持续收到的消息时，就会发生下面的问题：
● 由于负载太高，服务 B 的响应时间会延长

- 服务 B 可能失去响应，或者停机。根据部署环境的不同，这可能意味着服务 B 的实例完全不可用。如果确实如此，可能产生从服务 B 到服务 A 的级联停机，并传导到服务 A 的所有调用方。
- 服务 A 与 B 之间的网络拥堵会提高同一网络路径中所有通信的时延。这会对其他与服务 B 无关的服务的响应时间产生影响。

总体来说，这种情况很糟糕。单个服务的不可用已经很糟了，影响到其他不相关的服务让情况更糟糕。

向服务传送消息的正确流程应该是怎样的呢？在图 8.5 中，服务 B 仍然从服务 A 接收消息流，但按照图中的方式，服务 B 不会再由于消息过多而失控，因此可以持续提供服务，对请求有更好的响应能力。初看起来，服务 B 处理的消息数比图 8.4 中更少，因此响应性不是很好；但实际上，比起由于无法处理太多负载而完全不可用，现在的响应性更好。

图 8.5　服务 B 上的稳定消息流

正因如此，回压降低了发生前面所提到的问题的可能性。图 8.6 描述了回压的实现过程。

当服务 B 订阅并接收来自服务 A 的消息时，服务 A 询问 B 它所需要的消息数量。在这个例子中，服务 B 需要五条消息。

图 8.6　服务 B 上的稳定消息流

服务 A 忠实地向它发送五条消息用于处理。服务 B 完成其中一部分处理(此处是三条)之后，服务 A 会再发送三条。可以注意到，服务 A 发送的消息不超过服务 B 声称的处理能力。

本节介绍了反应式流的关键组件，即发布者、订阅者和处理者；在创建数据处理流水线时，开发者要高效地结合运用这三者。我们还讨论了与反应式流相关的过载问题(发送过量消息)的补救方法"回压"。下一节会介绍 Quarkus 如何通过反应式消息让开发者在应用中集成反应式流。

8.3　Quarkus 中的反应式消息

Quarkus 让开发者充分运用反应式消息，以及反应式编程的其他概念的同时，能够继续运用他们在多年的 Java EE(现在叫 Jakarta EE)开发经历中获得的 Java 知识。这样，开发者可以先将应用的局部转换为运用反应式理念，而不需要以反应式的方式重新开发整个应用。

随着经验的逐步增长，开发者再稳步向应用引入更多的反应式概念，而不需要切换不同的开发框架。本节将解释开发者基于 Quarkus 进行反应式编程的多种方式。

首先从前序章节中复制一份账户服务。现在，向 pom.xml 添加下面的依赖项：

```xml
<dependency>
  <groupId>io.quarkus</groupId>
  <artifactId>quarkus-smallrye-reactive-messaging-kafka</artifactId>
</dependency>
```

Quarkus 针对 Apache Kafka、AMQP 和 MQTT 提供反应式消息扩展程序。这里选用 Apache Kafka 对应的扩展程序。

8.3.1　借用生成器结合使用命令式与反应式编程

命令式编程使用一系列命令修改状态，它要求由开发者定义好执行路径，并按既定步骤按部就班地执行。在达到目标结果的过程中，命令式编程不仅清晰地定义要执行的内容，还会明确执行的时机。

我们修改账户服务，向其中的 Account 类添加 BigDecimal 类型的字段 overdraftLimit。这个字段将用于跟踪账户当前的透支额度，值可由事件更新。由于 Account 新增了字段，需要更新 import.sql，以便在启动时向每条记录插入该字段的值。随书示例代码将值设为-200.00，读者也可以设置为其他值。

开发者面临的第一个挑战是要从命令式代码启动一个反应式流。启动反应式流时，需要发布者向流中置入消息。在下面的示例中，Emitter 起到发布者的作用，负责启动反应式流。我们来分析它的工作原理！

代码清单 8.1　启动反应式流

用于生成消息的通道名，应用中的通道名不要求与 Kafka 中的主题匹配

针对 Overdrawn(超支)消息的正文类型注入一个 Emitter

```java
@Inject
@Channel("account-overdrawn")
Emitter<Overdrawn> emitter;

@PUT
@Path("{accountNumber}/withdrawal")
@Transactional
```

```
public CompletionStage<Account> withdrawal(@PathParam("accountNumber")
    Long accountNumber, String amount) {
    ...
```
返回类型必须是 CompletionStage，因为 Kafka 消息所用的实体仍处于事务内部

```
    if (entity.accountStatus.equals(AccountStatus.OVERDRAWN)
        && entity.balance.compareTo(entity.overdraftLimit) <= 0) {
      throw new WebApplicationException("Account is overdrawn, no further
        withdrawals permitted", 409);
    }
```
如果账户已超出透支额度，抛出异常

```
    entity.withdrawFunds(new BigDecimal(amount));
```

创建用作消息正文的 Overdrawn 实例

```
    if (entity.balance.compareTo(BigDecimal.ZERO) < 0) {
      entity.markOverdrawn();
      entity.persist();
      Overdrawn payload =
        new Overdrawn(entity.accountNumber, entity.customerNumber,
          entity.balance, entity.overdraftLimit);
      return emitter.send(payload)
        .thenCompose(empty -> CompletableFuture.completedFuture(entity));
    }
    return entity;
}
```
在实体被发送到消息之前，强制持久化

在 emitter.send() 获取 CompletionStage 之后，链式地返回账户实体

发送包含 Overdrawn 正文的消息

代码清单 8.1 是一个结合使用命令式与反应式的例子。

在 JAX-RS 资源方法的内部，命令式编程(应用向通道发送一条消息)与反应式编程模型结合起来。我们会在 8.3.3 节详细介绍如何对代码清单 8.1 进行测试。

在同一个应用内部结合运用命令式和反应式编程是一种强大的能力。开发者在编写应用时，不再受限于单一的工具链。他们开发应用时，现在尽可按需挑选工具，而不必考虑是使用命令式还是反应式。有了 Quarkus，开发者不再需要为了一个项目，在命令式和反应式编程模型中选择；无论项目如何要求，开发者都能用 Quarkus 以各种方式满足需要。

我们从代码清单 8.1 看到，Emitter 的类型是 Overdrawn。Overdrawn 类型的实例会作为消息的正文被发送到 Apache Kafka，如代码清单 8.1 所示。

代码清单 8.2　Overdrawn

```
public class Overdrawn {
    public Long accountNumber;
    public Long customerNumber;
    public BigDecimal balance;
    public BigDecimal overdraftLimit;

    public Overdrawn(Long accountNumber, Long customerNumber, BigDecimal
        balance, BigDecimal overdraftLimit) {
      this.accountNumber = accountNumber;
```

```
        this.customerNumber = customerNumber;
        this.balance = balance;
        this.overdraftLimit = overdraftLimit;
    }
}
```

通过注入一个@Channel，就可以在同一个应用里启动一个反应式流，或者连接到类似 Apache Kafka 的外部系统。这里要连接的是外部的 Apache Kafka 主题。为此，应用需要用到@Channel 注解来配置指定的通道，如下面的代码清单所示。

代码清单 8.3　application.properties

连接到名为 overdrawn 的主题，以便发送消息

为通道使用 smallrye-kafka 连接器，作用等同于将消息发送到 kafka

```
mp.messaging.outgoing.account-overdrawn.connector=smallrye-kafka
mp.messaging.outgoing.account-overdrawn.topic=overdrawn
mp.messaging.outgoing.account-overdrawn.value.serializer=
        io.quarkus.kafka.client.seria lization.JsonbSerializer
```

使用 Quarkus JSON-B 序列化器，将 Overdrawn 实例转换为 JSON

本例所用的 application.properties 键名具有特殊含义，下面我们分段讨论。键名的格式为：

```
mp.messaging.<incoming|outgoing>.<channel_name>.<key_name>
```

键名的第一个可变量指的是，它描述的是 incoming(入站)还是 outgoing(出站)连接。在代码清单 8.1 中，消息是从应用发送到 Kafka 中的，因此在代码清单 8.3 中要使用 outgoing。接下来的变量是通道名。代码清单 8.1 在 Emitter 字段上标记了@Channel ("account-overdrawn")。因此，所有键的通道名都要使用 account-overdrawn。最后一个变量是配置键名，它标记当前正在配置的功能名称。在下面的代码清单中，配置键名的值有 connector、topic 以及 value.serializer。SmallRye 反应式消息系统的文档网站 (http://mng.bz/GOvR)列出了关于 Apache Kafka outgoing(http://mng.bz/OQeo) 通道和 incoming(http://mng.bz/YwWK)通道的所有配置键。

注意
如果应用使用的通道名与 Apache Kafka 中的主题名相同，就可省略 topic 配置键。因为不提供通道名，默认会将主题名用作通道名。

可以仅生成消息的正文，还可以发送整个 Message 对象，包括表示成功和失败的应答消息，如代码清单 8.4 所示。

代码清单 8.4　发送整个 Message 对象

```
int ackedMessages = 0;
List<Throwable> failures = new ArrayList<>();
...
CompletableFuture<Account> future = new CompletableFuture<>();
```

返回类型需要是 CompletableFuture 类型

定义应答处理方法，以 CompletionStage<Void> 类型作为结
果。该处理方法会操作"已应答消息"计数器加一

使用 Message.of() 构造一个不可变消息对象。正
文部分与之前使用 emitter.send(payload) 时一致

```
emitter.send(Message.of(payload,
  () -> {
    future.complete(entity);                    ◄── 完成 future 任务并返回账户实体
    return CompletableFuture.completedFuture(null);
  },
  reason -> {
    failures.add(reason);
    future.completeExceptionally(reason);       ◄── 定义否定的应答函数，以 Throwable 作为
    return CompletableFuture.completedFuture(null);     参数，返回一个 CompletionStage<Void>。
  })                                                    此示例函数会记录从否定的应答消息返
);                                                      回的失败原因
return future;          以异常的方式完成 future 任务
```

　　本节介绍了如何借助生成器来结合使用命令式与反应式代码，这让开发者能从 JAX-RS 资源方法中发送消息，并传送到目标位置——在本例中，是发送到 Apache Kafka 主题(在 Emitter 注入点上用 @Channel 注解指定了主题)。

8.3.2　关于阻塞

　　在开发反应式代码时，最重要的是不能阻塞执行循环，执行循环也被称为事件循环或 I/O 线程。执行循环被阻塞后，在同一时间就无法执行其他方法，由于框架无法在活跃与不活跃的任务间切换，因此最终导致整体处理能力下降。

　　图 8.7 呈现了执行循环的运行机制，从中可以看出它利用单一线程处理多个入站请求的过程。请求平常都是在执行循环上处理的，但有时，不得不处理一些低效的操作，比如数据库写入。这种情况下，一定要把低效操作从执行循环分离出去；否则，负责所有请求处理工作的单一线程除了执行这些低效操作，就无法处理其他任何工作了。把低效操作分离到其他线程后，执行循环能处理的请求负载量就可以大大提升。

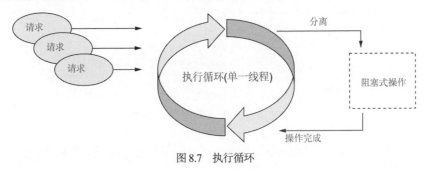

图 8.7　执行循环

　　在这类场景中，开发者需要具备识别哪些代码会发生阻塞的能力，以便让框架将阻塞式代码分离到另一个线程。Quarkus 为反应式消息机制提供了 @Blocking 注解，可以启用这一功能，如代码清单 8.5 所示。

代码清单 8.5　AccountResource(使用 Blocking 注解)

把方法标记为接收消息、但不会发送消息的订阅
者；与 @Channel 类似，@Incoming 也要指定接
收消息的来源通道或主题的名称

这个方法会执行阻塞式代码，因此
在执行循环之外的线程运行

```
@Incoming("overdraft-update")
@Blocking
@Transactional
public void processOverdraftUpdate(OverdraftLimitUpdate overdraftLimitUpdate) {
    Account account =
        Account.findByAccountNumber(overdraftLimitUpdate.accountNumber);
    account.overdraftLimit = overdraftLimitUpdate.newOverdraftLimit;
}
```

更新账户的透支额度

收到的消息正文是
OverdraftLimitUpdate
类型

注意

8.4.2 节会解释@Incoming 的应答策略。

OverdraftLimitUpdate 是一个 POJO 类，包含 accountNumber 和 newOverdraftLimit
字段。它的源代码位于/chapter8/account-service/。

@Blocking 是一个非常好的注解，它让开发者在充分利用反应式的同时，还能执行
偏命令式的甚至是阻塞式的代码。如果没有这个注解，执行阻塞式代码就要用到 Executor
来启动新的线程才能解决，同时要处理线程间 CDI bean 的上下文传递、数据库事务，以
及执行方法时要用到的其他所有线程上下文信息。

代码清单 8.6　application.properties

设置生产环境 Kafka 代理服务器的位置。
在开发环境，值默认为 localhost:9092，因
此在多数情况下可以省略

从 new-limit 主题读取消息

```
%prod.kafka.bootstrap.servers=my-cluster-kafka-bootstrap.kafka:9092
mp.messaging.incoming.overdraft-update.connector=smallrye-kafka
mp.messaging.incoming.overdraft-update.topic=new-limit
mp.messaging.incoming.overdraft-update.value.deserializer=
    quarkus.accounts.OverdraftLimitUpdateDeserializer
```

指定要用于将 JSON 正文转换为
OverdraftLimitUpdate 实例的反序列化器

这些设置与代码清单 8.3 类似，不过这次配置的是入站(incoming)通道。请注意我们
将键名中的 outgoing 替换为 incoming，通道名也由 account-overdrawn 改为 overdraft-
update。

代码清单 8.6 为 OverdraftLimitUpdate 指定了一个序列化器，我们来看看它的原理，
如下所示。

代码清单 8.7　OverdraftLimitUpdateDeserializer

```
public class OverdraftLimitUpdateDeserializer extends
```

```
                JsonbDeserializer<OverdraftLimitUpdate> {
    public OverdraftLimitUpdateDeserializer() {
        super(OverdraftLimitUpdate.class);
    }
}
```

对于 JSON-B 内容，反序列化器需要继承 JsonbDeserializer。如果使用 Jackson，就需要继承 ObjectMapperDeserializer

在默认的构造函数中，向父类传入类型名

反序列化逻辑并不复杂，它负责为开发者处理从 JSON 到 POJO 的转换。开发者不需要使用对象映射器或与JSON对象打交道，而可在接收消息的方法中直接使用POJO类。

本节介绍了在执行明确知晓可能发生阻塞，因而要用额外的线程执行的任务时，开发者可以在反应式消息方法上使用的@Blocking 注解。此外，介绍了使用@Incoming 注解来标记反应式流的订阅者。

8.3.3　以内存模式测试

与 Apache Kafka 集成起来测试固然重要，但能在没有它的情况下快速测试也很有用。为了支持在不使用 Apache Kafka 的情况下测试通道，我们可以换用 in-memory(内存)连接器。内存连接器会接替 smallrye-kafka 连接器处理与主题的交互。

要使用内存连接器，需要下面的依赖项：

```xml
<dependency>
  <groupId>io.smallrye.reactive</groupId>
  <artifactId>smallrye-reactive-messaging-in-memory</artifactId>
  <scope>test</scope>
</dependency>
```

注意

依赖项的生效范围是 test，因为在编译期间不会用到它，也不应该打包到最终的应用里。

内存连接器的是通过重新定义应用的通道配置起作用的。为此，需要用到代码清单 8.8 所示的 QuarkusTestResourceLifecycleManager 类。

代码清单 8.8　InMemoryLifecycleManager

```java
public class InMemoryLifecycleManager implements
    QuarkusTestResourceLifecycleManager {
  @Override
  public Map<String, String> start() {
    Map<String, String> env = new HashMap<>();
    env.putAll(InMemoryConnector.switchIncomingChannelsToInMemory(
      "overdraft-update"));
    env.putAll(InMemoryConnector.switchOutgoingChannelsToInMemory(
      "account-overdrawn"));
    return env;
  }

  @Override
```

修改入站通道的名称 overdraft-update，改为内存连接器

修改出站通道的名称 account-overdrawn，改为内存连接器

```
    public void stop() {
        InMemoryConnector.clear();
    }
}
```

为已切换为使用内存连接器
的通道重置配置

现在，我们把这个类用到测试中，验证账户超支时会触发事件，演示如下。

代码清单8.9 AccountResourceEventsTest(验证账户超支时会触发事件)

```
@QuarkusTest
@QuarkusTestResource(InMemoryLifecycleManager.class)
public class AccountResourceEventsTest {

    @Inject @Any
    InMemoryConnector connector;

    @Test
    void testOverdraftEvent() {
        InMemorySink<Overdrawn> overdrawnSink = connector.sink("account-overdrawn");

        Account account =
            given()
                .when().get("/accounts/{accountNumber}", 78790)
                .then().statusCode(200)
                .extract().as(Account.class);

        BigDecimal withdrawal = new BigDecimal("23.82");
        BigDecimal balance = account.balance.subtract(withdrawal);

        account =
            given()
                .contentType(ContentType.JSON)
                .body(withdrawal.toString())
                .when().put("/accounts/{accountNumber}/withdrawal", 78790)
                .then().statusCode(200)
                .extract().as(Account.class);

        // Asserts verifying account and balance have been removed.

        assertThat(overdrawnSink.received().size(), equalTo(0));

        withdrawal = new BigDecimal("6000.00");
        balance = account.balance.subtract(withdrawal);

        account =
            given()
                .contentType(ContentType.JSON)
                .body(withdrawal.toString())
                .when().put("/accounts/{accountNumber}/withdrawal", 78790)
                .then().statusCode(200)
                .extract().as(Account.class);

        // Asserts verifying account and customer details have been removed.
        assertThat(account.accountStatus, equalTo(AccountStatus.OVERDRAWN));
        assertThat(account.balance, equalTo(balance));
```

在测试中使用 InMemoryLifecycle-
Manager 将通道切换为内存模式

向测试注入通道交互时使用的 InMemoryConnector。此注
入点需要用到@Any，这是因为我们要注入的实例上包含
了修饰符，而 @Any 可以要求忽略所有修饰符

从 InMemoryConnector 中获取 account-overdrawn 通道的具
体传输设施，该设施能收到所有被发往通道的事件

设置一个不会导致账户
超支的取款额

再操作一笔取款额，
要求触发超支

验证通道的传输设置未
收到任何事件。由于账
户还没有超支，此时不
应该收到事件

断言账户状
态为已超支

```
  assertThat(overdrawnSink.received().size(), equalTo(1));          ← 通道里应该要收
    Message<Overdrawn> overdrawnMsg = overdrawnSink.received().get(0);   到一个事件
    assertThat(overdrawnMsg, notNullValue());
    Overdrawn event = overdrawnMsg.getPayload();
    assertThat(event.accountNumber, equalTo(78790L));            验证账户的 Overdrawn
    assertThat(event.customerNumber, equalTo(444222L));          事件正文的值是正确的
    assertThat(event.balance, equalTo(balance));
    assertThat(event.overdraftLimit, equalTo(new BigDecimal("-200.00")));
  }
  ...                                                        从通道的传输设施读取
}                                                            事件，也就是消息实例
```

代码清单 8.9 通过验证有事件发送给 Emitter 来测试 AccountResource.withdrawal()
方法对 Emitter 的使用，但这只适用于账户超支已发生时的情况，而不能在超支之前。
下面介绍如何测试@Incoming。

代码清单 8.10　AccountResourceEventsTest(测试@Incoming)

```
public class AccountResourceEventsTest {
  ...                                               从 InMemoryConnector 读取
  @Test                                             overdraft-update 通道的发送源，
  void testOverdraftUpdate() {                      发送源可向通道发送事件
    InMemorySource<OverdraftLimitUpdate> source =
      connector.source("overdraft-update");

    Account account =
        given()
            .when().get("/accounts/{accountNumber}", 123456789)
确保账户当前透    .then().statusCode(200)
支额度为默认的    .extract().as(Account.class);
-200.00
    // Asserts verifying account and balance have been removed.
    assertThat(account.overdraftLimit, equalTo(new BigDecimal("-200.00")));

    OverdraftLimitUpdate updateEvent = new OverdraftLimitUpdate();
    updateEvent.accountNumber = 123456789L;
    updateEvent.newOverdraftLimit = new BigDecimal("-600.00");
                                                  创建OverdraftLimitUpdate 类型的
    source.send(updateEvent);                     实例，其中包含账号和新的透支
                                                  额度
    account =
        given()
            .when().get("/accounts/{accountNumber}", 123456789)
用发送源向通    .then().statusCode(200)
道发送事件    .extract().as(Account.class);

    // Asserts verifying account and balance have been removed.
    assertThat(account.overdraftLimit, equalTo(new BigDecimal("-600.00")));
  }
}
                                                  读取账户后，验证透支额
                                                  度已更新为-600.00
```

要查看测试的运行过程，打开一个终端窗口，切换到/chapter8/account-service/目录，并运行下面这个命令：

```
mvn verify
```

如果一切工作正常，测试能运行通过，不会出错。

Quarkus 2.x 版发布后，测试 Kafka 除了使用内存模式，还可以使用另一种方法。如果运行 Docker 实例，新的 Dev Services(https://quarkus.io/guides/kafka-dev-services)模块可以借助 Redpanda(https://vectorized.io/redpanda)来启动 Kafka 代理服务器。

本节展示了如何在不依赖 Apache Kafka 之类的外部消息代理服务器的情况下，测试基于反应式消息的应用。不管代码用的是 Emitter、@Incoming 还是其他的反应式消息相关的方法注解，都是可以单元测试的。尽管集成测试还是要开展，但代码级单元测试能让发现问题的反馈循环更快。

8.4　原理分析

上一节介绍了几个反应式消息的应用示例，现在让我们来了解一下这些示例的底层原理。读者将会学到 MicroProfile 反应式消息规范，正是它定义了反应式流的形态，以及示例中使用的那些注解。

8.4.1　MicroProfile 反应式消息规范

这个规范定义了分布式系统的构建方法，这些分布式系统通过践行位置透明和时序解耦的方式实现刚性的异步通信。时序解耦指的是分离不同的操作或执行步骤，使它们可以在不同的时机发生。位置透明要求不对服务间的物理地址进行硬编码，允许服务的物理位置在一段时间后发生变化，同时保持寻址能力。

在通常由 HTTP 实现的同步通信中，通过使用 DNS 记录或服务注册表，也可以实现某种程度的位置透明。比如，Kubernetes 使用 DNS 实现位置透明，从而抽象了集群中运行服务实例的实际节点。但是，没有什么方法能够避免服务间的时序耦合，因为同步通信天然就会依赖它。

反应式消息与消息驱动的 JMS bean 有什么区别呢？JMS 的设计理念里，消息代理并非应用架构的必要部分。如果开发者想基于 JMS 在应用里使用消息，就需要先将消息发布到外部的消息代理服务器，然后同一个应用才能从外部消息代理服务器处收到这条相同的消息。在处理应用内部的消息机制时，那些在系统边缘运作的消息代理服务器就过于笨重了。反应式消息标准让开发者能够在无需外部消息代理服务器的情况下，即可在应用中创建反应式流。

在下面几节，读者会了解到规范的具体内容，包括消息、通道、连接器和流是如何协作形成分布式系统的。

8.4.2　消息内容和元数据

规范的核心是消息，如图 8.8 所示，它表示被传输的数据。本章早前的示例中，我们已经见过，消息接口 Message 包装了用于发送的具体正文。

消息

元数据

正文

图 8.8　Message 的内容

前面的示例中介绍过 Message 接口定义的方法，具体包括：

- getPayload——从消息包装器中读取正文。OverdraftLimitUpdate 类和 Overdrawn 类都是消息正文的例子。
- getMetadata——访问消息包装器中的元数据。根据具体的消息类型，元数据会有所差异。在使用 Apache Kafka 时，可以在 Message 对象上调用 getMetadata (IncomingKafkaRecordMetadata.class)方法，IncomingKafkaRecordMetadata 类提供了用于访问底层 Kafka 记录的详情的方法，比如 getTopic、getKey 和 getTimestamp。
- ack——对消息处理完成的应答。
- nack——对消息处理过程的否定应答。这意味着消息处理的过程中发生了错误，发布方需要确定如何处理失败的消息。

订阅者或者处理者必须对消息处理过程正确地应答。这样有助于防止对已成功消息的重复处理。Quarkus 会在很多场景中，自动完成应答。如果方法的参数中含有 Message，则开发者需要手动调用消息的 ack()。其他情况下，只要没有异常抛出，就会自动应答。

注意

否定的应答，也就是 nack()方法，在 Quarkus SmallRye 反应式消息框架中是实验性功能。如果社区对这个方法的反馈很积极，它会被提议添加到规范中。

如果需要更细致地控制消息应答，开发者可在方法上添加@Acknowledgement 注解。@Acknowledgement 为配置应答类型提供了以下 4 种选项：

- POST_PROCESSING——将入站消息的应答推迟到出站消息被应答之后。如果服务 A 向服务 B 发送消息，而服务 B 因而又向服务 C 发送消息，那么服务 B 将在收到 C 的应答消息之后，才向 A 应答。
- PRE_PROCESSING——在方法执行之前应答入站消息。
- MANUAL——开发者通过执行 Message 对象的 ack()方法自主控制应答时机。
- NONE——不做任何方式的应答。

通过下面的代码清单，我们来研究其中与消息元数据交互的几个方法，它们先将元数据添加到消息，然后在后续方法中读出。

代码清单 8.11　OverdraftResource(包含与消息元数据交互的方法)

接收具有 Overdrawn 正文的消息，返回相同的组
合类型；但在本例中，消息的内容并不相同

入站通道，连接到用于从 AccountResource 接收
消息的主题

应用内部通道，用于向代码清单 8.12 的
ProcessOverdraftFee 传递消息

```
@Incoming("account-overdrawn")
@Outgoing("customer-overdrafts")
public Message<Overdrawn> overdraftNotification(Message<Overdrawn> message) {
    Overdrawn overdrawnPayload = message.getPayload();
```

从消息中读取 Overdrawn
正文

获取客户当前所有的透支事件

```
    CustomerOverdraft customerOverdraft =
      customerOverdrafts.get(overdrawnPayload.customerNumber);
    // Create a new CustomerOverdraft if it's null. Full content in chapter
      source

    AccountOverdraft accountOverdraft =
      customerOverdraft.accountOverdrafts.get(overdrawnPayload.accountNumber);
    // Create a new AccountOverdraft if it's null. Full content in chapter
      source

    customerOverdraft.totalOverdrawnEvents++;
    accountOverdraft.currentOverdraft = overdrawnPayload.overdraftLimit;
    accountOverdraft.numberOverdrawnEvents++;

    return message.addMetadata(customerOverdraft);
}
```

返回新的消息实例，其中正文相同，消
息元数据则加上了 CustomerOverdraft
信息

将透支事件更新到客户和账户信息上

代码清单 8.11 的方法标记了@Incoming 和@Outgoing，所以它是发布者，本章早前提到过这个概念。在代码清单 8.12 中，我们提取客户的详细透支情况，计算合适的费用后，创建了包含 AccountFee(账户费用)类的消息，发送到出站通道。

代码清单 8.12　ProcessOverdraftFee

接收具有 Overdrawn 正文的消息，返回的
AccountFee 对象会作为消息正文

从消息读取 CustomerOverdraft 类型
的元数据，添加到代码清单 8.11

创建要发送到 overdraft-fee
的消息

```
@ApplicationScoped
public class ProcessOverdraftFee {
    @Incoming("customer-overdrafts")
    @Outgoing("overdraft-fee")
    public AccountFee processOverdraftFee(Message<Overdrawn> message) {
        Overdrawn payload = message.getPayload();
```

```
      CustomerOverdraft customerOverdraft =
        message.getMetadata(CustomerOverdraft.class).get();

      AccountFee feeEvent = new AccountFee();
      feeEvent.accountNumber = payload.accountNumber;
      feeEvent.overdraftFee = determineFee(payload.overdraftLimit,
        customerOverdraft.totalOverdrawnEvents,
          customerOverdraft.accountOverdrafts.get(payload.accountNumber)
        .numberOverdrawnEvents);
      return feeEvent;
    }
  }
```

OverdraftResourceEventsTest 类可测试这些交互过程，源码位于本章示例代码的 /chapter8/overdraft-service/src/test/java/quarkus/overdraft_directory。由于 OverdraftResource-EventsTest 的内容与代码清单 8.9 十分相似，为减少篇幅，此处不再复述。

从/chapter8/overdraft-service/目录运行 mvn verify 即可运行测试，所有测试案例都应该能运行通过，没有错误。

由于测试使用的是内存连接器，所以不需要配置通道属性。但如果要连接 Kafka，就需要了。如代码清单 8.13 所示。

代码清单 8.13　application.properties(连接到 Kafka 时需要配置通道属性)

OverdrawnDeserializer 将 JSON 转换为 Overdrawn 实例，具体实现与代码清单 8.7 几乎相同

```
mp.messaging.incoming.account-overdrawn.connector=smallrye-kafka
mp.messaging.incoming.account-overdrawn.topic=overdrawn
mp.messaging.incoming.account-overdrawn.value.deserializer=
    quarkus.overdraft.OverdrawnDeserializer

mp.messaging.outgoing.overdraft-fee.connector=smallrye-kafka
mp.messaging.outgoing.overdraft-fee.topic=account-fee
mp.messaging.outgoing.overdraft-fee.value.serializer=
    io.quarkus.kafka.client.serialization.JsonbSerializer

mp.messaging.outgoing.overdraft-update.connector=smallrye-kafka
mp.messaging.outgoing.overdraft-update.topic=new-limit
mp.messaging.outgoing.overdraft-update.value.serializer=
    io.quarkus.kafka.client.serialization.JsonbSerializer
```

代码清单 8.13 没有包含 customer-overdrafts 通道的定义。customer-overdrafts 是一个纯应用内部的通道；@Outgoing 和 Incoming 都在同一个应用部署中，所以不需要在配置里定义。Quarkus 会自动为它创建反应式流，从而完成连接。

本节介绍了 Message 接口包含的用于访问正文、应答消息和读取元数据的方法。Message 对象是由正文部分和包装在一起的额外元数据构成的。

8.4.3 消息流中的消息

在反应式流中的 Message(消息)是如何工作的呢？

图 8.9 展示的是应用内部的视图，多个 CDI bean 共同完成对消息的发布、处理和订阅，并在它们之间创建反应式流。位于 CDI bean 之间的是"通道"，通道让 CDI bean 上的方法连接成能够传递消息的链。

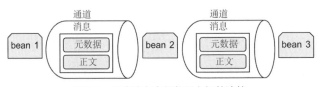

图 8.9 用流建立内部代码之间的连接

通道可以如图 8.9 所示，位于应用内部的多个组件之间，通道也可以连接到远端的消息代理服务器，或者消息传输层。

在图 8.10 展示的架构中，应用程序用一个连接器接收消息，而用另一个连接器发布消息。

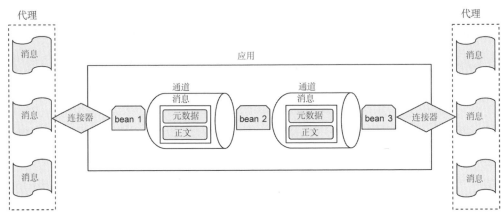

图 8.10 跨微服务的流集成

在这个架构中，通道让应用既连接外部的代理服务器，又连接内部的组件。连接器的传输介质的类型可以相同，也可以不同，例如，可以是 Kafka 集群或者 AMQP 代理服务器。如果连接器的传输介质用的是 Kafka 集群，外部的通道代表的就是 Kafka 主题。代码清单 8.11 和代码清单 8.12 正是这种架构的具体示例。

8.5 部署到 Kubernetes

为将应用部署到 Kubernetes，需要先有一个 Kafka 集群，我们要用它托管用于发送和接收消息的主题。

8.5.1　Minikube 中的 Apache Kafka

在 Kubernetes 上运行 Apache Kafka 集群的一种非常好的方式是使用 Strimzi (https://strimzi.io/)项目。我们要在 Minikube 中运用它来测试本章的应用。Strimzi 内置提供以下这些优秀的功能：

- 默认安全，支持 TLS
- 提供用于配置 NodePort、LoadBalancer 和 Ingress 的选项
- 专用的 Kafka 节点
- 基于运维的部署

如果当前 Minikube 已处于运行中，请关停它；在重启前，先运行 minikube delete。要运行 Apache Kafka 时，推荐让 Minikube 使用超过默认 2GB 的内存。

为了区分 Kafka 组件和应用，我们将 Kafka 组件放在单独的命名空间，如下所示：

```
kubectl create namespace kafka
```

然后安装 Strimzi 的 Kubernetes 运维器，如下所示：

```
kubectl apply -f 'strimzi-cluster-operator-0.25.0.yaml' -n kafka
```

注意运维器是一种 Kubernetes 软件扩展，它利用自定义资源来管理应用及其组件。这里，运维器管理的是 Apache Kafka 集群。

为了创建集群，需要编写一些 YAML，才能把要创建的集群的类型告知 Strimzi 运维器。请看代码清单 8.14。

代码清单 8.14　kafka_cluster.yml

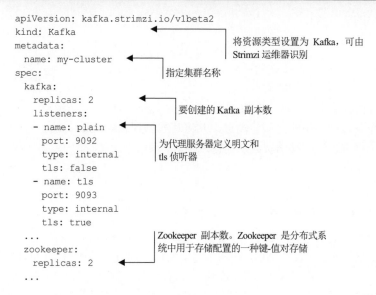

```
apiVersion: kafka.strimzi.io/v1beta2
kind: Kafka                          将资源类型设置为 Kafka，可由
metadata:                            Strimzi 运维器识别
  name: my-cluster
spec:                                指定集群名称
  kafka:
    replicas: 2                      要创建的 Kafka 副本数
    listeners:
    - name: plain
      port: 9092                     为代理服务器定义明文和
      type: internal                 tls 侦听器
      tls: false
    - name: tls
      port: 9093
      type: internal
      tls: true
  ...                                Zookeeper 副本数。Zookeeper 是分布式系
  zookeeper:                         统中用于存储配置的一种键-值对存储
    replicas: 2
  ...
```

注意

在生产环境，为实现故障转移，推荐将Kafka和Zookeeper的副本数最少设为三个。不过在本地机器这样的受限环境，两个副本足够演示多代理服务场景，也不至于给本机系统造成太多压力。

现在，以下面的方式创建由代码清单8.14定义的集群：

```
kubectl apply -f kafka_cluster.yml -n kafka
```

集群的创建可能需要几分钟，因为它需要下载Kafka和Zookeeper的容器镜像，并配置所有实例。有不少方法可用于监视并等待创建就绪。下面这条wait命令会在集群就绪时执行完毕：

```
kubectl wait kafka/my-cluster --for=condition=Ready --timeout=300s -n kafka
```

也可以像这样，持续检查Kubernetes上Pod的状态：

```
kubectl get pods -n kafka
```

上面命令的结果如下：

```
NAME                                          READY  STATUS    RESTARTS   AGE
my-cluster-entity-operator-574bcbc568-xb4xr   3/3    Running   0          86s
my-cluster-kafka-0                            1/1    Running   0          115s
my-cluster-kafka-1                            1/1    Running   0          115s
my-cluster-zookeeper-0                        1/1    Running   0          3m2s
my-cluster-zookeeper-1                        1/1    Running   0          3m2s
strimzi-cluster-operator-54ff55979f-895lj     1/1    Running   0          4m14s
```

我们先快速测试一下，确保 Kafka 集群工作正常。首先，以下面的方式启动一个可从终端窗口接收消息的生产者：

```
kubectl -n kafka run kafka-producer -ti
➥ --image=quay.io/strimzi/kafka:0.25.0-kafka-2.8.0 --rm=true
➥ --restart=Never -- bin/kafka-console-producer.sh --broker-list
➥ my-cluster-kafka-bootstrap.kafka:9092 --topic my-topic
```

当生产者准备好接收输出时，就会在终端窗口的左边显示"＞"。发送消息时，可以输入任何内容并回车。按回车键即可创建消息，并将其添加到my-topic主题。

接着，在另一个终端窗口启动消费者从而读入消息，如下所示：

```
kubectl -n kafka run kafka-consumer -ti
➥ --image=quay.io/strimzi/kafka:0.25.0-kafka-2.8.0 --rm=true
➥ --restart=Never -- bin/kafka-console-consumer.sh --bootstrap-server
➥ my-cluster-kafka-bootstrap.kafka:9092 --topic my-topic --from-beginning
```

下载并启动容器镜像会产生几秒钟的延迟。一旦启动，生产者处输入的消息就会以输入时的顺序展现出来。成功接收消息后，在两个终端窗口分别按下Ctrl＋C即可让它们停止运行。

为让账户服务和透支服务正常运行，需要向 Kafka 中创建主题。请以下面的方式完成创建：

```
kubectl apply -f kafka_topics.yml -n kafka
```

kafka_topics.yml 要求创建三个主题，名称为 overdrawn、new-limit 和 account-fee。每个主题都定义三个分区、两个副本。kafka_topics.yml 位于/chapter8 目录。

下一节，我们直接从 Kafka 主题中读取消息。

8.5.2　汇总所有步骤

有了 Apache Kafka 集群，就可以部署账户服务和透支服务了。在部署服务之前，我们需要采用下面的方式创建 PostgreSQL 数据库：

```
kubectl apply -f postgresql_kubernetes.yml
```

在运行下面的命令之前，请先运行$(minikube -p minikube docker-env)，确保构建容器镜像时，使用 Minikube 中的 Docker。

接着，部署账户服务。把终端窗口切换到/chapter8/account-service/目录，运行下面的命令：

```
mvn verify -Dquarkus.kubernetes.deploy=true
```

然后以相同的方式部署透支服务。

完成后，运行 minikube service list 可以查看已部署的服务，如代码清单 8.15 所示。

代码清单 8.15　Minikube 里的服务列表

```
|------------|---------------------------|--------------|--------------------------|
| NAMESPACE  | NAME                      | TARGET PORT  |           URL            |
|------------|---------------------------|--------------|--------------------------|
| default    | account-service           | http/80      |http://192.168.64.15:30704 |
| default    | kubernetes                | No node port |                          |
| default    | overdraft-service         | http/80      | http://192.168.64.15:31621|
| default    | postgres                  | http/5432    | http://192.168.64.15:31615|
| kafka      | my-cluster-kafka-bootstrap| No node port |                          |
| kafka      | my-cluster-kafka-brokers  | No node port |                          |
| kafka      | my-cluster-zookeeper-client| No node port|                          |
| kafka      | my-cluster-zookeeper-nodes| No node port |                          |
| kube-system| kube-dns                  | No node port |                          |
|------------|---------------------------|--------------|--------------------------|
```

一切都就绪之后，是时候验证一番了！

我们先从账户提取 600 元，让它超支。打开一个终端窗口，运行下面的命令：

```
ACCOUNT_URL=`minikube service --url account-service`
curl -H "Content-Type: application/json" -X PUT -d "600.00"
    ${ACCOUNT_URL}/accounts/123456789/withdrawal
```

我们应该能收到与下面代码示例类似的响应：

代码清单 8.16　账户详情的响应内容

```
{
    "id": 1,
    "accountNumber": 123456789,
    "accountStatus": "OVERDRAWN",
    "balance": -49.22,
    "customerName": "Debbie Hall",
    "customerNumber": 12345,
    "overdraftLimit": -200.00
}
```

账户的状态是 OVERDRAWN

账户余额从 550.78 元变为 -49.22 元

由于账户已经超支，就应该有一条消息被添加到 account-fee 主题。为了确认消息的存在，我们要用到 Kafka 安装包中的 kafka-console-consumer.sh 脚本。在终端窗口运行此命令：

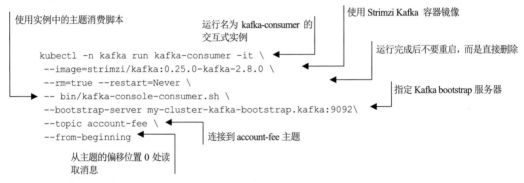

使用实例中的主题消费脚本

运行名为 kafka-consumer 的交互式实例

使用 Strimzi Kafka 容器镜像

运行完成后不要重启，而是直接删除

指定 Kafka bootstrap 服务器

连接到 account-fee 主题

从主题的偏移位置 0 处读取消息

```
kubectl -n kafka run kafka-consumer -it \
  --image=strimzi/kafka:0.25.0-kafka-2.8.0 \
  --rm=true --restart=Never \
  -- bin/kafka-console-consumer.sh \
  --bootstrap-server my-cluster-kafka-bootstrap.kafka:9092\
  --topic account-fee \
  --from-beginning
```

注意

为了防止出错，请先停止本章前面创建的 kafka-consumer。

如果消息正确地发送到 Kafka 主题，上面命令的结果应该为：

```
{
    "accountNumber":123456789,
    "overdraftFee":15.00
}
```

针对这一账户，我们以下面的方式验证它当前的透支额度已设置：

```
curl -X GET ${ACCOUNT_URL}/accounts/123456789
```

结果应该与代码清单 8.16 一致。其中显示当前的 overdraftLimit 为-200.00。现在，我们以下面的方式调用透支服务，调整额度：

```
OVERDRAFT_URL=`minikube service --url overdraft-service`
curl -H "Content-Type: application/json" -X PUT -d "-600.00"
    ${OVERDRAFT_URL}/overdraft/123456789
```

接着，我们以下面的方式验证 Kafka 收到了一条消息，且账户的额度已更新：

```
curl -X GET ${ACCOUNT_URL}/accounts/123456789
```

响应如下所示：

```
{
    "id":1,
    "accountNumber":123456789,
    "accountStatus":"OVERDRAWN",
    "balance":-49.22,
    "customerName":"Debbie Hall",
    "customerNumber":12345,
    "overdraftLimit":-600.00
}
```

账户的 overdraftLimit 已更新
为-600.00

本节我们介绍了如何使用 Strimzi 运维器创建 Apache Kafka 集群。不管是在 Minikube 还是生产环境的 Kubernetes 集群，Strimzi 运维器都适用。完成服务的部署后，读者可用 curl 命令与各服务交互，其中包含与 Kafka 主题的交互。

读者练习

复制第 7 章的交易服务，让它处理 Kafka 主题 account-fee 的消息。这些消息的正文类型是 AccountFee。请读出 AccountFee 对象的内容，为 accountNumber 指向的账户创建交易。

8.6　本章小结

- 反应式流以发布者创建消息为起始，到订阅者接收消息终止，在两者之前可以有任意个处理者。
- 通过向方法添加@Incoming 注解，订阅者可以侦听来自反应式流的消息。
- 不管要连接的是 Apache Kafka、AMQP 代理服务器，MQTT 代理服务器，还是其他类型的消息系统，开发者都能通过配置在它们之间切换，而不需要修改应用代码。
- 在一个方法上添加@Blocking 来标记该方法应该在其他线程执行，因为该方法的实际任务内容会引起潜在的阻塞。向数据库存入记录就是一例。
- 使用 Strimzi 运维器可在 Kubernetes 或 Minikube 上创建 Apache Kafka 集群和主题。

第 *9* 章

在 Quarkus 中开发 Spring 微服务

本章内容
- 对比 Spring 和 Quarkus/MicroProfile API
- 用 Spring API 替换 Quarkus/MicroProfile API
- Quarkus 中的 Spring API 兼容性的实现方法

Spring 是流行的 Java 微服务运行时,有大量开发者在学习 Spring API 上投入了相当长的时间。通过提供与常用 Spring API 的兼容性,Spring 开发者能充分利用他们现成的经验,快速上手 Quarkus 开发。然后,Spring 开发者就能充分享受 Quarkus 开发的功能(如实时编码)以及高效的生产环境表现(如低内存占用和快速启动)。本章面向的是有经验的 Spring 开发者,因而不会深入介绍 Spring API。在本章,我们会修改来自第 3 章和第 7 章的示例,让它们尽可能使用 Spring API,以此作为本章的示例。由于更新了现有示例,所以我们可很容易地发现这两种情况:
- Spring API 可与 Quarkus 和 MicroProfile API 结合使用
- Spring API 与 Quarkus/MicroProfile API 的编程模型是相似的
接下来将更深入地介绍 Quarkus 和 Spring API 之间的兼容性。

9.1 Quarkus 与 Spring API 兼容性简介

Spring 开发者在接触 Quarkus 时,可以充分利用他们现有的 API 开发知识。Quarkus 提供了下列与 Spring 兼容性相关的扩展程序:
- 面向 Spring Boot 配置属性的 Quarkus 扩展程序
- 面向 Spring Cache API 的 Quarkus 扩展程序(本章不讨论)
- 面向 Spring Cloud 配置客户端的 Quarkus 扩展程序
- 面向 Spring DI API 的 Quarkus 扩展程序
- 面向 Spring Data JPA API 的 Quarkus 扩展程序
- 面向 Spring Scheduled 的 Quarkus 扩展程序(本章不讨论)

- 面向 Spring Security API 的 Quarkus 扩展程序
- 面向 Spring Web API 的 Quarkus 扩展程序

Spring 和 Quarkus 生态体系的范围比这个扩展程序列表要庞大得多。Quarkus 的 Spring 兼容性 API 的首要目标不是帮助将存量的 Spring 应用迁移到 Quarkus，而是通过提供 Spring 生态中的必要 API，让 Spring 开发者在使用 Quarkus 时，能迅速感受到舒适与高效的体验。当然，也有一些组织认为 Quarkus 兼容性 API 所覆盖的 API 已经足够，还能支持 MicroProfile 容错之类的 API，所以选择借助它来实现存量 Spring 应用的迁移。

熟悉 Quarkus 之后，一些开发者希望从 Spring API 切换到 Quarkus 和 MicroProfile API，因为 API 风格更接近，而他们希望自己的开发工作尽可能符合行业标准。举例来说，表 9.1 展示了在一个简单方法里使用 JAX-RS 和 Spring Web API 时的情况，这两种 API 形态相似，且都能在 Quarkus 中运行。

表 9.1　用 JAX-RS 标记与 Spring Web 标记编写方法的对比

JAX-RS	Spring Web
```@GET @Path("/{accountNumber}/balance") public BigDecimal getBalance(@PathParam("accountNumber") Long accountNumber) { ... }```	```@GetMapping("/{accountNumber}/balance") public BigDecimal getBalance(@PathVariable("accountNumber") Long accountNumber) { ... }```

接下来的几节，我们专门讨论如何将 Spring 兼容性 API 应用到银行服务、账户服务和交易服务上。神奇的是，具体过程与表 9.1 类似，只需要将两种模式简单地映射起来即可。

9.2　Spring 依赖注入和配置的兼容性

Spring 让 Java 的依赖注入流行了十余年，而在几年之后，CDI 又让基于注解的依赖注入流行起来。如今，这两种框架都支持基于注解的依赖注入，功能也相近。Spring 和 Quarkus 的配置注解的情况也相似。表 9.2 列出了 Quarkus 是如何在编译期间，把 Spring 注解转换为 CDI 和 MicroProfile Config 注解的。

表 9.2　从 Spring 到 CDI/MicroProfile 注解的编译期转换

Spring	CDI/Microprofile	备注
@Autowire	@Inject	注入组件
@Bean	@Produces	定义工厂方法
@Configuration	@ApplicationScoped	
@ConfigurationProperties	@ConfigProperties	注入多个配置属性值
@Qualifier	@Named	在同一生命周期范围内区分同一类型的不同 bean

(续表)

Spring	CDI/Microprofile	备注
@Value	@ConfigProperty	注入一个配置属性值，@Value 还提供对表达式语言的支持
@Value	@ConfigProperty	注入一个配置属性值，@Value 支持表达式语言
@Component	@Singleton	默认情况下，Spring 中的各类 bean 都是单例的
@Service		
@Repository		

下一节，我们会先搭建一个 Spring Cloud 配置服务器，把它作为银行服务的配置源。后面一节会用到 Spring DI 注解，从 Spring Cloud 配置服务器获取配置属性。

9.2.1　搭建 Spring Cloud 配置服务器

Spring Cloud 配置服务器(下面简称"配置服务器")是一种配置源，可为存储在 Git 仓库、Redis、密码保管箱中的配置提供常规的访问方式。通过支持配置服务器，Quarkus 应用可以更轻松地在现有 Spring 环境中运行。可从 Spring 社区获取配置服务器的安装指引(https://spring.io/guides/gs/centralized-configuration)。

读者也可使用本书 Git 仓库的第 9 章的 spring-config-server 子目录中的配置服务器。

代码清单 9.1 所示为 bank-service.properties 文件，其中将第 3 章的银行服务的配置属性添加到配置服务器的 Git 仓库，仓库位于 https://github.com/jclingan/banking-config-repository。配置属性的差异很小，比如，某些属性里添加了用于明确配置源的字样(即 Config Server)。

代码清单 9.1　在 bank-service.properties 文件中指定配置服务器

```
# Configuration file
# key = value

# Bank names
bank.name=Bank of Quarkus (Config Server)
%dev.bank.name=Bank of Development (Config Server)
%prod.bank.name=Bank of Production (Config Server)

# Using @ConfigProperties
bank-support.email=support@bankofquarkus.com (Config Server)
bank-support.phone=555-555-5555 (Config Server)

# Devmode properties for expansion below
username=quarkus_banking
password=quarkus_banking

# Property expansion
db.username=${username}
db.password=${password}
```

下面的代码清单显示了 src/main/resources/application.properties 文件中启动配置服务器的必要属性。

代码清单 9.2 配置服务器的 application.properties

```
server.port=18888
spring.cloud.config.server.git.uri=https://github.com/jclingan/banking-
    config-repository/
```

指定一个不与其他服务冲突的端口

包含银行服务用的配置属性的 Git 仓库的位置

用 mvn package 命令给配置服务器打包，然后用 java -jar target/spring-config-server-0.0.1-SNAPSHOT.jar 命令启动。配置服务器启动后，接下来就要更新银行服务，把配置服务器用作配置源。

9.2.2 将 Spring 配置服务器用作配置源

为了对接配置服务器，我们需要对银行服务进行修改。首先，运行 mvn quarkus:add-extension -Dextensions=quarkus-spring-cloud-config-client，将配置服务器添加为配置源。

配置服务器会存储第 3 章的银行服务所需的大部分配置属性。不过，在银行服务配置属性中，下面代码清单所列出的条目会在 Quarkus 编译期用到，因而需要放在本地。

代码清单 9.3 银行服务的 application.properties

将 Config Server 用作配置源

```
# Spring Cloud Config Server Client configuration

quarkus.application.name=bank-service
quarkus.spring-cloud-config.enabled=true
quarkus.spring-cloud-config.url=http:/ /localhost:18888
%prod.quarkus.spring-cloud-config.url=http:/ /spring-config-server:18888
```

Config Server 根据应用名称来定位配置内容。此处可映射到 Git 仓库中的 bank-service.properties

指定在本地开发期间使用的配置服务器 URL

指定在 Minikube 中运行时使用的配置服务器 URL

从 bank-service 目录运行 mvn quarkus:dev 来验证结果，然后用 curl localhost:8080/bank/secrets 查看其中的 API 端点。

输出应该类似于下面代码清单的内容。

代码清单 9.4 银行服务的 application.properties

```
{"password":"quarkus_banking","db.password":"quarkus_banking","db.username":"
    quarkus_banking","username":"quarkus_banking"}
```

9.2.3　将银行服务转换为使用 Spring Configuration API

要使用 Spring DI 和 Spring Boot Configuration API，我们需要使用命令添加 quarkus-spring-di 和 quarkus-spring-boot-properties 扩展程序，命令为 mvn quarkus:add-extension-Dextensions=quarkus-spring-di,quarkus-spring-boot-properties。

根据表 9.2，修改源代码 BankSupportConfig.java，以下面的方式使用 Spring 注解 @ConfigurationProperties。

代码清单 9.5　改为使用 Spring 的 @ConfigurationProperties

```
@ConfigurationProperties
public class BankSupportConfig {
    ...
}
```

把 MicroProfile 注解 @ConfigProperties 改为 Spring Boot 的 @ConfigurationProperties

修改 BankResource.java，将其中的 MicroProfile 注解 @ConfigProperty 替换为 Spring 注解 @Value，如下面的代码所示。

代码清单 9.6　在 BankResource.java 中，改为使用 Spring 注解 @Value

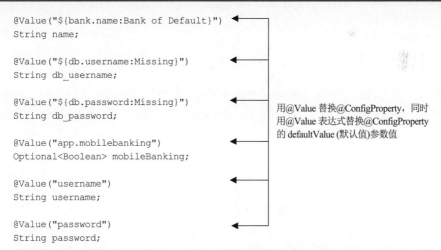

```
@Value("${bank.name:Bank of Default}")
String name;

@Value("${db.username:Missing}")
String db_username;

@Value("${db.password:Missing}")
String db_password;

@Value("app.mobilebanking")
Optional<Boolean> mobileBanking;

@Value("username")
String username;

@Value("password")
String password;
```

用 @Value 替换 @ConfigProperty，同时用 @Value 表达式替换 @ConfigProperty 的 defaultValue (默认值) 参数值

使用 curl localhost:8080/bank/secrets 验证 API 端点，结果输出应该与代码清单 9.4 类似。为防止与后续服务产生端口冲突，此处先停止银行服务。

从上面可看出，银行服务可以无缝转换为使用 Spring 配置和 Spring DI 注解，同时将配置服务器引入用作配置源。

读者练习

请将其余服务都改为使用 Spring DI API。本书的 Git 仓库包含修改后能正常运行的银行服务、账户服务和交易服务。

下一节，我们将账户服务改为使用 Spring Web API。

9.3 Quarkus 与 Spring Web API 的兼容性

本节中将账户服务中的 JAX-RS API 改为对应的 Spring Web 写法。类似于 Spring 配置和 Spring DI 注解的使用，JAX-RS 和 Spring Web API 十分相似，因此转换过程也很简单。Quarkus 所支持的 Spring Web 注解包括：

- @CookieValue
- @DeleteMapping
- @ExceptionHandler(Quarkus 仅支持在标记@RestControllerAdvice 注解的类型中使用)
- @MatrixVariable
- @RequestBody
- @RequestMapping
- @RequestParam
- @ResponseStatus
- @RestController
- @RestControllerAdvice(Quarkus 仅支持@ExceptionHandler 功能)
- @PatchMapping
- @PathVariable
- @PostMapping
- @PutMapping

在将代码改为 Spring Web API 形式之前，要先执行如下这些步骤：

- 添加 Spring Web 兼容性——在 account-service 目录，向账户服务添加 quarkus-spring-web 扩展程序，从而启用 Spring Web 注解。要运行的命令为：mvn quarkus:add-extension -Dextensions=quarkus-spring-web。
- 启动 PostgreSQL 数据库——账户服务要用到 PostgreSQL 数据库。如果数据库还没有启动，可在第 9 章的根目录运行 kubectl apply-f postgresql_kubernetes.yml 向 Minikube 部署 PostgreSQL 数据库。
- 代理数据库请求——为了将本机对数据库的调用转发到 Minikube 中的 PostgreSQL 实例，请运行 kubectl port-forward service/postgres 5432:5432。

下面的代码清单显示了将 AccountResource.java 转换为 Spring Web API 的效果。

代码清单 9.7 将账户服务转换为 Spring Web API

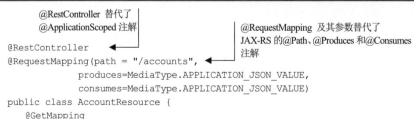

```
@RestController                              @RestController 替代了
                                             @ApplicationScoped 注解

                                             @RequestMapping 及其参数替代了
                                             JAX-RS 的@Path、@Produces 和@Consumes
@RestController                              注解
@RequestMapping(path = "/accounts",
            produces=MediaType.APPLICATION_JSON_VALUE,
            consumes=MediaType.APPLICATION_JSON_VALUE)
public class AccountResource {
    @GetMapping
```

```
public String hello() {
    return "hello";
}

@PostMapping("{accountNumber}/transaction")
@Transactional
public Map<String, List<String>>
    transact(@RequestHeader("Accept") String acceptHeader,
    @PathVariable("accountNumber") Long accountNumber,
    @RequestBody BigDecimal amount) {

    ...

    if (account == null) {
        throw new ResponseStatusException(HttpStatus.NOT_FOUND,
            "Account with " + accountNumber + " does not exist.");
    }

    if (entity.getAccountStatus().equals(AccountStatus.OVERDRAWN)) {
        throw new ResponseStatusException(HttpStatus.CONFLICT,
        "Account is overdrawn, no further withdrawals permitted");
    }

    ...

    List<String> list = new ArrayList<>();
    list.add((acceptHeader));
    Map<String,List<String>> map = new HashMap<String,List<String>>();
    map.put("Accept", list);
    ...
}

@GetMapping("/{accountNumber}/balance")
public BigDecimal getBalance(@PathVariable("accountNumber") Long
    accountNumber) {
    ...
    if (account == null) {
        throw new ResponseStatusException(HttpStatus.NOT_FOUND,
            "Account with " + accountNumber + " does not exist.");
    }
}
}
```

@PostMapping 替代了 JAX-RS 的 @PATH 与@POST 注解

@RequestHeader 替代了 @Context 中的 HTTP 请求头。目前还不支持直接通过 @RequestHeader 注入 MultiValueMap 对象。后续 Quarkus 版本会解决这一问题

@PathVariable 替代了 @PathParam

JAX-RS 没有与 @RequestBody 对等的注解。默认情况下，JAX-RS 尝试将 JSON 绑定为指定的数据类型

ResponseStatusException 替代了 WebApplication 类型的异常

@GetMapping 替代了 JAX-RS 的@GET

@PathVariable 替代了 JAX-RS 的@PathParam

在这段代码里，"手工"将一个记录创建为可以返回给调用方的 Spring MultiValueMap 对象。如果未来版本的 Quarkus 支持 MultiValueMap 注入，此代码就可删除(https://github.com/quarkusio/quarkus/issues/14051)

AccountResource.java 还定义了异常处理程序，它可以缓存应用异常，并返回 HTTP 500 状态码。这部分代码比上面展示的稍微复杂一点，因为两种注解不能一一映射，还需要引入几种数据类型，如 ResponseEntity。在下面的代码片段中，将 JAX-RS 的 ExceptionMapper 替换为 Spring Web 的@RestControllerAdvice 类：

代码清单 9.8　将 ExceptionMapper 转换为 @RestControllerAdvice

JAX-RS 接口 ExceptionMapper 已转换为 Spring Web 的
@RestControllerAdvice 注解，同时替换了 JAX-RS 的@Provider 注解

```
@RestControllerAdvice
public static class ErrorMapper {
    @ExceptionHandler(Exception.class)
    public ResponseEntity<Object> toResponse(Exception exception) {

        HttpStatus code = HttpStatus.INTERNAL_SERVER_ERROR;
        if (exception instanceof ResponseStatusException) {
            code = ((ResponseStatusException) exception).getStatus();
        }

用 Spring 的 HttpStatus 替代了整数状态码

        JsonObjectBuilder entityBuilder = Json.createObjectBuilder()
            .add("exceptionType", exception.getClass().getName())
            .add("code", code.value());

        if (exception.getMessage() != null) {
            entityBuilder.add("error", exception.getMessage());
        }

        return new ResponseEntity(entityBuilder.build(), code);
    }
}
```

JAX-RS 的 toResponse() 接口方法转换后，标记了
Spring Web 注解 @ExceptionHandler

用 Spring 的 ResponseEntity 替代了 JAX-RS 的 Resposne

代码清单 9.9　查找合法账户

```
curl -i localhost:8080/accounts/444666/balance
```

代码清单 9.10　账户余额

```
HTTP/1.1 200 OK
Content-Length: 7
Content-Type: application/json

3499.12
```

如下所示，测试使用 POST 请求的 API 端点，并验证 POST 请求也工作正常：

代码清单 9.11　向账户发送 POST 请求

```
curl -i \
    -H "Content-Type: application/json" \
    -X POST \
    -d "2.03" \
    localhost:8080/accounts/444666/transaction
```

代码清单 9.12　更新账户余额

```
HTTP/1.1 200 OK
Content-Length: 18
```

```
Content-Type: application/json
```

```
{"Accept":["*/*"]}
```

代码清单 9.13　获取更新后的余额

```
curl -i localhost:8080/accounts/444666/balance
```

代码清单 9.14　账户余额

```
HTTP/1.1 200 OK
Content-Length: 7
Content-Type: application/json
```

```
3501.15
```

读者练习

请将其余服务都改为使用 Spring Web API。本书的 Git 仓库包含修改后能正常运行的银行服务和交易服务。

完成面向 Spring DI 和 Spring Web 的转换后，下一节我们介绍将搭配 Panache 使用的 Hibernete ORM 改为 Spring Data JPA。

9.4　Quarkus 与 Spring Data JPA 的兼容性

关于 Quarkus 与 Spring 之间的 API 兼容性，我们要介绍的最后一个主要方向是用于数据持久化的 Spring Data JPA API。搭配 Panache 使用的 Hibernete ORM 仓储模式，是基于因 Spring Data JPA 而流行起来的仓储模式设计的。因此，两者的功能相近，API 也相似。Quarkus 支持下列 Spring Data JPA 仓储及其扩展子接口：

- Repository
- CrudRepository
- PagingAndSortingRepository
- JpaRepository

要使用 Spring Data JPA API，请用 mvnquarkus:add-extension -Dextensions=quarkus-spring-data-jpa 命令添加 quarkus-spring-data-jpa 扩展程序。

执行下面三个步骤，让当前的账户服务改为使用 Spring Data JPA API：

- 创建 AccountRepository 接口。
- 将搭配 Panache 使用的 Hibernete ORM 模式中的实例复原为 JPA 实例。
- 修改账户服务，让它使用 Spring 仓储 API。

首先，按照下面的方式，创建 AccountRepository 接口。

代码清单 9.15 创建 AccountRepository 接口

```
public interface AccountRepository extends JpaRepository<Account, Long> {
    public Account findByAccountNumber(Long accountNumber);
}
```

用 JpaRepository 替代了第4章介绍的 PanacheRepository。搭配 Panache 的 Hibernete ORM 是以类的形式实现的，而 JpaRepository 却是接口

为了遵循 JpaRepository 接口的方法命名模式，使用查询创建关键字修改了 findByAccountNumber 方法。可以从 Spring Data JPA 的文档(http://mng.bz/Zx85)了解查询创建关键字

接着，接照下面的代码清单，修改 Account 类，让它遵循 JPA 实例的规则。这正是我们在第4章 JPA 示例中定义的实体类。

代码清单 9.16 把 Account.java 复原为 JPA 实体

```
@Entity
public class Account {
    @Id
    @GeneratedValue
    private Long id;
    private Long accountNumber;
    private Long customerNumber;
    private String customerName;
    private BigDecimal balance;
    private AccountStatus accountStatus = AccountStatus.OPEN;

    @Override
    public int hashCode() {
        return Objects.hash(id, accountNumber, customerNumber);
    }

    public Long getId() {
        return id;
    }

    public void setId(Long id) {
        this.id = id;
    }

    public Long getAccountNumber() {
        return accountNumber;
    }

    public void setAccountNumber(Long accountNumber) {
        this.accountNumber = accountNumber;
    }

    public Long getCustomerNumber() {
        return customerNumber;
    }

    public void setCustomerNumber(Long customerNumber) {
        this.customerNumber = customerNumber;
```

创建 JPA 实体 ID 字段。它之前可由 Panache 模式的 Hibernete ORM 自动生成

将代码复原为经典的 JPA 实体时，将字段的访问修饰符改为私有，虽然并不是必要的

为字段创建访问方法

```
    }

    public String getCustomerName() {
        return customerName;
    }

    public void setCustomerName(String customerName) {
        this.customerName = customerName;
    }

    public BigDecimal getBalance() {
        return balance;
    }

    public void setBalance(BigDecimal balance) {
        this.balance = balance;
    }

    public AccountStatus getAccountStatus() {
        return accountStatus;
    }

    public void setAccountStatus(AccountStatus accountStatus) {
        this.accountStatus = accountStatus;
    }

    @Override
    public boolean equals(Object o) {
        if (this == o) return true;
        if (o == null || getClass() != o.getClass()) return false;
        Account account = (Account) o;
        return id.equals(account.id) &&
            accountNumber.equals(account.accountNumber) &&
            customerNumber.equals(account.customerNumber);
    }
}
```

为字段创建访问方法

虽然有开发者在 Quarkus 中成功使用过 Lombok，不过，还是会偶发一些小问题，而且 Quarkus 测试套件中并不包含 Lombok。由于这些原因，此处不介绍 Lombok。

最后，按照下面代码示例的方式更新账户服务，让它使用上面的仓储。最终代码与第 4 章的 panache-repository 示例类似。

代码清单 9.17　更新账户服务，使用 Spring Data JPA 仓储

```
@RestController
@RequestMapping(path = "/accounts",
            produces=MediaType.APPLICATION_JSON_VALUE,
            consumes=MediaType.APPLICATION_JSON_VALUE)
public class AccountResource {

    AccountRepository repository;
```

在第 4 章的示例中，账户服务当前使用的是活动记录的数据访问模式，也就是直接调用实体类的方法。现在我们需要修改账户服务，把数据访问改为 Spring Data JPA 仓储模式。使用 Spring Data JPA 访问实体时，需要用到仓储的实例

```
public AccountResource(AccountRepository repository) {
    this.repository = repository;
}

@GetMapping
public String hello() {
    return "hello";
}

@GetMapping("/{accountNumber}/balance")
public BigDecimal getBalance(
              @PathVariable("accountNumber") Long accountNumber) {
    Account account = repository.findByAccountNumber(accountNumber);
    ...
}

@PostMapping("{accountNumber}/transaction")
@Transactional
public Map<String, List<String>> transact(
        @RequestHeader("Accept") String acceptHeader,
        @PathVariable("accountNumber") Long accountNumber,
        @RequestBody BigDecimal amount) {
    Account entity = repository.findByAccountNumber(accountNumber);
    ...
    entity.setBalance(entity.getBalance().add(amount));
    repository.save(entity);
    ...
}
}
```

以构造函数注入的方式注入一个 AccountRepository 的实例

通过调用仓储上的 findByAccount Number() 方法，查找账户号

使用字段访问方法更新实体

持久化更新后的实体

运行下面的命令可以测试 JPA 仓储，与上一节的命令相同。

代码清单 9.18　查找合法账户

```
curl -i localhost:8080/accounts/444666/balance
```

代码清单 9.19　账户余额

```
HTTP/1.1 200 OK
Content-Length: 7
Content-Type: application/json

3499.12
```

代码清单 9.20　向账户发送 POST 请求

```
curl -i \
    -H "Content-Type: application/json" \
    -X POST \
    -d "2.03" \
    localhost:8080/accounts/444666/transaction
```

代码清单 9.21　更新账户余额

```
HTTP/1.1 200 OK
Content-Length: 18
Content-Type: application/json

{"Accept":["*/*"]}
```

代码清单 9.22　获取更新后的余额

```
curl -i localhost:8080/accounts/444666/balance
```

代码清单 9.23　余额已更新

```
HTTP/1.1 200 OK
Content-Length: 7
Content-Type: application/json

3501.15
```

到这里，我们就完成了将 Quarkus 和 MicroProfile API 转换为等价 Spring API 的过程，转换后，仍然完整地运行在 Quarkus 中。下一节中将详细介绍 Quarkus 是如何实现 Spring API 兼容能力的。

注意

Git 仓库中存储有本章的完整示例，其中银行服务、账户服务和交易服务中的大多数功能都用上了 Spring API。最主要的 API 差异在于 MicroProfile Fault Tolerance API 和 MicroProfile Rest Client，它们没有对应的 Spring 兼容性 API。不过，这二者可与 Spring 兼容性 API 协同并用。

9.5　部署到 Kubernetes

能在本地成功运行所有服务之后，我们可以用下面的步骤将它们部署到 Kubernetes 上：
- 使用 Minikube 中的 Docker 守护程序——运行 eval $(/usr/local/bin/minikube docker-env)命令以启用运行在 Minikube 中的 Docker 守护程序。在每个用于部署银行服务、账户服务和交易服务的终端窗口中，都需要运行。
- 为配置服务器创建容器镜像——从 spring-config-server 目录运行 mvn package 来创建全量 JAR 包，接着运行 docker build -t quarkus-mp/spring-config-server:0.0.1-SNAPSHOT 生成容器镜像。此时，会用到 Minikube 中的 Docker 镜像仓库。
- 部署配置服务器——从 spring-config-server 目录，运行 kubectl apply -f minikube.yaml。
- 部署银行服务——从 bank-service 目录，使用 mvn clean verify -Dquarkus.kubernetes.deploy=true 命令可将银行服务部署到 Kubernetes。

使用此命令验证服务效果：

从 Minikube 获取服务的 URL(后面对各服务分别重复这一步)

```
export BANK_SERVICE_URL=`minikube service bank-service --url`
curl $BANK_SERVICE_URL/bank/secrets
```

访问服务(后面对各服务
分别重复这一步)

- 部署账户服务——从 account-service 目录，使用 mvn clean verify -Dquarkus.kubernetes.deploy=true 命令可将账户服务部署到 Kubernetes。使用此命令验证服务效果：

```
export ACCOUNT_SERVICE_URL=`minikube service account-service --url`
curl -i $ACCOUNT_SERVICE_URL/accounts/444666/balance
```

- 部署交易服务——从 transaction-service 目录，使用 mvn clean verify -Dquarkus.kubernetes.deploy=true 命令可将交易服务部署到 Kubernetes。使用此命令验证服务效果：

```
export TRANSACTION_SERVICE_URL=`minikube service transaction-service --url`
curl -i $TRANSACTION_SERVICE_URL/transactions/444666/balance
```

9.6   Spring API 兼容性在 Quarkus 中的实现原理

由于 Quarkus API 与 Spring API 之间的相似性，因此在现有 Quarkus API 应用中使用 Spring API 是很直观的，反之亦然。这一节，我们介绍在使用 Spring 兼容性 API 时，有必要了解的一些细节。

Quarkus 以一种"Quarkus 原生"的风格实现 Spring API，从而让开发者在将 Spring API 与 Quarkus、MicroProfile API 结合使用时，能获得一致的开发体验。要达到这一目的，Quarkus 在实现 Spring 兼容性时，运用了下面这三种技术：

- 注解替换——Quarkus 在编译期，用现有的扩展程序已经支持的注解替换 Spring 注解。比如，在编译期间，Spring 的依赖注入相关注解，会被替换为 CDI 注解。
- 实现接口——Quarkus 提供对 Spring 接口的实现。比如，在支持 Spring Data JPA 时就使用了这一技术，Quarkus 利用与 Panache 搭配使用的 Hibernate 框架实现 Spring Data 相关的接口。
- 扩展程序的"Spring 感知"能力——让 Quarkus 所支持的扩展程序理解 Spring 注解，以及 Spring 的概念。比如，RESTEasy 和 Quarkus 缓存扩展程序中就添加了 Spring Web 和 Spring Cache API。

9.7   常见的 Quarkus/Spring 兼容性相关的问题

下面是一些常见的 Spring 兼容性 API 相关问题的解答：

- **Spring Starters 框架可在 Quarkus 中使用吗？** Spring 框架的.jar 文件(包括 Spring Starters 定义的文件)是不能与 Quarkus 兼容的。例如，这两种框架的启动方式差别就很大。下一节会更详细地介绍这两种应用的启动方式。

- **Quarkus 兼容哪些版本的 Spring？** 基本上可以认为 Quarkus 的 Spring API 兼容能力面向的是 Spring 5 和 Spring Boot 2，不关注特定的 Spring 小版本。随着 Spring API 的演进，Quarkus 也会更新并保持兼容能力。

- **Spring 兼容能力的额外性能开销有哪些？** 由于 Spring API 是以"Quarkus 原生"的风格实现的，因此在 Quarkus 中使用 Spring 兼容性相关的扩展程序不会产生额外的性能负担。实际上，正如我们在第 1 章讨论的，使用后可获得更快的启动速度，减少内存使用。

- **可以使用 server.port 之类的 Spring 的配置属性吗？** 不能。只能使用以 quarkus.* 开头的 Quarkus 配置属性。不过，"Quarkus：配置选项大全"向导(https://quarkus.io/guides/all-config)提供了一个 Quarkus 配置搜索工具，可用于查找 Spring 配置对应的 Quarkus 配置。

9.8　对比 Spring Boot 与 Quarkus 的启动过程

Quarkus 与 Spring Boot 对启动过程的优化方式有所不同。Spring Boot 优化是为了延迟绑定，它能根据当前启动所在的环境动态地判定绑定过程。图 9.1 展示了 Spring Boot 的启动过程：

- Spring Boot 几乎不干涉构建过程。
- 应用编译后，Java 类文件和静态内容被打包到一个.jar 文件中。
- Spring Boot 大部分的优化都在启动期(运行期)执行。.jar 文件是用 java -jar 命令启动的；Spring Boot 的.war 部署模式的启动过程也类似。
- 加载并解析应用配置。
- 扫描 classpath，搜索各种注解类。
- 创建元模型(metamodel)，也就是 Spring 应用上下文对象。
- 执行业务逻辑。

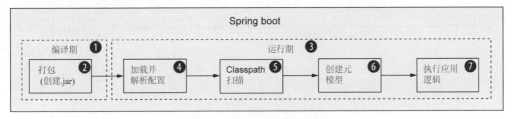

图 9.1　Spring Boot 启动过程

其中的运行期步骤，在每次 Spring Boot 应用时，都需要执行。

如图 9.2 所示，Quarkus 使用预先编译(AOT)优化技术,面向不可变的容器和 Kubernetes

基础设施而优化:

- Quarkus 将大部分优化工作提前到应用编译期间。
- 加载并解析配置。
- 扫描 classpath，搜索各种注解类。
- Quarkus 基于已解析的配置内容和已扫描到的注解创建元模型(metamodel)。元模型以预编译字节码的形式被存储到生成的.class 文件中。
- 将预编译的元模型、类文件和静态内容打包到.jar 文件中。Quarkus 扩展机制的设计者运用我们曾在第 3 章讨论过的编译期配置属性来启用或禁用相应的扩展功能，从而在一定程度上"消除不可达代码"，这样就能避免在常规启动下可能会执行到的无效代码了。
- Quarkus 几乎不干涉启动过程(运行期)。
- 预编译的元模型被加载，紧接着是执行应用的逻辑。
- Quarkus 中的 Spring API 兼容性经过 AOT 编译机制(编译期)的优化，通常启动速度会明显提高。由于避免了运行期间的配置分析、注解扫描的堆内存使用，因此Quarkus AOT 编译能显著降低运行期的内存消耗。

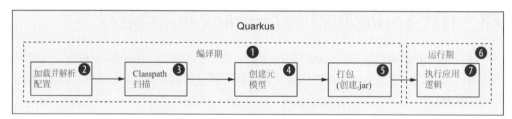

图 9.2　Quarkus 启动过程

9.9　本章小结

- Quarkus 面向流行的 Spring API 提供 Spring 兼容能力。
- Spring 开发者能快速学会 Quarkus。
- 在同一个应用甚至是同一个 Java 类中，Spring API 都可以与 Quarkus 和 MicroProfile API 并列使用。
- 由于支持了 Spring Cloud 配置服务器，因此 Quarkus 应用可更轻松地与 Spring Boot 应用一同运行在相同的基础环境中。
- Spring Starter 框架无法与 Quarkus 搭配使用，因为 Quarkus 主要依赖的是编译期注解扫描，而 Spring 主要依赖运行期注解扫描。请换用其他可用的 Quarkus 的 Spring 兼容性扩展程序(https://quarkus.io/guides/#compatibility)。

可观测性、API 定义和微服务安全

在第III部分，我们关注微服务开发之外的几个关键话题。本部分将讨论可观测性的核心要素、指标与跟踪，指导你运用 OpenAPI 为微服务设计 API 定义，并讲述微服务安全。

第 *10* 章

记录指标

本章内容
- 指标在微服务架构中的角色
- 指标的类型
- 创建自定义指标
- 指标的生成域
- 使用 Grafana 查看指标
- MicroProfile Metrics 和 Micrometer 指标

MicroProfile Metrics 规范可用于公开 CPU 使用率、内存使用率之类的运行时指标，也可用于公开应用自定义的性能和业务指标。通过将从应用公开的指标数据转发到 Grafana 这类视图系统，便可在看板中查看运行态微服务的实时视图。实时指标视图有助于提高业务效能，改善应用可用性。

本章中将使用 MicroProfile Metrics API 为第 7 章的账户服务与交易服务添加指标埋点，其中一节涉及 Quarkus MicroMeter 指标扩展程序。

下面一节中先解释指标的好处。

10.1 指标在微服务架构中的角色

可提供如下这些好处：
- 直接促进问题诊断——指标埋点(Instrumenting)运行时、内置指标体系的应用可向管理员和开发者提供微服务故障方面的线索，因而可能提前避免故障。比如，如果微服务持续接近所分配内存或 CPU 资源的上限，管理员就能从中关注 Kubernetes 集群的资源分配情况。
- 遥测监控并触发告警——遥测生成一种由实时数据构成的持续流，从而成为制定决策的基础依据。作为类比，现代化汽车持续基于它们所处的环境来监控汽车的状态。车道偏离辅助器可触动方向盘，提醒驾驶员保持在正确的车道行驶。类似地，Prometheus 告警系统可以对指标数据的实时上报流系统进行监控，在数据达到预先定义的条件和阈值时作出响应。告警的处置措施非常简单，可以是向某个有人及时查阅的 Slack 频道(译者注：Slack 是一种可编程的聊天软件，其中的频道类似于群聊会话)发送告警消息，也可以通过在 Kubernetes 集群中添加新实例的方式扩展服务。

- 监控服务的服务水平协议(SLA)合规性——服务的运行情况通常需要符合由业务人员、开发者和管理员之间达成的 SLA。SLA 常将每秒请求数、服务的平均响应时间之类的指标作为基础要求。

10.2 了解 MicroProfile Metrics 规范

本节利用 Quarkus 扩展程序在账户服务和交易服务中启用指标功能，以便读者为本章后续内容建立必要的认识。

这些服务会用到 PostgreSQL 数据库，所以请打开新的终端窗口，然后从 chapter10 目录运行下面的命令即可在 Minikube 中启动数据库：

代码清单 10.1 启动 PostgreSQL

```
kubectl apply -f postgresql_kubernetes.yml

# Wait for the pod to start running (CTRL-C to exit)
kubectl get pods -w

# Forward requests from localhost to PostgreSQL running in minikube
kubectl port-forward service/postgres 5432:5432
```

数据库启动后，向两个服务分别添加 quarkus-smallrye-metrics 扩展程序，并按下面的代码清单所示，在新的终端窗口启动服务。这个扩展程序实现了 MicroProfile Metrics 规范。

代码清单 10.2 添加 quarkus-smallrye-metrics 扩展程序并启动服务

```
cd account-service
mvn quarkus:add-extension -Dextensions="io.quarkus:quarkus-smallrye-metrics"
mvn quarkus:dev

# In another terminal window
cd ../transaction-service
mvn quarkus:add-extension -Dextensions="io.quarkus:quarkus-smallrye-metrics"
mvn quarkus:dev -Ddebug=5006
```

如代码清单 10.2 所示，在新的终端窗口中重复输入命令时，将其中的 account-service 替换为 transaction-service，并指定一个新的调试窗口，避免与账户服务使用的默认端口产生冲突。

MicroProfile Metrics 要求运行时将指标公开为/metrics API 端点。Quarkus 将请求重定向到/q/metrics 从而间接实现了它，如下面的代码示例所示。

代码清单 10.3　请求账户服务的/metrics API 端点

```
curl -i localhost:8080/metrics
```

代码清单 10.4　指标重定向相关的输出

```
HTTP/1.1 301 Moved Permanently
location: /q/metrics
content-length: 0
```

在 Quarkus 中，所有应用之外的 HTTP(s) API 端点都位于/q/子路径下，并支持类似的重定向。接下来，我们直接向 API 端点/q/metrics 发送 HTTP 请求，请查看下面的代码清单，以及后文的详细解释。

代码清单 10.5　从账户服务的/q/metrics API 端点请求指标数据

```
curl -i localhost:8080/q/metrics
```

代码清单 10.6　指标请求的结果(稍后会详细解释)

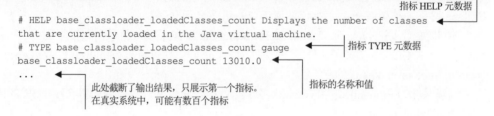

```
                                                              指标 HELP 元数据
# HELP base_classloader_loadedClasses_count Displays the number of classes
that are currently loaded in the Java virtual machine.
                                           指标 TYPE 元数据
# TYPE base_classloader_loadedClasses_count gauge
base_classloader_loadedClasses_count 13010.0
...
        此处截断了输出结果，只展示第一个指标。      指标的名称和值
        在真实系统中，可能有数百个指标
```

不同版本的 Quarkus 所产生的输出结果的顺序可能会变化。如果不太容易找到上面的指标，可以运行 curl -i localhost:8080/q/metrics|grep base_classloader_ loadedClasses_count。

上面的命令及其结果看起来并不复杂，表面看来确实是这样的。不过，稍后将详细介绍它们的上下文与功能。在深入讨论之前，我们先安装 Prometheus 与 Grafana，以便以图形化的方式展示指标的输出结果，从而可以更轻松地查看和对比指标的变化。

10.2.1　利用 Prometheus 和 Grafana 绘制指标图线

Grafana 以 Prometheus 作为时序指标数据源，可以为账户服务和交易服务的指标绘制图线，指标相关的处理流程如图 10.1 所示。

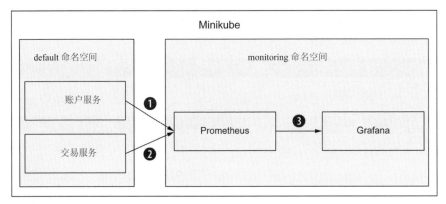

❶ Prometheus 从账户服务处收集指标数据，并存储到它的时序数据库
❷ Prometheus 从交易服务处收集指标数据
❸ Grafana 从 Prometheus 拉取账户服务和交易服务的指标数据，并绘制图形

图10.1　第 10 章指标可视化的架构

注意

这个指标架构基于数据的主动采集，也就是一种拉取模式。安装后，Prometheus 每 3 秒从服务的指标 API 端点采集一次；Grafana 则每 15 秒从 Prometheus 获取一次。Grafana 图每 5 秒刷新一次。指标数据不会在服务之间传递。

本书源代码的 /chapter10/manifests-prometheus-grafana 目录中包含用于安装 Prometheus 和 Grafana 的资源文件。这些文件源自 GitHub 仓库 https://github.com/prometheus-operator/kube-prometheus 的 0.7 版本。

为确保能为 Prometheus 和 Grafana 各个组件提供充足的内存，我们以至少 4GB 的内存启动 Minikube，命令如下：

```
minikube start --memory=4g
```

启动完成后，切换到源代码的顶级目录/chapter10，用其中的资源文件安装 Prometheus、Grafana，以及与 ServiceMonitor 相关的自定义资源声明(Custom Resource Definitions, CRD；它们可用于定义服务的监控方式)。命令如下：

代码清单 10.7　安装 Prometheus、Grafana 和 ServiceMonitor CRD

Prometheus 运维器会使用 ServiceMonitor CRD 来判断需要监控哪些服务。下面的代码清单详细解释了 ServiceMonitor CRD 的使用。

代码清单 10.8 交易服务的 ServiceMonitor CRD

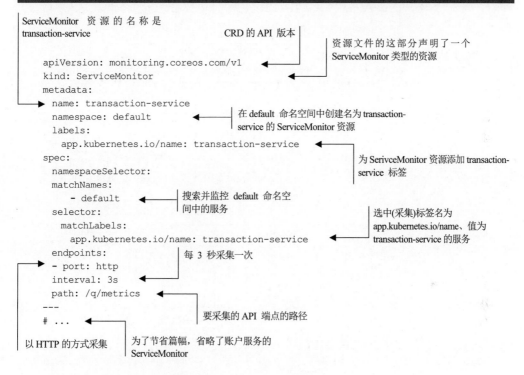

图 10.2 大致解释了监控运行的过程，整体流程如下。

(1) 代码清单 10.7 的安装期间，Prometheus 运维器指示 Prometheus 监视 ServiceMonitor 声明。一旦发现声明，就对应地创建一个 Prometheus 配置。

(2) 安装期间，Grafana 预先配置为从 Prometheus 获取指标数据。

(3) 代码清单 10.8 所示的 servicemonitor.yaml 定义了交易服务对应的 ServiceMonitor 资源。这一定义要求指标的消费方(在这里是 Prometheus)搜索标签为 app.kubernetes.io/ name，值为 transaction-service 的 Pod。

(4) servicemonitor.yaml 是由代码清单 10.7 导入生效的。导入后，ServiceMonitor CRD(定义)会被添加到 Kubernetes 的 etcd 数据库。

(5) 根据 ServiceMonitor 的定义，Prometheus 会等待标签为 app.kubernetes.io/name，值为 transaction-service 的 Pod 出现。

(6) 交易服务的 application.properties 定义了服务在 Kubernetes 上的名称是 transaction-service。

(7) minikube.yml 会在 Maven 打包阶段(比如通过执行 mvn package)生成。标签 app.kubernetes.io/name 的值是由配置属性 quarkus.kubernetes.name 定义的。

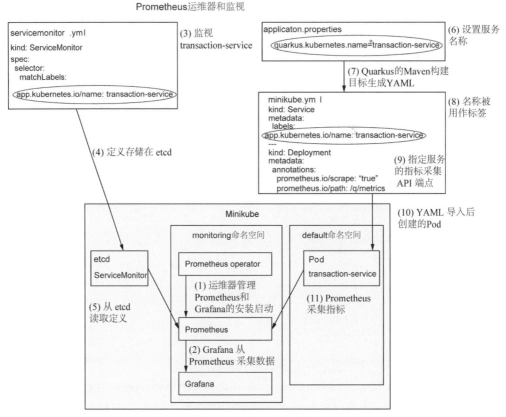

图 10.2 监控的工作流程

(8) 交易服务相关的 Kubernetes 资源，比如 Service、Deployment 和 Pod，在导入后，都会打上标签 app.kubernetes.io/name: transaction-service。

(9) Deployment 上的注解 prometheus.io/scrape="true" 和 prometheus.io/path:/q/metrics 告诉 Prometheus 要启用对服务的采集(true 值)，并指定了采集路径(/q/metrics)。

(10) 交易服务部署后 (比如通过执行 mvn clean package -Dskip-Tests -Dquarkus.kubernetes.deploy=true)，会创建各个 Kubernetes 对象，并创建 transaction-service 相关的 Pod。

(11) Prometheus 根据 ServiceMonitor 中的定义，识别到新产生的 Pod，开始从容器上采集指标数据。

注意

把 Pod "关联"到 ServiceMonitor 的关键在于 Pod 上的标签。图中用圆圈示意了这些关联关系。第(3)步的 ServiceMonitor 尝试用标签 app.kubernetes.io/name=transaction-service 来匹配 Pod; 第(6)步在 application.properties 中用 quarkus.kubernetes.name 把服务的名称指定为 transaction-service; 第(8)步的交易服务构建过程中,Quarkus 在圈出的位置生成了包含 app.kubernetes.io/name=transaction-service 键-值对的 YAML,然后被 ServiceMonitor 匹配到。另外,为了简化图示,我们只展示了交易服务的情况。对于所有使用 ServiceMonitor 的服务来说,比如账户服务,这一流程都是适用的。最后,与监控相关的进程在命名空间 monitoring 中运行。通过运行 kubectl get pods -n monitoring 可以看到运行中的与监控相关的 Pod。

如果要查看 Minikube 中的 Grafana,需要把桌面机器的 3000 端口转发到集群上,命令如下:

```
kubectl port-forward \
    -n monitoring \
    service/grafana 3000:3000
```

把本机调用 Grafana 的请求转发到 Minikube

Grafana 运行于 monitoring 命名空间

把桌面机器的 3000 端口转发到运行在 Minikube 上的 Grafana 服务的 3000 端口

在浏览器中打开 http://localhost:30000,以用户名 admin 和密码 admin 登录。图 10.3 所示为 Grafana 首页。首次打开页面时,它会询问登录身份:用户名和密码都是 admin;在打开首页之前,它还会要求设置新密码。

接着,按照图 10.4 的方式,导入预先配置好的 Grafana 看板。以代码清单 10.9 的方式,向 Minikbe 部署账户服务和交易服务。

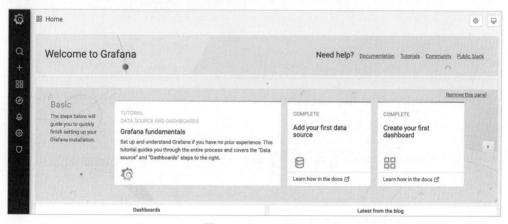

图 10.3　Grafana 主页

(1) 单击 + 按钮，添加看板
(2) 导入现有的看板

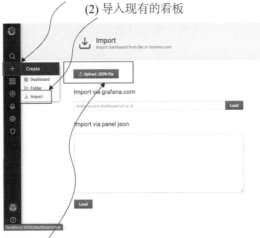

(3) 上传位于 chapter10/metrics 目录的
Banking_Microservices_Dashboard.json文件
(4) 单击 Import 按钮(图中未展示)

图 10.4 为银行业务各微服务导入监控看板

代码清单 10.9 向 Minikube 部署服务

使用 Minikube 中的 Docker 引擎

```
# In the account-service and transaction-service directories, run:
cd account-service
eval $(/usr/local/bin/minikube docker-env)

mvn clean package -DskipTests -Dquarkus.kubernetes.deploy=true
                                        将服务部署到 Kubernetes
cd ../transaction-service
mvn clean package -DskipTests -Dquarkus.kubernetes.deploy=true
```

打开看板页，注意其中的 Used Heap(堆使用量)图，如图 10.5 所示，它展示的是各个服务所使用的 JVM 堆的使用情况，每 15~30 秒更新一次。

注意

只有 JVM 堆使用量图会自动更新。其他面板则按我们在本章后续内容中对服务指标的要求来更新。

现在我们完成了对银行业务相关微服务的部署，建立了相关的图表，该深入探讨一下 MicroProfile Metrics 规范了。

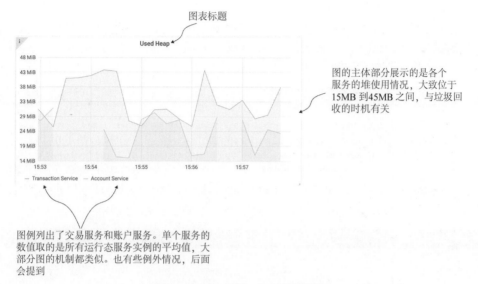

图表标题

图的主体部分展示的是各个
服务的堆使用情况，大致位于
15MB 到45MB 之间，与垃圾回
收的时机有关

图例列出了交易服务和账户服务。单个服务的
数值取的是所有运行态服务实例的平均值，大
部分图的机制都类似。也有些例外情况，后面
会提到

图 10.5　Grafana 上的 JVM 堆使用量图

10.2.2　MicroProfile Metrics 规范

从 JDK 5 开始，Java 平台就内置了 Java 管理扩展机制(Java Management Extensions，
JMX)，但 JMX 并不能满足现代企业级 Java 应用的指标需求。比如，JMX API 比较复杂，
它形成于 Java 平台引入注解之前。此外，JMX 没有公开指标的元数据，它公开的指标
也不是现代化云原生友好的格式。为解决这些问题，MicroProfile 社区建立了 MicroProfile
Metrics 规范。

1. MicroProfile Metrics 输出格式

MicroProfile Metrics 要求实现方支持两种输出格式。第一种是 OpenMetrics
(https://openmetrics.io)格式，它是由云原生计算基金会(Cloud Native Computing Foundation，
CNCF)定义的一种标准文本格式。当 HTTP 请求头 accept 值为 text/plain 时，
OpenMetrics 是 MicroProfile Metrics 的默认输出格式。从代码清单 10.6 可以看出，它包含
有用的元数据，如 HELP 和 TYPE，与指标相关的其他工具可能要用到这些信息。下面
的代码清单进一步解释了代码清单 10.6。

代码清单 10.10　详细解释 OpenMetrics 格式

OpenMetrics 元数据由井号(#)开头。第一个字段，即元数据关键词 HELP，表示该行
提供可由其他工具使用的帮助文本。HELP 元数据的第二个字段是指标名称
base_classloader_loadedClasses_count。该行其他内容描述了指标的用途

```
# HELP base_classloader_loadedClasses_count Displays the number of classes
that are currently loaded in the Java virtual machine.
# TYPE base_classloader_loadedClasses_count gauge
base_classloader_loadedClasses_count 13010.0
```

TYPE 元数据。第二个字段是指标名称 base_classloader_loadedClasses_count。
第三个字段是指标类型——这里是 gauge (仪表)。稍后将介绍指标类型

指标名称和值。截至这一数值生成的时刻，
Quarkus 已在内存中加载 13010 个类

　　指标的输出结果是用于机器读取的，但即使是开发者，也很容易理解这一格式。在应用调试时，通过访问 API 端点/q/metrics 查看指标数据也会很有用。比如，运行下面的 curl 命令，即可查看代码清单 10.10 展示的指标。

代码清单 10.11　直接通过指标名称获取指标数据

```
curl -i localhost:8080/q/metrics/base/classloader.loadedClasses.count
```
> 注意，这个 curl 命令用的是内部指标名，OpenMetrics 会把符号点(.)替换为下画线，而 MicroProfile Metrics 会加上 base 作为前缀。所以，这个指标名称对应的 OpenMetrics 格式就是 base_classloader_loadedClasses_count。我们会在下一节解释 MiroProfile Metrics 命名规则

　　MicroProfile 还支持以 JSON 格式输出指标。如下面的代码清单所示，通过在 HTTP 请求头上指定 application/json，就可以获取 JSON 格式的指标输出。

代码清单 10.12　请求 JSON 格式输出的指标

```
curl -i \
    -H "Accept:application/json" \
    localhost:8080/q/metrics
```

　　下面是示例的输出，为节省篇幅，省略号处略去了其中一部分。

代码清单 10.13　JSON 格式输出的指标

输出内容是 JSON 格式　　　　输出内容包含 base、vendor 以及 application 的 JSON 子对象。下一节将介绍这些子对象

以 JSON 键-值对表示的指标数据。在这个例子里，账户服务创建了 60 个线程

```
{
  "base": {
    "cpu.systemLoadAverage": 2.1865234375,
    "thread.count": 60,
    "classloader.loadedClasses.count": 9667,
    ...
  },
  "vendor": {
    ...
  }
  "application": {
    ...
  }
}
```

输出内容包含 base、vendor 以及 application 的 JSON 子对象。下一节将介绍这些子对象

　　注意，JSON 格式指标没有包含 OpenMetrics 格式的 TYPE、HELP 元数据，它关注的是可由机器高效读取的 JSON 内容。本章主要关注 OpenMetrics 格式，因为它是一种很容易由本章后面的 Prometheus 消费的标准格式。

　　本节中使用了 MicroProfile Metrics 注解式命名规则。接下来的这一节将详细介绍这个命名规则。

2. MicroProfile Metrics 注解式命名规则

　　MicroProfile Metrics 定义了一种命名规则。表 10.1 详细解释了代码清单 10.14 所展示的命名规则。

代码清单 10.14 MicroProfile Metrics 注解式指标命名规则

```
<scope>.<class>.<method>.<name>1
```

表 10.1 MicroProfile Metrics 命名规则详情

字段	说明
scope	必须为 base、vendor 或 application。下一节将介绍生成域
class	注解所在的包名和类名
method	注解所在的方法
name	指标的名称，如 classloader.loadedClasses.count

接下来几节中将讨论标签、生成域，以及可以影响指标名称的"固定名称"等主题。

3. MicroProfile Metrics 生成域

MicroProfile 指标按照生成域(scope)可归类为三种，表 10.2 概要地作了列举。

表 10.2 指标的生成域

生成域	说明
base(基础)指标	所有 MicroProfile Metrics 规范的实现方都应该提供的指标。比如，base_thread_count 指标提供的是当前运行的应用进程的活跃线程数。基础指标是可以跨不同实现方可移植的
vendor(第三方)指标	由特定运行时提供的指标。第三方指标不需要跨实现方可移植。比如，vendor_cpu_processCpuTime_seconds 指标只在 Quarkus 里提供，表示应用进程使用的 CPU 时间。所有 Quarkus 扩展程序都会公开一些该扩展程序相关的指标。随着用到的扩展程序越来越多，可用的指标也越来越多
application(应用)指标	由应用或代表应用定义的指标

通过在指标 URL 上添加生成域名称，可以查询生成域下的指标数据。比如，下面的代码示例只请求 base 类的指标。

代码清单 10.15 请求基础指标

```
curl -i localhost:8080/q/metrics/base
```

下面展示了查询结果中的几行。所有 MicroProfile Metrics 实现方必须实现的基础指标列表都是一致的，虽然指标值会有所差异。

代码清单 10.16 请求基础指标获得的输出

```
# HELP base_REST_request_total The number of invocations and total response
➥ time of this RESTful resource method since the start of the server.
# TYPE base_REST_request_total counter
base_REST_request_total{class="quarkus.accounts.AccountResource",
➥ method="transact_javax.ws.rs.core.HttpHeaders_java.lang.Long_java.
```

```
➥ math.BigDecimal"} 24.0
# TYPE base_REST_request_elapsedTime_seconds gauge
base_REST_request_elapsedTime_seconds{class="quarkus.accounts.
➥ AccountResource",method="transact_javax.ws.rs.core.HttpHeaders_
➥ java.lang.Long_java.math.BigDecimal"} 0.767486469
# HELP base_classloader_loadedClasses_count Displays the number of classes
➥ that are currently loaded in the Java virtual machine.
# TYPE base_classloader_loadedClasses_count gauge
base_classloader_loadedClasses_count 13925.0
```

注意

如果不指定生成域，就会返回进程内的所有指标。在 OpenMetrics 格式中，指标名称会以生成域作为前缀。在本例中，所有基础指标都以 base_为前缀。

4. MicroProfile Metrics 支持的指标类型

OpenMetrics 和 JSON 格式的指标输出内容都包含指标的类型，比如仪表。MicroProfile Metrics 对表 10.3 所列的常用指标类型提供了支持。

表 10.3 指标类型(按照规范的定义)

指标	注解	说明
计数器	@Counter	单向增长的数值
并行仪表	@ConcurrentGauge	渐进式增减的值
仪表	@Gauge	对指标做采样，以便获取当前值
速率	@Metered	跟踪平均吞吐量，以及 1、5、15 分钟内指数加权的动态平均吞吐量
指标	@Metric	并非一种指标类型，是一种在要求注入或产生指标时，用于提供元数据信息的注解
直方图	N/A	计算值的分布情况
计时器	@Timed	通过汇总耗时数据，提供耗时和吞吐量统计

表 10.4 列举了各种指标注解所支持的一系列参数。

表 10.4 MicroProfile Metrics 规范定义的注解字段说明

指标字段	说明
name	可选的。设置指标的名称，比如 concurrentBlockingCalls。如果不显式指定，就使用标记注解的对象的名称，例如，如果在 newTransaction 方法上标记注解，指标名就是 newTransaction
absolute	如果设为 true，以给定的名称作为指标的固定名称，比如 new_Transaction_current。设为 false，则会在给定的名称前附加包名和类名，比如 io_quarkus_transactions_TransactionResource_newTransaction_current。默认值是 false。由于指标的名称可能变得很长，所以如果同一应用的对象之间没有指标名称冲突的风险，把 absolute 设为 true 会更具有可读性。基础指标的名称是固定的，Quarkus 提供的第三方指标的名称也是固定的。默认情况下，应用指标没有启用固定名称

(续表)

指标字段	说明
displayName	可选的。供人阅读的显示名称元数据。对于需要用到的第三方工具来说，会是一种有用的元数据
description	可选的。关于指标的说明。对于需要用到的第三方工具来说，会是一种有用的元数据
unit	指标的单位，比如 GB、纳秒和百分比等。从 MetricUnits 类可以找到一系列预定义的单位
tags	标签，一组键-值对。我们会在后面详细介绍标签

现在我们已经掌握了指标的用法，下一步是要为账户服务添加一些埋点，从而生成有用的指标数据。

10.2.3　为账户服务添加埋点

统计 ExceptionMapper 的调用次数会是一个很实用的开始。这一计数既可能帮我们增强 Web UI，也有助于完善 API。按下面的代码片段所示，我们用一个 Counter(计数器)类型的指标统计 ExceptionMapper 的调用情况。

代码清单 10.17　AccountResource.java(统计 ExceptionMapper 的调用情况)

注入指标对象。如果这个指标还不存在，
就会被创建

```
    @Provider
    public static class ErrorMapper implements ExceptionMapper<Exception> {
        @Metric(
            name = "ErrorMapperCounter",
            description = "Number of times the AccountResource ErrorMapper is invoked"
        )
        Counter errorMapperCounter;

        @Override
        public Response toResponse(Exception exception) {
            errorMapperCounter.inc();
            ...
        }
    }
```

指定指标描述信息

注入的指标为计数器
类型

使计数器递增

指定指标名

只要在调用 API 端点时使用非法的参数值，就可以增长计数器的读数。在接下来的两个代码清单中，指定非法的账户号时就会调用 ErrorMapper，然后查看它的输出结果。

代码清单 10.18　增长 ErrorMapper 计数器的读数

```
    curl -i localhost:8080/accounts/234/balance
```

代码清单 10.19　ErrorMapper 输出结果

```
    HTTP/1.1 404 Not Found
```

```
Content-Length: 109
Content-Type: application/json

{"exceptionType":"javax.ws.rs.WebApplicationException",
 "code":404,
 "error":"Account with 234 does not exist."
}
```

运行下面的代码，可以验证计数器的值确已增长，同时可以验证计数器的元数据。

代码清单 10.20　验证 ErrorMapper 计数器的输出

```
curl localhost:8080/q/metrics | grep ErrorMapper
```
只获取 ErrorMapper 指标的输出。grep 通常要比我们在代码清单 10.11 中那样直接访问指定的指标更容易记忆。
如果要直接访问指标，可使用命令 curl localhost:8080/q/metrics/application/quarkus.accounts.AccountResource$Error
Mapper.ErrorMapperCounter

代码清单 10.21　ErrorMapper 计数器的输出

MicroProfile 指标的描述信息会映射为 OpenMetrics 的 HELP 元数据

```
# HELP application_quarkus_accounts_AccountResource_ErrorMapper_ErrorMapper_
  total Number of times the AccountResource ErrorMapper is invoked
# TYPE application_quarkus_accounts_AccountResource_
  ErrorMapper_ErrorMapper_total counter
application_quarkus_accounts_AccountResource_ErrorMapper_
  ErrorMapper_total 1.0
```

MicroProfile 指标的类型会映射为
OpenMetrics 的 TYPE 元数据

指标名称和值，以@Metric 注解创建的指标的名称遵
循"MicroProfile Metrics 注解命名规范"，要以生成域、
包名和类名作为指标名称的前缀

ErrorMapperCounter 是唯一的账户服务自定义指标。在下一节中，我们将对事务服务
进行大量测试。

10.2.4　为交易服务添加埋点

MicroProfile Metrics 将指标及对应的元数据(如 ErrorMapperCounter)存储在
MetricRegistry 中。每个生成域都有一个对应的指标表：基础指标表、第三方指标表和应
用指标表。由开发者创建的自定义指标会存储到应用指标表中。在指标表 MetricRegistry
中，用于区分指标的是由指标名称和一系列可选的标签构成的唯一标识 MetricID。

指标标签是一种键-值对，它们是指标之间的共同点，可以为指标增加维度。带有标
签的指标除了可以按整体查询(汇总)，还可以按标签查询。比如，考虑
TransactionServiceFallbackHandler.java，它将 Java 异常映射为 HTTP 响应码。我们既希望
关注降级调用的整体数量(以汇总的方式)，还希望关注每种异常类型所产生的降级调用。

在代码清单 10.22 中，我们修改了 TransactionServiceFallbackHandler.java，调用 fallback
指标，以及指标表 MetricRegistry，按照 HTTP 状态码记录降级调用。

代码清单 10.22　TransactionServiceFallbackHandler.java：按异常记录降级调用

将 MetricRegistry 注入 metricRegistry 变量

```
public class TransactionServiceFallbackHandler implements          指定要注入的 RegistryType
    FallbackHandler<Response> {

  @Inject
  @RegistryType(type = MetricRegistry.Type.APPLICATION)  ◄
  MetricRegistry metricRegistry;

  @Override
  public Response handle(ExecutionContext context) {
      Logger LOG =
    Logger.getLogger(TransactionServiceFallbackHandler.class);

    Response response;
    String name;

    if (context.getFailure().getCause() == null) {
       name = context.getFailure().getClass().getSimpleName();
    } else {
       name = context.getFailure().getCause().getClass().getSimpleName();
    }

    switch (name) {
        case "BulkheadException":
            response = Response.status(Response.Status.TOO_MANY_REQUESTS)
                    .build();
            break;

        case "TimeoutException":
            response = Response.status(Response.Status.GATEWAY_TIMEOUT)
            .build();
            break;

        case "CircuitBreakerOpenException":
        case "ConnectTimeoutException":
        case "SocketException":
            response = Response.status(Response.Status.SERVICE_UNAVAILABLE)
            .build();
            break;

        case "ResteasyWebApplicationException":
        case "WebApplicationException":
        case "HttpHostConnectException":
            response = Response.status(Response.Status.BAD_GATEWAY)
            .build();
            break;

        default:
            response =
            Response.status(Response.Status.NOT_IMPLEMENTED).build();
    }
```

标签值是 HTTP 响应状态码

使用名为 fallback 的计数器指标记录降级调用的
次数。如果计数器还不存在，就会被创建

```
metricRegistry.counter("fallback",
    new Tag("http_status_code",
        "" + response.getStatus()))
    .inc();
```

用标签创建指标，标签是一种键-值对。
在这里，标签名为 http_status_code

增加计数
器的读数

```
LOG.info("******** " + context.getMethod().getName() + ": " + name + "
********");

return response;
}
}
```

运行下面的命令，可以测试 fallback 计数器。

代码清单 10.23　运行脚本 overload_bulkhead.sh

```
metrics/scripts/overload_bulkhead.sh
```

向本地以 mvn quarkus:dev -Ddebug=5006 启动的交易服
务增加负载，从而产生 BulkheadException

脚本执行完毕后，运行下面的命令查看指标结果。

代码清单 10.24　获取 fallback_total 指标

使用在 8088 端口侦听的本地交易服务

```
export TRANSACTION_URL=http://localhost:8088
curl -i -s $TRANSACTION_URL/q/metrics/application | grep -i fallback_total
```

请求指标 API 端点，获取应用指标信息，
并筛选出结果中的 fallback_output

代码清单 10.25　fallback_total 指标的结果输出

```
# TYPE application_fallback_total counter
application_fallback_total{http_status_code="429"} 290.0
```

BulkheadException 由 TransactionFallbackHandler.java 映射为 HTTP 状态码
429(TOO_MANY_REQUESTS，请求过多)。上面出现了 290 次 BulkheadException
(在多次运行 overload_bulkhead.sh 之后)

现在请用命令 mvn clean package -DskipTests -Dquarkus.kubernetes.deploy=true 重新向
Minikube 部署交易服务。

在 Quarkus 2.x 中，使用 mvn package -Dquarkus.kubernetes.deploy=true 重新部署已
存在于 Kubernetes 中的应用会报错。请根据 https://github.com/quarkusio/quarkus/
issues/19701 中的最新信息来查找解决方法。也可运行 kubectl delete -f/target/kubernetes/
minikube.yaml 先删除应用，从而绕过这个问题。

接下来的步骤是要产生一些调用失败，然后从 Grafana 看板查看结果。首先，要引发
一些 BulkheadExceptions 异常，产生 TOO_MANY_REQUESTS 的 HTTP 状态码。其次，
向交易服务发送请求，在此期间，把账户服务先缩容为零，再扩容回一个实例。以这种

形式对账户服务作扩缩容会触发熔断器，从而产生 CircuitBreakerOpenException 和 WebApplicationException。这些异常对应地会引发 SERVICE_UNAVAILABLE 状态(HTTP 状态码 503)和 BAD_GATEWAY 状态(HTTP 状态码 502)。如代码清单 10.26 和代码清单 10.27 所示，用脚本文件 force_multiple_fallbacks.sh 就可以帮我们实现这些步骤，它能面向 Minikube 中运行的交易服务执行整个过程。这个脚本文件的内容包含丰富的注释。

代码清单 10.26　运行 force_multiple_fallbacks.sh

```
export TRANSACTION_URL=`minikube service --url transaction-service`
metrics/scripts/force_multiple_fallbacks.sh
```

代码清单 10.27　force_multiple_fallbacks.sh 脚本运行结果节选

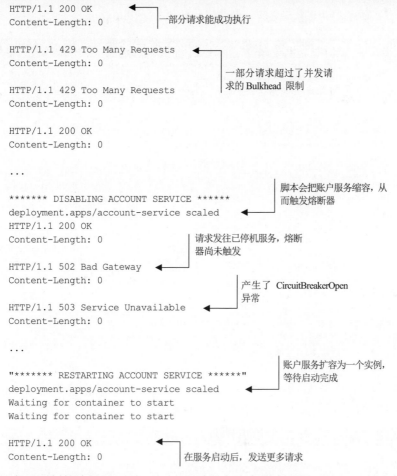

```
HTTP/1.1 200 OK
Content-Length: 0                        ◀── 一部分请求能成功执行

HTTP/1.1 429 Too Many Requests  ◀──
Content-Length: 0
                                             一部分请求超过了并发请
                                             求的 Bulkhead 限制
HTTP/1.1 429 Too Many Requests  ◀──
Content-Length: 0

HTTP/1.1 200 OK
Content-Length: 0

...
                                             脚本会把账户服务缩容，从
                                             而触发熔断器
******* DISABLING ACCOUNT SERVICE ******
deployment.apps/account-service scaled   ◀──
HTTP/1.1 200 OK
Content-Length: 0                        ◀── 请求发往已停机服务，熔断
                                             器尚未触发
HTTP/1.1 502 Bad Gateway        ◀──
Content-Length: 0
                                             产生了 CircuitBreakerOpen
                                             异常
HTTP/1.1 503 Service Unavailable  ◀──
Content-Length: 0

...
                                             账户服务扩容为一个实例，
                                             等待启动完成
"******* RESTARTING ACCOUNT SERVICE ******"
deployment.apps/account-service scaled   ◀──
Waiting for container to start
Waiting for container to start

HTTP/1.1 200 OK                 ◀──
Content-Length: 0                   在服务启动后，发送更多请求
```

有了强制的降级处理后，Grafana 看板应该会同步更新。图 10.6 所示为各种类型的降级调用。

　　为演示更多指标，我们按照代码清单 10.28 所示的方式，在 TransactionServiceFallbackHandle.handle()方法上添加@Timed 注解。这个指标会跟踪降级处理过程所花费的时间，以及降级处理过程的调用比例。

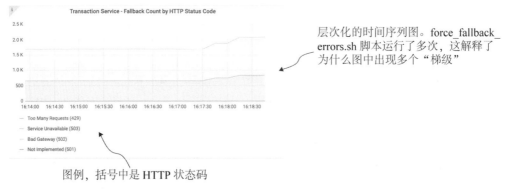

图 10.6　交易服务中降级调用的次数，按 HTTP 状态码统计

代码清单 10.28　对降级处理计时

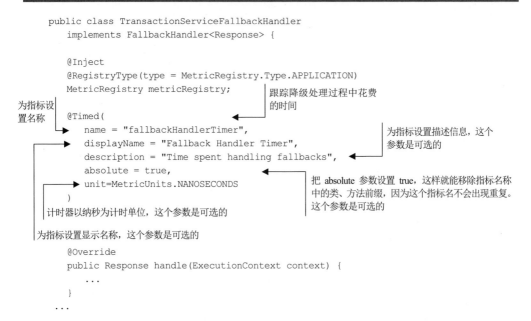

　　@Timed 注解可以跟踪被注解对象的调用频率，以及调用过程花费的时间。代码清单 10.28 中的@Timed 注解产生的示例 OpenMetrics 输出如下。

代码清单 10.29　降级处理的计时结果

```
# TYPE application_fallbackHandlerTimer_rate_per_second gauge
application_fallbackHandlerTimer_rate_per_second 2.426100958072672
# TYPE application_fallbackHandlerTimer_one_min_rate_per_second gauge
```

```
application_fallbackHandlerTimer_one_min_rate_per_second 0.21734790157044565
# TYPE application_fallbackHandlerTimer_five_min_rate_per_second gauge
application_fallbackHandlerTimer_five_min_rate_per_second 1.1224561659490684
# TYPE application_fallbackHandlerTimer_fifteen_min_rate_per_second gauge
application_fallbackHandlerTimer_fifteen_min_rate_per_second 0.6479305746101738
# TYPE application_fallbackHandlerTimer_min_seconds gauge
application_fallbackHandlerTimer_min_seconds 1.35104E-4
# TYPE application_fallbackHandlerTimer_max_seconds gauge
application_fallbackHandlerTimer_max_seconds 0.05986594
# TYPE application_fallbackHandlerTimer_mean_seconds gauge
application_fallbackHandlerTimer_mean_seconds 3.792392736865503E-4
# TYPE application_fallbackHandlerTimer_stddev_seconds gauge
application_fallbackHandlerTimer_stddev_seconds 0.001681891771616228
# HELP application_fallbackHandlerTimer_seconds Time spent handling fallbacks
# TYPE application_fallbackHandlerTimer_seconds summary
application_fallbackHandlerTimer_seconds_count 768.0
application_fallbackHandlerTimer_seconds{quantile="0.5"} 2.78085E-4
application_fallbackHandlerTimer_seconds{quantile="0.75"} 3.65377E-4
application_fallbackHandlerTimer_seconds{quantile="0.95"} 6.51634E-4
application_fallbackHandlerTimer_seconds{quantile="0.98"} 8.98868E-4
application_fallbackHandlerTimer_seconds{quantile="0.99"} 0.001348871
application_fallbackHandlerTimer_seconds{quantile="0.999"} 0.004710182
```

请使用 mvn clean package -DskipTests -Dquarkus.kubernetes.deploy=true 重新部署应用。部署完成后，再次运行 metrics/scripts/force_multiple_fallbacks.sh。

Grafana 看板上的仪表视图 Transaction Service Fallback Call Rate Rolling One Minute Average(交易服务中降级调用的一分钟滚动平均调用率)展示的是指标 application_fallbackHandlerTimer_one_min_rate_per_second 的示例值，这个指标指的是过去 1 分钟内，方法调用的每秒次数。图 10.7 展示的是过去一分钟内，每秒的示例请求数。

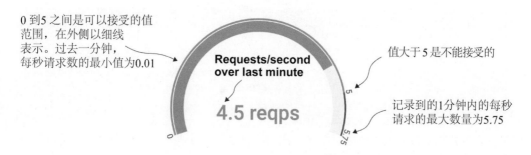

图 10.7　Grafana 上交易服务的降级调用频率

注意

每秒请求数的"可以接受"和"不能接受"范围要在 Grafana 仪表配置里定义，而不是在应用代码中定义。上面是我们用于演示仪表效果时假定的值。

还有一种性能监控方法，它可能与 SLA 产生关联，那就是通过在方法上跟踪并发请求数。为了查看它的效果，请按下面代码清单的方式，向 TransactionResource.newTransaction()
方法添加@ConcurrentGauge 注解。

代码清单 10.30　使用@ConcurrentGauge 注解

向 newTransaction() 方法添加@ConcurrentGauge 注解，从
而跟踪方法的并发调用数

从指标名称上移除包名和类名，因为
不会与其他指标产生命名冲突

```
@ConcurrentGauge(
    name = "concurrentBlockingTransactions",
    absolute = true,
    description = "Number of concurrent transactions using blocking API"
)
```

指标名称应该要能表达意图

根据指标意图，指定描述信息

```
@POST
@Path("/{acctNumber}")
public Map<String, List<String>> newTransaction(@PathParam("acctNumber")
    Long accountNumber,
    BigDecimal amount) {
    try {
        updateDepositHistogram(amount);
        return accountService.transact(accountNumber, amount);
    } catch (Throwable t) {
        t.printStackTrace();
        Map<String, List<String>> response = new HashMap<>();
        response.put("EXCEPTION - " + t.getClass(),
        Collections.singletonList(t.getMessage()));
        return response;
    }
}
```

代码更新后，请使用 mvn clean package -DskipTests -Dquarkus.kubernetes.deploy=true
重新部署应用，并用下面的脚本调用各个 API 端点。

代码清单 10.31　生成对交易服务的阻塞式 API 端点的并发请求

```
metrics/scripts/concurrent.sh
```

先把交易服务扩容为两个实例，发送 8000 个请求(8 组，每组 1000
个并发请求)。然后把交易服务缩容为一个实例，再发送 8000 个
请求(8 组，每组 1000 个并发请求)

图 10.8 展示了并发请求数量的情况。

本章介绍了很多基本概念。不过，我们还有最后一处涉及交易服务代码的修改：创
建业务指标。

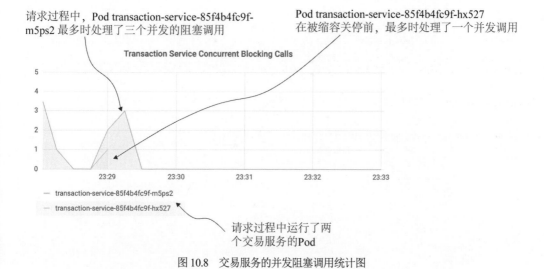

请求过程中，Pod transaction-service-85f4b4fc9f-m5ps2 最多时处理了三个并发的阻塞调用

Pod transaction-service-85f4b4fc9f-hx527 在被缩容关停前，最多时处理了一个并发调用

请求过程中运行了两个交易服务的Pod

图 10.8 交易服务的并发阻塞调用统计图

10.2.5 创建业务指标

业务指标不仅能衡量应用程序的性能，还可以衡量业务的性能。比如，如果能实时查看客户的分布情况，就会很有用。对于银行来说，如果客户存款数额越来越大，就会更好。使用 MicroProfile Metrics 可轻松实现这一点，如下面的代码清单所示。

代码清单 10.32　TransactionResource.java(使用@Metric)

```
public class TransactionResource {
  @Inject
  @Metric(
    name = "deposits",
    description = "Deposit histogram"
  )
  Histogram histogram;

  ...

  void updateDepositHistogram(BigDecimal dollars) {
    histogram.update(dollars.longValue());
  }

  ...

  @POST
  @Path("/{acctNumber}")
  public Map<String, List<String>> newTransaction(
      @PathParam("acctNumber") Long accountNumber, BigDecimal amount) {
    try {
      updateDepositHistogram(amount);
      return accountService.transact(accountNumber, amount);
    } catch (Throwable t) {
```

Histogram(直方图)类的实例也可以注入，但它并不是注解。Histogram 的元数据、名称和描述是通过 @Metric 注解提供的

方法 updateDepositHistogram() 专门用于向直方图添加一项存款金额

直方图只接收整型和长整型值，这个场景的精度是够用的

修改 newTransaction() 方法，让它更新存款直方图

```
                t.printStackTrace();
                Map<String, List<String>> response = new HashMap<>();
                response.put("EXCEPTION - " + t.getClass(),
                Collections.singletonList(t.getMessage()));
                return response;
            }
        }


    @POST
    @Path("/async/{acctNumber}")
    public CompletionStage<Map<String,
        List<String>>> newTransactionAsync(@PathParam("acctNumber") Long
        accountNumber,
        BigDecimal amount) {
        updateDepositHistogram(amount);  ←───  修改 newTransactionAsync()
        return accountService.transactAsync(accountNumber, amount);       方法,让它更新存款直方图
    }


    @POST
    @Path("/api/{acctNumber}")
    @Bulkhead(1)
    @CircuitBreaker(
        requestVolumeThreshold=3,
        failureRatio=.66,
        delay = 1,
        delayUnit = ChronoUnit.SECONDS,
        successThreshold=2
    )
    @Fallback(value = TransactionServiceFallbackHandler.class)
    public Response newTransactionWithApi(@PathParam("acctNumber") Long
        accountNumber, BigDecimal amount)
        throws MalformedURLException {
        AccountServiceProgrammatic acctService =
            RestClientBuilder.newBuilder().baseUrl(new URL(accountServiceUrl))
            .connectTimeout(500, TimeUnit.MILLISECONDS).readTimeout(1200,
                TimeUnit.MILLISECONDS)
            .build(AccountServiceProgrammatic.class);

        acctService.transact(accountNumber, amount);
        updateDepositHistogram(amount);   ←───  修改 newTransactionWithApi()
        return Response.ok().build();            方法,让它更新存款直方图
    }
}
```

代码更新后,请使用 mvn clean package -DskipTests -Dquarkus.kubernetes.deploy=true 重新部署应用,并用下面的脚本调用各个 API 端点。

代码清单 10.33 调用各个存款 API 端点

metrics/scripts/invoke_deposit_endpoints.sh

如图 10.9 所示,Grafana 页面上 Deposits Distribution(存款分布)面板的数据应该会更新。

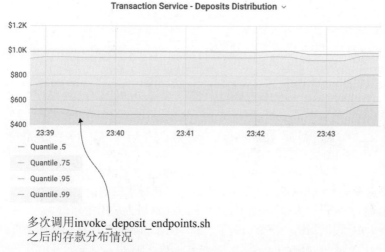

图 10.9　Grafana 页面上的 Deposits Distribution 面板

　　下一节，我们要讨论的是如何让 MicroProfile Metrics 与其他规范集成，从而提供更多内置指标。

10.2.6　MicroProfile Metrics 与 MicroProfile Fault Tolerance、JAX-RS 的集成

　　MicroProfile Fault Tolerance 规范会自动为@Retry、@Timeout、@CircuitBreaker、@Bulkhead 和@Fallback 注解注册指标。我们的交易服务使用了所有这些注解。结果就是，这些 API 端点一旦被调用就会产生大量指标。下面的代码清单演示了这种效果，代码清单 10.35 是相应的指标输出。

代码清单 10.34　交易服务中的容错指标

强制让它发生降级调用　　　　　　　　　　　　　　使用 Minikube 中运行的交易服务

```
export TRANSACTION_URL=`minikube service --url transaction-service`
metrics/scripts/force_multiple_fallbacks.sh
curl -is $TRANSACTION_URL/q/metrics/application | grep ft | grep -v "^#"
```

只查看 MicroProfile Fault Tolerance 相关的指标，排除元数据

代码清单 10.35　容错指标的输出结果(节选)

```
...
application_ft_io_quarkus_transactions_TransactionResource_newTransactionWith
    Api_bulkhead_callsAccepted_total 110.0
application_ft_io_quarkus_transactions_TransactionResource_newTransactionWith
    Api_bulkhead_executionDuration_min 8816204.0
application_ft_io_quarkus_transactions_TransactionResource_newTransactionWith
    Api_bulkhead_executionDuration_max 1.28532238E8
```

```
application_ft_io_quarkus_transactions_TransactionResource_newTransactionWith
    Api_bulkhead_executionDuration_mean 1.4306619234752553E7
application_ft_io_quarkus_transactions_TransactionResource_newTransactionWith
    Api_circuitbreaker_callsSucceeded_total 110.0
application_ft_io_quarkus_transactions_TransactionResource_newTransactionWith
    Api_circuitbreaker_closed_total 1.038171586389E12
application_ft_io_quarkus_transactions_TransactionResource_newTransactionWith
    Api_circuitbreaker_halfOpen_total 0.0
application_ft_io_quarkus_transactions_TransactionResource_newTransactionWith
    Api_circuitbreaker_open_total 0.0
application_ft_io_quarkus_transactions_TransactionResource_newTransactionWith
    Api_invocations_total 110.0
...
```

下面是几条关于 MicroProfile Fault Tolerance 指标集成的提示:

- 指标名称未设置为固定名称,且指标的生成域为应用指标。
- 这些指标根据指标类型分别做了定制。例如,@Bulkhead 的指标是直方图,它包括调用次数、根据方法名分布情况统计的执行时间(本章未提及)。@CircuitBreaker 的指标记录了熔断器在每种状态下发生的调用次数。
- 如果要停用容错指标的自动注册,可以设置配置属性 MP_Fault_Tolerance_Metrics_Enabled=false。

有一项可由 MicroProfile 的实现方选择实现的功能,可以让 JAX-RS 集成 MicroProfile Metrics,从而提供 REST 端点的调用时间和次数的统计数据。如果要启用 Quarkus 的这项功能,可以配置属性 quarkus.smallrye-metrics.jaxrs.enabled=true。以这种方式启用的 REST 相关指标,会创建为基础指标。完成属性配置之后,运行下面的命令。

代码清单 10.36　生成 JAX-RS 相关指标

使用 Minikube 中运行的交易服务　　　　　　　　　　　　　　　　　部署应用

```
mvn clean package -DskipTests -Dquarkus.kubernetes.deploy=true
export TRANSACTION_URL=`minikube service --url transaction-service`
metrics/scripts/invoke_deposit_endpoints.sh
curl -is $TRANSACTION_URL/q/metrics/base | grep base_REST
```

查看 JAX-RS 指标　　　　　　　　　　　分别使用阻塞式、异步和客户端 API 端点存入款项

下面是 REST 指标数据的示例。

代码清单 10.37　REST 指标输出结果

```
# HELP base_REST_request_total The number of invocations and total response
    time of this RESTful resource method since the start of the server.
# TYPE base_REST_request_total counter
base_REST_request_total{class="io.quarkus.transactions.TransactionResource",
    method="newTransactionAsync_java.lang.
    Long_java.math.BigDecimal"} 10.0
# TYPE base_REST_request_elapsedTime_seconds gauge
base_REST_request_elapsedTime_seconds{class="io.quarkus.transactions.
```

每个 REST 端点对应一个计数器(counter),记录
该端点发生的 REST 调用次数

```
    ➡  TransactionResource",method="newTransactionAsync_java.lang.
    ➡  Long_java.math.BigDecimal"} 0.231018078
    base_REST_request_total{class="io.quarkus.transactions.TransactionResource",
    ➡   method="newTransactionWithApi_java.lang.Long_java.math.BigDecimal"}
    ➡ 610.0
    base_REST_request_elapsedTime_seconds{class="io.quarkus.transactions.
    ➡   TransactionResource",method="newTransactionWithApi_java.lang.Long_java.
    ➡   math.BigDecimal"} 6.058761321
    base_REST_request_total{class="io.quarkus.transactions.TransactionResource",
    ➡   method="newTransaction_java.lang.Long_java.math.BigDecimal"} 10.0
    base_REST_request_elapsedTime_seconds{class="io.quarkus.transactions.
    ➡   TransactionResource",method="newTransaction_java.lang.Long_java.math.
    ➡   BigDecimal"} 0.193222971
```

每个 REST 端点对应一个仪表(gauge)，对调用
该端点花费的时间进行采样

最后，Quarkus 不只能支持 MicroProfile Metrics，还支持 Micrometer 指标。下一节，我们
介绍这两者的区别，以及为什么 Quarkus 和 MicroProfile Metrics 都在朝着 Micrometer 演进。

10.2.7　Micrometer 指标

Quarkus 从 1.8 版本起，就增加了 Micrometer(https://micrometer.io/)作为指标功能的备
选方案。Micrometer 的流行虽然是由于在 Spring 和 Spring Boot 项目中的大量使用，但其
实它在更广泛的 Java 生态中的使用也十分普遍。

为什么我们要再研究一个新的指标体系？尽管 Micrometer 没有实现 MicroProfile
Metrics 规范，对它的使用在 Java 生态中却成为事实标准。这让它成为考量的重要因素。
如果运维人员、站点可靠性工程师要监控大量的 Java 服务，指标命名的类似性就相当重
要，这样才能让数据在多个实例间聚合。MicroProfile Metrics 定义的命名规范是层级化的，
而 Micrometer 使用的是多维度命名规则，它在名称上关联标记，也就是标签，来提供补
充的上下文信息。Micrometer 非常流行，所以在存在多种 Java 框架与部署模式的环境中，
Quarkus 能提供与 Micrometer 同等命名指标的能力就很重要了。为此，Quarkus 推荐使用
Micrometer 扩展程序来公开指标数据。

注意
在本书写作时，MicroProfile Metrics 正考虑采用 Micrometer 作为 MicroProfile 应用
API 下的引擎。

我们现在就来试试 Micrometer。打开本书源代码的/chapter10/micrometer-account-
service 目录，这里的示例来自第 4 章活动记录的例子。如下所示，只需要多添加一个额
外的依赖项。

**代码清单 10.38　为 Quarkus 提供 Micrometer Prometheus 指标存储的扩展程序的
依赖项**

```
<dependency>
    <groupId>io.quarkus</groupId>
```

```
    <artifactId>quarkus-micrometer-registry-prometheus</artifactId>
</dependency>
```

quarkus-micrometer-registry-prometheus 依赖项会同时引入 Micrometer 的基础扩展程序和 Micrometer Prometheus 指标存储的依赖项。这个依赖项会让 /q/metrics 端点以 Prometheus 格式生成指标。

注意

使用 Micrometer 和 Quarkus 时，我们还可以使用其他指标存储后端。可以从 Quarkiverse 项目查找其他存储: https://github.com/quarkiverse/quarkus-micrometer-registry。

现在该实际体验 Micrometer 了! 运行代码清单 10.39 和代码清单 10.40 所示的命令。

代码清单 10.39 部署 account-service-micrometer

使用 Minikube 中的 Docker 引擎

部署应用

```
eval $(minikube -p minikube docker-env)
mvn clean package -Dquarkus.kubernetes.deploy=true

ACCOUNT_URL=`minikube service --url account-service-micrometer`
curl -X GET ${ACCOUNT_URL}/q/metrics
```

获取由 Micrometer 生成的指标

保存 account-service-micrometer 的访问 URL。后面会多次用到

代码清单 10.40 Micrometer 指标输出结果(示例)

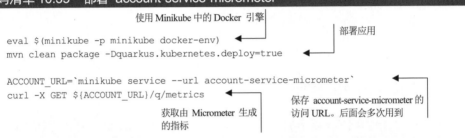

```
...
jvm_threads_live_threads 11.0
jvm_threads_daemon_threads 7.0
process_uptime_seconds 322.512
jvm_threads_peak_threads 11.0
...
```

很快就会发现，Micrometer 指标并未遵守 MicroProfile 的命名规范，jvm_threads_live_threads 这样的指标名称并不包含 MicroProfile Metrics 生成域

由于还没有请求发往 API 端点，因此还没有产生 HTTP 请求相关的指标。按照下面的代码清单，我们现在来改变这一情况，代码清单 10.42 是示例的指标输出结果。

代码清单 10.41 调用 HTTP 端点，获取账户数据

```
curl -X GET ${ACCOUNT_URL}/accounts
curl -X GET ${ACCOUNT_URL}/accounts/87878787
curl -X GET ${ACCOUNT_URL}/q/metrics
```

代码清单 10.42 账户服务的示例指标输出结果

```
# HELP http_server_requests_seconds
# TYPE http_server_requests_seconds summary
http_server_requests_seconds_count{method="GET",outcome="SUCCESS",status="200
    ",uri="/accounts/{acctNumber}",} 2.0
http_server_requests_seconds_sum{method="GET",outcome="SUCCESS",status="200",
    uri="/accounts/{acctNumber}",} 0.015225187
http_server_requests_seconds_count{method="GET",outcome="SUCCESS",status="200
    ",uri="/q/",} 1.0
```

```
http_server_requests_seconds_sum{method="GET",outcome="SUCCESS",status="200",
    uri="/q/",} 0.052366224
http_server_requests_seconds_count{method="GET",outcome="SUCCESS",status="200
    ",uri="/accounts",} 2.0
http_server_requests_seconds_sum{method="GET",outcome="SUCCESS",status="200",
    uri="/accounts",} 0.285417871
# HELP http_server_requests_seconds_max
# TYPE http_server_requests_seconds_max gauge
http_server_requests_seconds_max{method="GET",outcome="SUCCESS",status="200",
    uri="/accounts/{acctNumber}",} 0.011469553
http_server_requests_seconds_max{method="GET",outcome="SUCCESS",status="200",
    uri="/q/",} 0.052366224
http_server_requests_seconds_max{method="GET",outcome="SUCCESS",status="200",
    uri="/accounts",} 0.277971268
```

除了一个依赖项，不需要添加任何其他的修改，服务就可以使用 Micrometer 产生很多有用的指标了！

本章中介绍了大量的话题，在结束之前，我们来模拟一个繁忙的生产环境，制作一个实时看板。

10.2.8　模拟繁忙的生产系统

可以使用脚本文件run_all.sh来运行本章用过的各种命令和脚本，从而产生请求负载。这样就能制作出一个活跃的 Grafana 看板，类似于一个繁忙的生产系统。从最上层的chapter10/目录运行下面的命令。

代码清单 10.43　从 chapter10 目录运行 run_all.sh 脚本

```
metrics/scripts/run_all.sh

# Press CTRL-C to stop
```

图10.10所示为运行metrics/scripts/run_all.sh命令5分钟后的Grafana看板的整体视图。

图 10.10　Grafana 看板

10.3 本章小结

- MicroProfile Metrics 提供了多种类型的指标，可用于解决不同场景中的性能问题。指标类型有计数器、直方图、仪表、计量器和计时器。
- MicroProfile Metrics 的指标有不同的生成域：基础指标、第三方和应用指标。
- MicroProfile Fault Tolerance 和 JAX-RS(可选)可以与 MicroProfile Metrics 集成。
- MicroProfile Metrics 能以 JSON 格式和 OpenMetrics 格式导出指标。
- Quarkus 可支持 JSON 和 OpenMetrics 两种输出格式。
- 可以用外部工具，如 Prometheus 和 Grafana，实时观测指标输出结果。
- Quarkus 可支持 MicroProfile Metrics 和 Micrometer。

第*11*章

微服务跟踪

本章内容

- 跟踪微服务之间的调用
- 使用 Jaeger UI 查看跟踪信息
- 注入跟踪器，并定制分段上的标签信息
- 跟踪 HTTP 之外的交互

各种形式的应用可观测性，都依赖对分布式系统中的执行路径的跟踪。随着分布式系统的兴起，开发者已经不再以步进到代码的方式来调试了，因为现在他们要面对的是大量的服务。在分布式系统中，新的调试手段是跟踪技术。除此之外，通过观测对比服务执行时间的长短，实现服务间瓶颈的可视化的能力变得相当关键。尽管跟踪技术无论怎样都不会影响我们第 10 章讨论的指标观测的重要性，但是在分析问题的根本原因时，我们经常需要依靠跟踪技术，下钻到具体执行路径的更深层次。

实质上，在各类运维工具中，跟踪是用于生产系统观测的关键工具，是调试分布式系统执行路径的最佳方式。

在这一章，我们修改第 8 章的示例程序的架构，向其中添加跟踪能力，从而突出跨多种通信机制中的跟踪所带来的影响。这些通信机制包括面向服务和级联服务的 HTTP 调用、数据库交互，以及与 Apache Kafka 交互来接收或发送消息。

图 11.1 可帮助我们回顾第 8 章的服务，以及它们之间的交互过程。

在本章中，我们不会改变服务间交互方式方面的功能，不过，我们要关注对现有交互的跟踪。

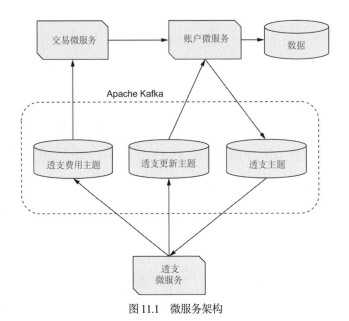

图 11.1　微服务架构

11.1　跟踪的工作原理

在跟踪单个服务时，跟踪单体应用的多个服务也是一样，我们并不需要与跟踪信息打交道。因为所有调用都在单一的 JVM 进程中。单体应用中的每个服务都可以随意访问到跟踪器，创建和结束分段，不需要担心服务间的边界。在分布式系统中，即使只是两个不同的 JVM 进程相互调用，情况也会不一样。此时，就必须与跟踪上下文打交道。

不管是 HTTP、Apache Kafka 还是其他通信协议，都提供了与正文一同发送请求头的能力。图 11.2 展示了请求在服务间传递时的内容构成。请求的头部应该包含一个描述由调用方创建的跟踪信息的请求头。如果找不到跟踪相关的请求头，收到请求的服务就假定当前还不存在跟踪，如果开启了跟踪功能，就会创建新的跟踪信息。

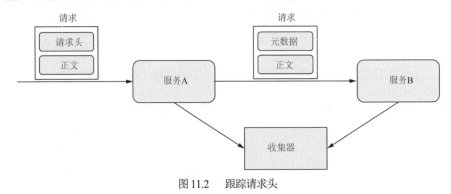

图 11.2　跟踪请求头

图 11.2 还明确了跟踪机制在服务调用完成时的行为。在服务 A 或服务 B 中，当请求

处理完成后，服务记录的所有跟踪与分段信息都会传送给收集器。根据跟踪功能的具体实现不同，收集器的名字可能有所不同，不过作用都是在分布式系统中，从记录了跟踪信息的服务处接收跟踪信息。收集完成后，将所有跟踪信息汇总起来，就能以可视化方式展示服务间的执行路径。

11.2　Jaeger

Jaeger(www.jaegertracing.io)是一个分布式跟踪系统，可用于为分布式系统内服务间的交互过程生成一种全局视图。跟踪系统除了使用 Jaeger，还可以使用 Zipkin (https://zipkin.io/)。在本章跟踪信息可视化的例子中，我们选用的是 Jaeger。不论使用哪种分布式跟踪系统，都能以可视化的方式查看系统中的跟踪信息。

在深入探讨示例前，有必要提及几个与跟踪相关的术语，让读者快速熟悉起来。由 Jaeger 记录到的系统中的执行路径称为一次"跟踪"，它跟踪了途经多个服务间的路径。每次跟踪由一个或多个"分段"构成。分段表示跟踪中的单个工作单元。

跟踪收集过程中，对执行过程中记录的服务信息进行汇总会花费一些时间，将跟踪数据发送到外部服务形式的收集器也需要一些时间。根据跟踪中记录的信息不同，大片的数据还会耗费一些内存。如果只是处理几十个请求，额外要花费的时间与内存可能不多；如果要处理成千上万的请求，记录各个调用路径要额外花费时间与内存，会明显影响服务的响应速度与吞吐能力。

与指标相比，跟踪数据的收集可能需要较多的时间与内存开销，因而 Jaeger 提供定制取样率的功能，用于指定要记录的跟踪信息的比例。

提示

本章所有的示例中，我们都将采样率设为 1，也就是每个跟踪都会被记录。在生产环境中，只有当请求量很少、即使全部采样也不会对系统形成影响，才应该这样做。或者，如果应用非常关键，就有必要记录所有执行过程的跟踪信息，从而有助于问题排查。

11.2.1　跟踪采样

上一节介绍了采样率的概念，以及对采集跟踪信息的开销的影响。对跟踪采样率有一定的理解是相当重要的，因为每种类型的采样的功能都不相同。采样类型的选择会影响应用中要记录的跟踪信息的数量。

Jaeger 支持下列采样方式：

- 固定采样——固定(constant)采样器对每个可能跟踪的对象的判定结果总是相同的。如果采样率设为 1，所有的跟踪都会被采样；而如果设为 0，所有跟踪就都会被忽略。大多数演示应用都会使用固定采样器，并将值设为 1，从而记录所有跟踪。在生产环境中，固定采样率只适合请求量不大的应用；不然，存储跟踪信息的开销就会快速增长。

- 诊断式采样——诊断式(probabilistic)采样器用加权运算来确定一个跟踪的采样必要性。比如，如果值设置为 0.2，在 10 个跟踪中大约会记录其中的 2 个。
- 限流式采样——基于漏斗桶(leaky bucket)的限流采样器能以稳定的频率对跟踪做采样。将值设为 4.0 将使 Jaeger 以每秒四个跟踪的频率对请求采样。
- 远程采样——如果没有配置其他值，默认使用的是远程采样器。Jaeger 代理从远程的 Jaeger 后端获取服务器上配置的采样类型。

11.2.2　配置 Minikube 环境

在第 8 章，我们详细介绍了如何在 Minikube 中搭建 Apache Kafka、PostgreSQL 数据库、账户服务和透支服务。我们在后面的跟踪示例中还会用到 Apache Kafka 和 PostgreSQL。下面是我们曾在第 8 章详细介绍过的部署步骤。

代码清单 11.1　配置环境

```
minikube start --memory 4096
kubectl create namespace kafka
kubectl apply -f 'strimzi-cluster-operator-0.25.0.yaml' -n kafka
kubectl apply -f kafka_cluster.yml -n kafka
kubectl wait kafka/my-cluster --for=condition=Ready --timeout=300s -n kafka
kubectl apply -f kafka_topics.yml -n kafka
kubectl apply -f postgresql_kubernetes.yml
```

大部分步骤与代码清单 8.14 相同，只是我们不再为 Apache Kafka 使用 2 个副本，而是只使用了 1 个副本

11.2.3　安装 Jaeger

根据运行环境的不同，Jaeger 提供了多种安装方式。这里，利用 Jaeger 运维器把它安装到 Minikube 中。

注意运维器(operator)是 Kubernetes 上的一种扩展软件，运维器的作用是管理应用及其附属组件。Kubernetes 运维器的功能可以多种多样。在这个例子里，Jaeger 运维器的作用是安装 Jaeger 的收集器、UI 及依赖的服务。

Minikube 启动后，运行代码清单 11.2 所示的命令，安装 Jaeger 运维器。

代码清单 11.2　安装 Jaeger 运维器

创建 observability 命名空间，用于存放 Jaeger 组件

```
kubectl create namespace observability
kubectl create -f https://raw.githubusercontent.com/jaegertracing/
➥ jaeger-operator/master/deploy/crds/
➥ jaegertracing.io_jaegers_crd.yaml
kubectl create -n observability -f https://raw.githubusercontent.com/
➥ jaegertracing/jaeger-operator/master/deploy/service_account.yaml
kubectl create -n observability -f https://raw.githubusercontent.com/
```

安装 Jaeger CRD(自定义资源的声明)

```
➡ jaegertracing/jaeger-operator/master/deploy/role.yaml
kubectl create -n observability -f https://raw.githubusercontent.com/
➡ jaegertracing/jaeger-operator/master/deploy/role_binding.yaml
kubectl create -n observability -f https://raw.githubusercontent.com/
➡ jaegertracing/jaeger-operator/master/deploy/operator.yaml
```

创建 Jaeger 运维器

命令运行完成后，再运行 kubectl get deployment jaeger-operator -n observability 可以确定 Jaeger 运维器是否已出现，并已就绪、可用于创建新的实例。如果就绪，jaeger-operator 的状态会呈现为 1/1 的 READY(就绪)状态。

Jaeger 运维器会在 Kubernetes 集群中创建一条流量入口路由，以便我们访问 Jaeger 控制台。流量入口路由是在 Kubernetes 中把服务公开到集群外的一种方法。由于 Minikube 默认并不提供流量入口的实现，因此我们需要以下面的方式安装一个实现：

```
minikube addons enable ingress
```

为 Minikube 安装流量入口扩展程序，使用 minikube addons list 命令可以查看所有可用的扩展程序

为了简化 Jaeger 的部署过程，我们用的是整合式镜像(整合式镜像包含了使用 Jaeger 需要的所有部件，而不需要单独部署存储、查询和 UI 组件)。如下所示：

```
kubectl apply -n observability -f - <<EOF
apiVersion: jaegertracing.io/v1
kind: Jaeger
metadata:
  name: simplest
EOF
```

Jaeger 组件都启动成功后，使用 kubectl get pods -n observability 可以查看结果。

提示

在生产环境中，不推荐使用整合式镜像。并没有面向生产环境提供单一的镜像，因为届时将需要仔细地配置存储需求、收集器和查询功能。

Jaeger 组件都启动后，可通过查询 ingress 对象来获取 Jaeger 控制台的 URL，如下所示：

```
kubectl get -n observability ingress
NAME             CLASS     HOSTS     ADDRESS         PORTS   AGE
simplest-query   <none>    *         192.168.64.18   80      65s
```

在浏览器中打开 http://192.168.64.18，查看 Jaeger 控制台，如图 11.3 所示。

现在我们完成了 Jaeger 的安装。下一节，我们开始对微服务进行跟踪，体验 Jaeger 控制台如何展示这些跟踪信息。

图 11.3   Jaeger 控制台

11.2.4   使用 Jaeger 跟踪微服务

分布式跟踪难以描述，而这些跟踪信息，无论是日常产生的，还是服务修改后导致了跟踪信息的变化，都易于查看。为此，我们以下面代码清单的方式，完整部署图 11.1 上的微服务，查看跟踪结果：

代码清单 11.3   部署微服务

```
eval $(minikube -p minikube docker-env)
/chapter11/account-service> mvn verify -Dquarkus.kubernetes.deploy=true
/chapter11/overdraft-service> mvn verify -Dquarkus.kubernetes.deploy=true
/chapter11/transaction-service> mvn verify -Dquarkus.kubernetes.deploy=true
```

在继续之前，我们先运行命令 kubectl get pods，确保这三个服务已运行正常。终端窗口会返回三个 RUNNING 状态的 Pod，分别代表一个服务。这些 Pod 就绪后，我们从账户里提取资金，让它超支，如下所示：

```
TRANSACTION_URL=`minikube service --url transaction-service`
curl -H "Content-Type: application/json" -X PUT -d "600.00"
    ${TRANSACTION_URL}/transactions/123456789/withdrawal
```

我们会收到一个 JSON 响应，显示新的账户余额为 49.22。在浏览器中，刷新 Jaeger 控制台页面，单击 Service(服务)下拉菜单，图 11.4 所示为可选的服务列表。

图 11.4 Jaeger 控制台中的服务选框

account-service 和 transaction-service 是我们知道的，那么 jaeger-query 是什么呢？jaeger-query 是 Jaeger 控制台刷新或搜索跟踪信息时，需要调用的服务。我们首次加载图 11.3 这个 Jaeger 控制台页面时，还不会出现 jaeger-query。因为在页面实际加载之前，还没有任何查询发出。在图 11.4 中，从下拉菜单中选择 transaction-service，并单击 Find Traces(查询跟踪信息)。

图 11.5 展示了 Jaeger UI 各部分的功能。左边面板的 Search(搜索)功能列出了可用于获取跟踪信息的各种参数。

图 11.5 交易服务的跟踪结果

在我们目前的用法中，还只用到了 Service 下拉菜单，但如果某个服务有数百条跟踪信息，我们就可以使用额外的参数对结果加以过滤。可用的参数有 Operation(操作名称)，跟踪上的 Tags(标签)，跟踪出现的时间段，跟踪记录的最小与最大耗时(这些有助于定位到调用时间太长的有问题的跟踪)，限制跟踪结果的数量。根据找到的跟踪数量，右边顶部区域会根据搜索结果，为这段时间内的每个跟踪展示一个圆点。圆点就是跟踪信息，越靠顶部的位置，代表花费的时间越长。跟踪信息从左到右代表时间的早与晚。从图上可以看出，页面下部列出从搜索中找到的所有跟踪信息。

图 11.5 展示了所有符合当前搜索的跟踪，只有一条是由取款操作产生的，包含三个分段。如果要查看跟踪具体记录的信息，以及它包含的分段，可以单击跟踪条目。

图 11.6 所示为请求的详细情况。页面顶部显示了触发创建当前跟踪信息的 HTTP 方法，这里是 PUT；请求 transaction-service(交易服务)后，导致了 TransactionResource.withdrawal

的调用。

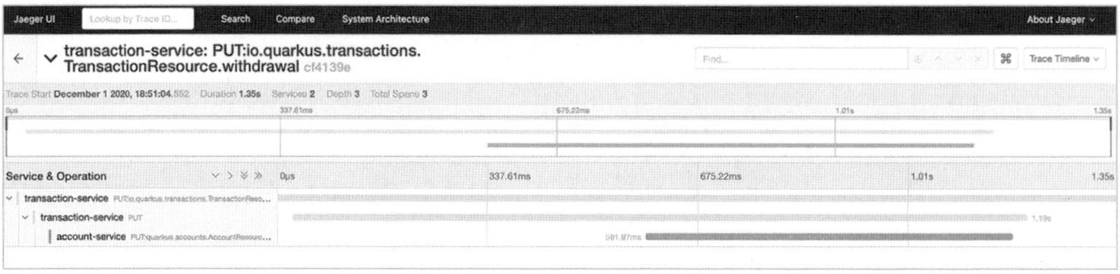

图 11.6 交易服务的跟踪详情

头部下方是跟踪的相关信息，包括请求开始的日期时间、总耗时，以及分段数。每个分段都展示为一条水平的线条，线条的长度为分段完成所花费的时间。线条的位置表示开始和结束的时间点，颜色则表示它所归属的微服务。在图 11.6 中，来自transaction-service(交易服务)中的分段是一种颜色(如果在浏览器里查看，为黄色)，而account-service(账户服务)则是另一种颜色(蓝绿色)。

图 11.6 的下半部分，Service & Operation 的下方，按照服务及服务内部被调用到的方法区分，列出了跟踪中的所有分段。在右边的时间线上，以可视化方式逐个展示了各个分段在整体跟踪中的执行过程。比如，account-service(账户服务)所在的分段只用591.87ms 就完成了，但直到 600ms 时 transaction-service (交易服务)中的处理才继续。

回到图 11.6 的视图，单击第一个，即 transaction-service (交易服务)所在分段的头部，再展开各个部分，会显示如图 11.7 的"更多信息"视图。

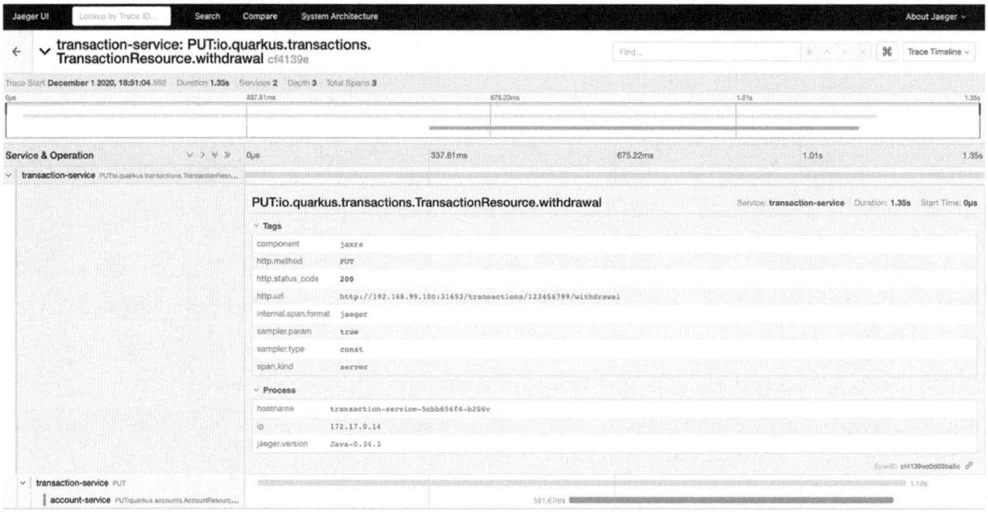

图 11.7 交易服务分段详情

图 11.7 显示了一条跟踪中的所有标签，以及收集到的进程信息。其中的标签会根据跟踪的组件而有所不同。在这个例子中，标签的内容包括组件类型 jaxrs、HTTP 方法、

HTTP 响应状态码、请求的 HTTP URL，以及采样过程的细节。收集的进程信息包括：以 hostname 记录的 Kubernetes Pod 名称、IP 地址，以及使用的 Jaeger 版本。右下角显示了分段的 ID。

图 11.8 为 account-service(账户服务)的分段详表，内容与图 11.7 类似。

图 11.8　账户服务分段详情

标签与进程信息部分默认是折叠的，只以单行的形式显示少量标签与信息。仔细查看图 11.8，我们可以从最右边看到 account-service(账户服务)分段的准确开始时间。读者可以花点精力在 Jaeger 控制台的各项功能上探索一番，以便理解页面的各类信息，以及对应的功能位置。

在 Jaeger 控制台的搜索页，从 Service(服务)下拉菜单中选择 account-service(账户服务)，并单击 Find Traces(查询跟踪信息)。应该会返回一致的跟踪信息，不过这次会以账户服务的视角来展示。在可供搜索的服务列表中，我们找不到与透支服务相关的跟踪。在消息发往 Kafka 之后，就没有再记录到任何服务或分段了。跟踪信息没有从 Kafka 的一侧到另一侧形成传递。我们会在 11.4.4 节讨论如何在 Kafka 中传递跟踪信息。

图 11.9 把上面的跟踪与分段放到银行业务的整体架构中，突出其相对位置。其中一个有趣之处在于，在交易服务的一个服务中，出现了多个分段。在单个服务的多个分段，能很好地区分单个请求中的多个工作部分，从而对各部分花费的时间情况有更好的可视化感知。

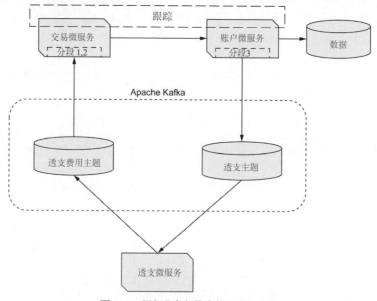

图 11.9　银行业务架构中的跟踪与分段

为实现在 Jaeger 控制台中查看取款交易的跟踪情况，需要做哪些工作呢？

我们需要在每个服务中为 Quarkus 添加 OpenTracing 依赖项。这一依赖项包含了 OpenTracing API 功能，具体内容将在 11.3.1 节讨论，还包含 Jaeger 跟踪功能的实现。如下所示：

```
<dependency>
    <groupId>io.quarkus</groupId>
    <artifactId>quarkus-smallrye-opentracing</artifactId>
</dependency>
```

我们并不需要专门为了这种 Jaeger 实现添加依赖项，它会由 OpenTracing 隐含地引入。有了 Jaeger 实现后，我们要让它知道，从执行过程中收集的跟踪要发往哪里。因此，我们需要按如下方式修改 application.properties：

我们需要在所有服务中添加 quarkus-smallrye-opentracing 依赖项，以及 Jaeger 配置。在服务的配置文件间复制配置时，不要忘记修改 service-name 的值，否则会导致最终的跟踪信息错乱。

上面就是记录跟踪所要做的修改。虽然还没有在透支服务中实际使用，但当前我们已经在不干涉开发者工作的情况下，让跟踪信息从交易服务传递到账户服务了。也就是说，除了添加一些依赖项和配置，开发者不必编写任何代码，就可以跟踪应用的运行情况。

下一节将介绍多种跟踪规范的详细情况，解释它们之间的关系以及在 Quarkus 中的实现。

11.3 跟踪的规范

本节介绍有关跟踪技术的关键项目及规范的详细情况，其中一部分包含在 MicroProfile 中，也有一些未包含在其中。同时，会介绍一些与 OpenTelemetry 相关的信息。

11.3.1 OpenTracing

OpenTracing(https://opentracing.io/)包括一套 API 规范，以及使用多种语言的框架与类

库对规范的实现。OpenTracing 并非一套标准，因为还没有包含在任何正式的标准文本中。OpenTracing 项目是云原生计算基金会(Cloud Native Computing Foundation，CNCF，https://www.cncf.io/)的成员项目。

OpenTracing 发起于 2015 年，最早的目标是帮助应用和框架开发者在他们的项目中添加跟踪埋点，而不与特定的跟踪技术绑定。由于缺少这一能力，因而它不能确保在一个应用中启动的跟踪能正确地传递到执行链的下游。

Jaeger 是能够接收由 OpenTracing 生成的跟踪信息的服务端之一。在有服务跟踪需求的开源社区和企业中，当前已广泛采用 OpenTracing 与 Jaeger。

11.3.2 MicroProfile OpenTracing

MicroProfile OpenTracing 的选择是把 OpenTracing 作为基础，而不是再定义一套用于创建跟踪或与跟踪交互的 API。这一模式的好处在于，所有 OpenTracing 支持的格式，MicroProfile OpenTracing 都支持。此外，开发者只要引用 MicroProfile OpenTracing 的实现，即可在不影响代码的情况下记录和传递跟踪信息。

MicroProfile OpenTracing 规范的实现通过从入站的 JAX-RS 请求中提取 SpanContext 信息，能以零代码的方式实现对跟踪信息的传递。无需在代码中埋点，即可为每个 JAX-RS 资源方法生成新的 Span 分段，这就让微服务中的每个 JAX-RS 端点默认都能被跟踪到。通过 MicroProfile OpenTracing 提供的@Traced 注解，开发者可以标记特定方法，或者类上的所有方法，从而为方法的执行过程创建 Span 分段。@Traced 可用于需要创建分段的非 JAX-RS 方法；如果需要防止创建 Span 分段，可以在方法上添加@Traced(value = false)。

@Traced 可以为受跟踪的方法修改默认的分段名称。入站的请求的默认名称格式为：

```
<HTTP-method>:<package-name>.<class-name>.<method-name>
```

因此我们可以使用@Traced(operationName = "mymethod")覆写分段名。

11.3.3 OpenTelemetry

2019 年 3 月，OpenTracing 和 OpenCensus 两个项目合并为名为 OpenTelemetry 的一体化项目。两个项目都致力于将应用中的埋点统一化，让可观测性成为现代化应用的内置能力。而两个项目关注的重点方向却所有不同。OpenTracing 实现跟踪 API，OpenCensus 定义的是指标方面的 API。将两者结合成为单一项目，从而提供完整的可观测性会是一个正确的思路。

由于 OpenCensus 和 OpenTracing 在它们原有方向上都相当成熟，在合并过程要确保二者被平等对待，所以合并工作就需要花费一些时间。2021 年早期，OpenTelemetry 发布了跟踪 API 的公开版。这次发布包含了定稿的跟踪功能。到 2021 年 8 月，指标相关 API 也接近定稿了，而日志相关 API 则到 2022 年才发布。

读者可能好奇，为什么在 OpenTelemetry 距离定稿还需要些时日就要介绍它。原因是，

MicroProfile 社区对 OpenTelemetry 的关注也才刚刚开始。具体来说，OpenTelemetry 将会如何影响当前的 Metrics 和 OpenTracing 规范，MicroProfile 的 Metrics 与 OpenTracing 功能将如何变化？定稿时将讨论是否要将 OpenTelemetry 规范添加到 MicroProfile 平台中。

Quarkus 目前已经提供了对 OpenTelemetry 的早期支持。不过，本书主要关注的是 MicroProfile 的功能，因此不会介绍 OpenTelemetry 的特性。

11.4 在应用中定制跟踪

有多种方法可供我们定制跟踪的内容，既可以定制跟踪中记录的内容，也可以定制要跟踪的范围。接下来将详细介绍如何在现有的服务中实现这些能力。

11.4.1 使用@Traced

如前所述，@Traced 可以让开发者定制分段的名称，从而让名称更富有意义。下面我们修改 AccountResource，向它的 withdrawal 方法添加如下注解：

```
@Traced(operationName = "withdraw-from-account")
```

修改完成后，使用下面的命令重新部署账户服务：

```
mvn verify -Dquarkus.kubernetes.deploy=true
```

部署后，从账户中取款，如下所示：

```
curl -H "Content-Type: application/json" -X PUT -d "2500.00"
     ${TRANSACTION_URL}/transactions/111222333/withdrawal
```

刷新浏览器中的 Jaeger 控制台页面，并以 account-service(账户服务)搜索跟踪信息。单击最新一条跟踪结果,并展开 account-service 分段所在的段落。读者可以看到与图 11.10 类似的内容，其中的分段名称现在变成 withdraw_from_account。

图 11.10　账户服务：定制分段名称

读者练习

请尝试在不同场景中使用@Traced，比如修改分段名称、关闭跟踪，以及发起取款与充值的调用。并查看它们在 Jaeger 控制台中的效果。

11.4.2 注入跟踪器

下面进一步定制跟踪。通过注入 Tracer 实例，就可以用 API 与跟踪和分段交互。修改 AccountResource.withdrawal，注入一个跟踪器并修改分段，把账号添加到其中作为标签，把取款金额作为封包数据，如下面的代码清单所示。封包数据可用于在整个跟踪范围内的进程边界之间传递状态。

代码清单 11.4　AccountResource(将提款余额作为封包数据)

```
public class AccountResource {
    @Inject
    Tracer tracer;
    public CompletionStage<Account> withdrawal(@PathParam("accountNumber") Long
      accountNumber, String amount) {
        ...
        tracer.activeSpan().setTag("accountNumber", accountNumber);
        tracer.activeSpan().setBaggageItem("withdrawalAmount", amount);
        ...
    }
}
```

注入一个 OpenTracing 跟踪器实例

向当前活跃分段设置标签,键名为 accountNumber

向当前活跃分段设置封包数据,键名为 withdrawalAmount

完成修改后，重新部署账户服务。完成部署后，以下面的方式从账号里取款：

```
curl -H "Content-Type: application/json" -X PUT -d "950.00"
    ${TRANSACTION_URL}/transactions/87878787/withdrawal
```

收到响应后，刷新浏览器中的 Jaeger 控制台页面。以 account-service(账户服务)搜索跟踪信息，单击最新一条跟踪信息，查看其详细信息。

图 11.11 所示为添加了新的标签和封包数据后的分段。除了前序分段的所有标签，分段现在还拥有通过跟踪器 API 直接添加的标签。

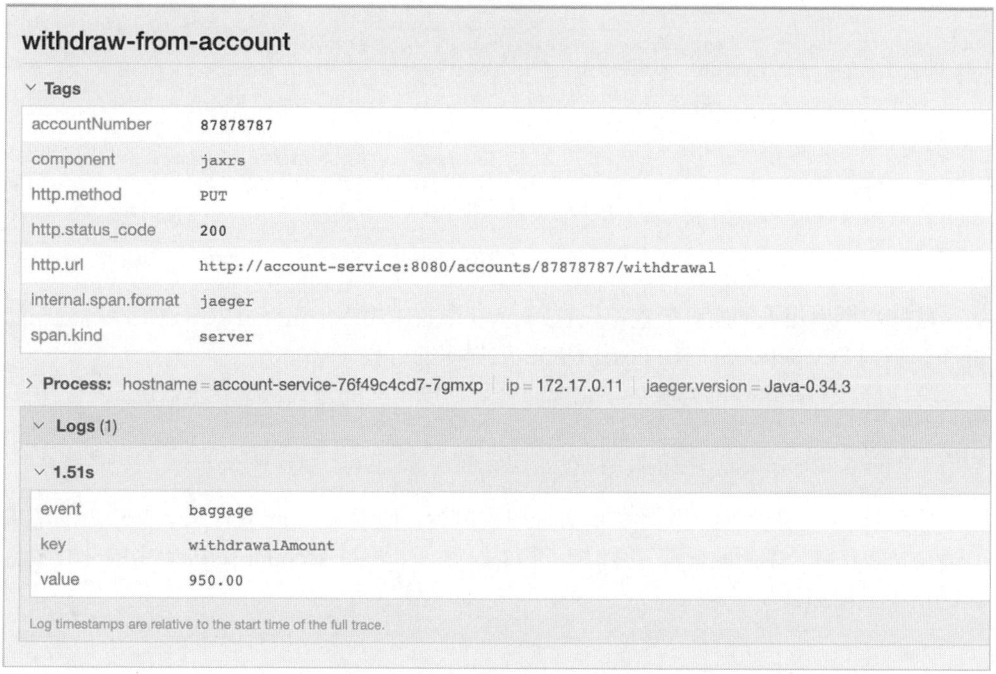

withdraw-from-account	
⌄ **Tags**	
accountNumber	`87878787`
component	`jaxrs`
http.method	`PUT`
http.status_code	`200`
http.url	`http://account-service:8080/accounts/87878787/withdrawal`
internal.span.format	`jaeger`
span.kind	`server`

› **Process:**　hostname = account-service-76f49c4cd7-7gmxp　ip = 172.17.0.11　jaeger.version = Java-0.34.3

⌄ **Logs** (1)	
⌄ **1.51s**	
event	`baggage`
key	`withdrawalAmount`
value	`950.00`

Log timestamps are relative to the start time of the full trace.

图 11.11　账户服务：修改分段内容

11.4.3 跟踪数据库调用

我们了解了如何用 API 修改分段的详情，能够定制其中的标签与封包数据，现在我们要跟踪的是与数据库的交互。尽管了解特定方法的调用时间对于诊断性能问题已经很有用了，但如果方法要与其他众多方法或服务(如数据库)交互，目前的能力拼图就还不够。

可能一个方法的执行时间为 2 秒，但大部分时间花在了数据库操作上。跟踪数据需要精确到正确的粒度，才足够有用；不然，它到底是有益或无益就不好说了。

为了跟踪数据库调用，我们需要做些修改。首先，需要按照下面的方式添加 JDBC 跟踪相关的依赖项：

```
<dependency>
    <groupId>io.opentracing.contrib</groupId>
    <artifactId>opentracing-jdbc</artifactId>
</dependency>
```

OpenTracing 的 JDBC 跟踪器作用于服务和数据库之间。为了让它起作用，应用需要知道在调用特定数据库时要用到跟踪器，而不是直接用驱动程序。而且我们要给 Hibernetes 明确设置数据库的类型，因为不能再从 JDBC 驱动程序推导数据库类型了。修改的内容真不少！还好，对于账户服务来说，这些修改都只是 application.properties 中的几处配置：

```
%prod.quarkus.datasource.db-kind=postgresql
%prod.quarkus.datasource.username=quarkus_banking
%prod.quarkus.datasource.password=quarkus_banking
%prod.quarkus.datasource.jdbc.url=
  jdbc:tracing:postgresql://postgres.default:5432/quarkus_banking
%prod.quarkus.datasource.jdbc.driver=io.opentracing.contrib.jdbc.TracingDriver
%prod.quarkus.hibernate-orm.dialect=org.hibernate.dialect.PostgreSQL10Dialect
```

向前几章配置的 JDBC URL 添加跟踪信息

告知 Hibernete，让它知道底层数据库的类型是 PostgreSQL。如果不配置此值，Quarkus 就无法从我们选择的驱动程序名称推导出数据库类型了

指定具有跟踪功能的 JDBC 驱动程序。在 classpath 中存在多个 JDBC 驱动程序时，必须指定要选用哪一个

这些数据库相关的所有配置都设置到 prod 配置编组上。这样可以避免带跟踪的驱动程序影响到 Dev Services 启动 PostgreSQL 数据库的过程。

完成修改后，重新部署服务。完成部署后，以下面的方式从账号里取款：

```
curl -H "Content-Type: application/json" -X PUT -d "900.00"
    ${TRANSACTION_URL}/transactions/987654321/withdrawal
```

收到响应后，再回到浏览器中的 Jaeger 控制台，搜索 account-service。在最近的请求列表中，能获取一条新的跟踪，类似于图 11.12 所示，不过 account-service 中的分段数目已经由 1 个增加到 3 个。

transaction-service: PUT:io.quarkus.transactions.TransactionResource.withdrawal 529c79a
1.28s
5 Spans
account-service (3)
transaction-service (2)
Today 7:22:57 pm
a few seconds ago
transaction-service: PUT:io.quarkus.transactions.TransactionResource.withdrawal ba6a97c
2s
3 Spans
account-service (1)
transaction-service (2)
Today 7:15:05 pm
8 minutes ago

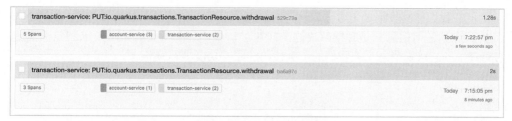

图 11.12　账户服务的跟踪

在图 11.12 中，单击新增加了分段的跟踪。

Jaeger 控制台会展示与图 11.13 类似的详细视图。现在出现了两个新的分段，名为 Query 和 Update。它们代表的是在请求处理过程中，与数据库的两次交互过程。

Jaeger UI
Search
Compare
System Architecture
About Jaeger
transaction-service: PUT:io.quarkus.transactions.
TransactionResource.withdrawal 529c79a
Trace Timeline
Trace Start December 1 2020, 19:22:57.733 Duration 1.28s Services 2 Depth 4 Total Spans 5
Service & Operation
0μs
320.05ms
640.1ms
960.15ms
1.28s
transaction-service
transaction-service PUT
account-service withdraw-from-account
account-service Query
account-service Update
5.16ms
1.58ms

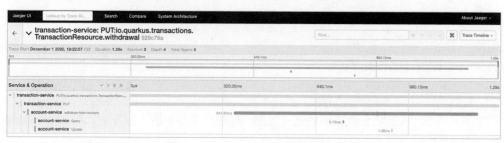

图 11.13　在账户服务中跟踪数据库调用

在 AccountResource.withdrawal()方法中，我们看到第一行调用了 Account.findByAccountNumber(accountNumber)，也就是 Query。Update 是数据库事务提交形成的，不过它是 Quarkus 内部的持久化框架，而不是应用代码中处理形成的。

我们再来看看 Query 与 Update 的详细内容。图 11.14 的内容是查询账户的数据库交互的详细信息，其中包含数据库类型、用于获取账户信息的 select SQL 语句。

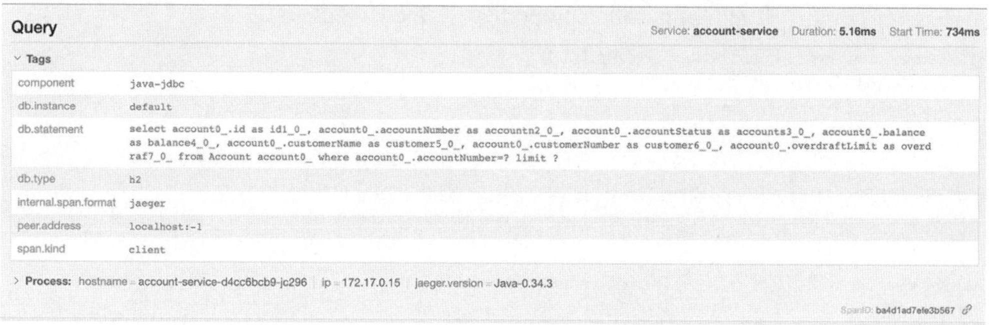

Query
Service: account-service
Duration: 5.16ms
Start Time: 734ms
Tags
component
java-jdbc
db.instance
default
db.statement
select account0_.id as id1_0_, account0_.accountNumber as accountn2_0_, account0_.accountStatus as accounts3_0_, account0_.balance as balance4_0_, account0_.customerName as customer5_0_, account0_.customerNumber as customer6_0_, account0_.overdraftLimit as overdraf7_0_ from Account account0_ where account0_.accountNumber=? limit ?
db.type
h2
internal.span.format
jaeger
peer.address
localhost:-1
span.kind
client
Process: hostname = account-service-d4cc6bcb9-jc296
ip = 172.17.0.15
jaeger.version = Java-0.34.3
SpanID: ba4d1ad7efe3b567

图 11.14　数据库查询的跟踪详情

虽然这个 select 语句只花了 5.16 毫秒就执行完毕，但跟踪所调用的 SQL 语句的能力，让我们在执行时间过长时，有能力分析语句是否足够高效。

图 11.15 所示为数据库 Update 事务的跟踪。与图 11.14 类似，我们能查看跟踪过程中所连接的数据库，以及用于更新记录所执行的 SQL 语句。

现在我们能够收集关于数据库调用的跟踪信息了，但还是无法从令人头疼的透支服务中跟踪到任何信息。是时候解决这个问题了！下一节中将介绍如何在 Kafka 中传递 OpenTracing 跟踪信息，把我们的示例代码的跟踪功能填补完整。

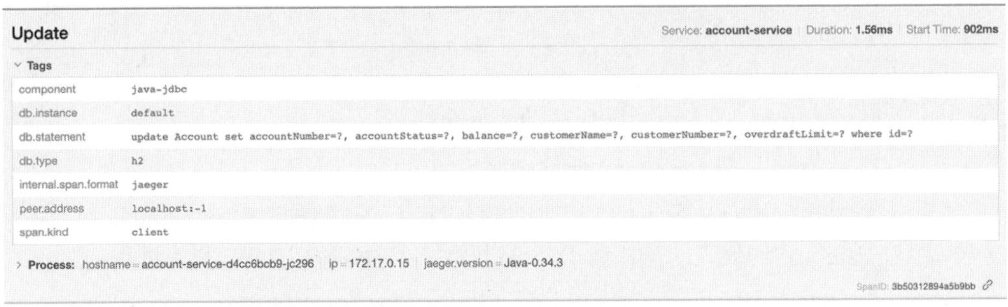

Update		Service: **account-service** | Duration: **1.56ms** | Start Time: **902ms**
⌄ **Tags**		
component	java-jdbc	
db.instance	default	
db.statement	update Account set accountNumber=?, accountStatus=?, balance=?, customerName=?, customerNumber=?, overdraftLimit=? where id=?	
db.type	h2	
internal.span.format	jaeger	
peer.address	localhost:-1	
span.kind	client	
⟩ **Process:** hostname = account-service-d4cc6bcb9-jc296 ip = 172.17.0.15 jaeger.version = Java-0.34.3		
		SpanID: 3b50312894a5b9bb ⌀

图 11.15　数据库更新的跟踪详情

11.4.4　跟踪 Kafka 消息

我们能针对 JAX-RS 资源方法和数据库调用生成跟踪分段，但还不能处理 Kafka 消息的生产与消费。现在我们就来解决这一问题。在账户服务和透支服务中，都在 pom.xml 中添加下面的依赖项：

```
<dependency>
    <groupId>io.opentracing.contrib</groupId>
    <artifactId>opentracing-kafka-client</artifactId>
    <version>0.1.15</version>
</dependency>
```

与 JDBC 的跟踪类似，这个依赖项是针对 Kafka 的 OpenTracing 扩展程序。添加了依赖项后，我们还需要让 Kafka 连接器在消费和生产消息时，能识别跟踪相关的拦截器。下面是我们在账户服务的 application.properties 中要做的修改：

负责 account-overdrawn 主题的连接器，在生产消息时，会
使用 TracingProducerInterceptor 类
```
    mp.messaging.outgoing.account-overdrawn.interceptor.classes=
 ➥ io.opentracing.contrib.kafka.TracingProducerInterceptor


    mp.messaging.incoming.overdraft-update.interceptor.classes=
 ➥ io.opentracing.contrib.kafka.TracingConsumerInterceptor
```
从 overdraft-update 消费消息时，会使用 TracingConsumerInterceptor 类

> **注意**
> 对 mp.messaging 其他配置项没有做修改，此处为了节省篇幅而省略。
> 在透支服务中所需的拦截器配置为：

```
mp.messaging.incoming.account-overdrawn.interceptor.classes=
    io.opentracing.contrib.kafka.TracingConsumerInterceptor
```

```
mp.messaging.outgoing.overdraft-fee.interceptor.classes=
    io.opentracing.contrib.kafka.TracingProducerInterceptor
```

```
mp.messaging.outgoing.overdraft-update.interceptor.classes=
    io.opentracing.contrib.kafka.TracingProducerInterceptor
```

除了添加依赖项和配置，不需要修改其他内容，以下面的方式重新部署账户服务和透支服务：

```
/chapter11/account-service> mvn verify -Dquarkus.kubernetes.deploy=true
/chapter11/overdraft-service> mvn verify -Dquarkus.kubernetes.deploy=true
```

部署完成并运行起来后，使用 kubectl get pods 命令验证两个服务的 Pod 都处于运行中，然后以如下方式从账户中取款：

```
curl -H "Content-Type: application/json" -X PUT -d "400.00"
    ${TRANSACTION_URL}/transactions/5465/withdrawal
```

收到响应后，打开浏览器中的 Jaeger 控制台并刷新页面。

如果单击 Service 下拉菜单，现在我们可以看到新出现的 overdraft-service 选项，如图 11.16 所示。回想前面的疑问，之所以透支服务没有产生过跟踪信息，原因在于它的执行过程围绕的是 Kafka，而非 JAX-RS 资源。

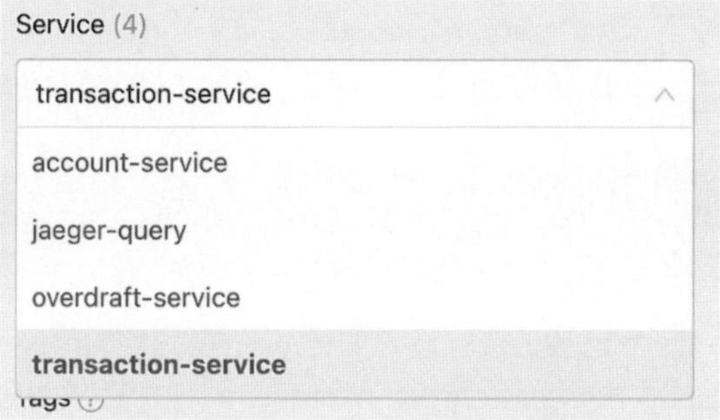

图 11.16　Jaeger 控制台中的服务列表

尽管 OverdraftResource 类上的方法包括与 Kafka 的交互，但如果没有指向此 JAX-RS 资源的入站请求，JAX-RS 资源也就不会生成任何跟踪了。安装了 Kafka 拦截器后，才生成了跟踪信息。使用 account-service 查找跟踪信息，现在能找到如图 11.17 所示的结果。

与之前的跟踪相比，有 5 个分段的主跟踪仍然包含从交易服务到账户服务的调用。此外，我们现在还能看到一条新跟踪，名为 account-service: To_overdrawn，其中包含账户服务和透支服务的分段。选择这条跟踪，进一步查看它的情况。

图 11.18 展示了这条跟踪中的两个分段——一个是向 Kafka 主题中生产消息，另一个是消费这条消息。

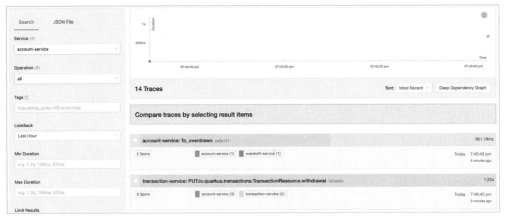

图 11.17 账户服务的跟踪

图 11.18 账户服务的跟踪详情

分段 To_overdrawn 上记录了执行过程的详细信息，比如 message_bus.destination、peer.service 和 span.kind。由于分段 From_overdrawn 是消费方，因此它提供的额外信息包括 offset 和 partition。这些标签都与 Kafka 相关，所以只在连接到 Kafka 主题的分段上才会出现。

搜索 overdraft-service(透支服务)的跟踪信息能找到两条，请查看图 11.19。其中之一正是图 11.18 中的跟踪，而另一条则是向 account-fee 主题推送消息生成的。

图 11.19 跟踪透支服务

图 11.20 整体展示了我们到目前的 Jaeger 跟踪。目前，出现了三条独立的跟踪，但

都来自同一个请求！

- 从交易服务调用账户服务，包括账户服务中的数据库调用
- 从账户服务向 Kafka 发出的消息，由透支服务消费
- 由透支服务向 Kafka 推送的透支费用消息

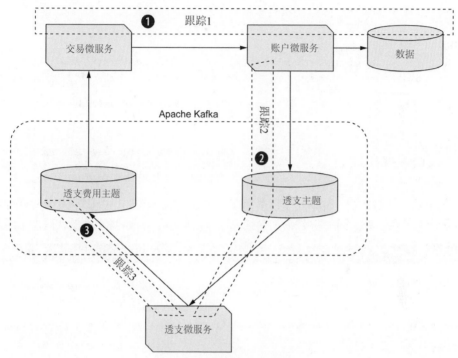

图11.20　微服务架构中的跟踪

　　由于这些跟踪信息相互独立，因此难以手动将实际上归属于同一个请求的跟踪关联在一起。在开发者看来，我们希望这三条跟踪的所有分段都归属于同一条跟踪信息。注意，导致跟踪信息不能延续的关键点是：执行从 JAX-RS 移到 Kafka 的过程，以及从 Kafka 接收消息后再发送新消息之时。

　　既然明确了问题所在，就可以着手修复了。第一步是将跟踪从 JAX-RS 传递到 Kafka。除了要调用 calling emitter.send(payload)，我们还要向 Kafka 消息添加跟踪信息，如下所示：

代码清单 11.5　AccountResource(向 Kafka 添加跟踪信息)

```
public class AccountResource {
    @Inject
    Tracer tracer;

    public CompletionStage<Account> withdrawal(@PathParam("accountNumber") Long
        accountNumber, String amount) {
        ...
```

创建 Kafka RecordHeaders 类的实例。头信息会被
添加到 Kafka 消息中，从消费方可以读取到这些头
信息

利用 TracingKafkaUtils 工具类，把跟踪和分段的详
情注入上一行创建的 RecordHeaders 实例中

```
RecordHeaders headers = new RecordHeaders();
TracingKafkaUtils.inject(tracer.activeSpan().context(), headers, tracer);
OutgoingKafkaRecordMetadata<Object> kafkaMetadata =
    OutgoingKafkaRecordMetadata.builder()
        .withHeaders(headers)
        .build();
CompletableFuture<Account> future = new CompletableFuture<>();
emitter.send(Message.of(payload, Metadata.of(kafkaMetadata),
    ... ack handler,
    ... nack handler
);
return future;
...
    }
}
```

生成包含正文及 OutgoingKafkaRecordMetadata
实例的新消息

创建 OutgoingKafkaRecordMetadata (出站记录元数
据)实例，并将 RecordHeaders 置入其中。元数据
对象可用于向出站消息设置 Kafka 相关的元数据

在 Kafka 主题的另一侧，透支服务需要获取分段信息。这一过程需要两个步骤：从
Kafka 头信息中提取分段信息，然后为后续方法调用创建子分段，如下面的代码清单所示。

代码清单 11.6　在 OverdraftResource 中创建子分段

```
public class OverdraftResource {
    @Inject
    Tracer tracer;
    public Message<Overdrawn> overdraftNotification(Message<Overdrawn> message) {
        ...
        RecordHeaders headers = new RecordHeaders();
        if (message.getMetadata(IncomingKafkaRecordMetadata.class).isPresent()) {
            Span span = tracer.buildSpan("process-overdraft-fee")
                .asChildOf(
                    TracingKafkaUtils.extractSpanContext(
                    message.getMetadata(IncomingKafkaRecordMetadata
                    .class).get().getHeaders(),
                        tracer))
                .start();
            try (Scope scope = tracer.activeSpan(span)) {
                TracingKafkaUtils.inject(span.context(), headers, tracer);
            } finally {
                span.finish();
            }
        }
        OutgoingKafkaRecordMetadata<Object> kafkaMetadata =
            OutgoingKafkaRecordMetadata.builder()
            .withHeaders(headers)
            .build();
        return message.addMetadata(customerOverdraft).addMetadata(kafkaMetadata);
    }
}
```

验证元数据中存在 IncomingKafkaRecordMetadata
数据，否则不处理跟踪功能

创建新的分段，命名为
process-overdraft-fee

下一行从 Kafka 消息提取分段，让新创建的分段成
为该分段的子分段

从入站的 Kafka 消息提取
SpanContext(分段上下文)

在 try-with-resources
代 码 块 中 运 用
Scope(子作用域)，作
用域在代码块结束时
自动关闭

获取当前的分段上下文，并将其注
入 RecordHeaders 中

除了客户透支相关的元数据，把包
含 跟 踪 相 关 头 信 息 的
OutgoingKafkaRecordMetadata 的元
数据也附加进去

代码清单 11.6 从 Kafka 头信息提取经编码的分段信息。分段在透支服务的 Tracer(跟踪器)实例中重新创建，效果与当前服务中的调用一致。为让跟踪得以继续，我们需要创建新的子分段，用于处理后续执行过程。

为让跟踪信息的传递回到 Kafka，还有一处修改。ProcessOverdraftFee.processOverdraftFee 方法的返回值需要由 AccountFee 改为 Message<AccountFee>。修改返回值类型是为了以 message.withPayload(feeEvent) 的方式返回并传递携带跟踪信息的元数据。用 message.withPayload 就可以让消息中的所有元数据得以保留，同时为出站消息使用不同的正文内容。

重新部署账户服务和透支服务，即可让上面的修改生效，如下所示：

```
/chapter11/account-service> mvn verify -Dquarkus.kubernetes.deploy=true
/chapter11/overdraft-service> mvn verify -Dquarkus.kubernetes.deploy=true
```

部署完成并运行起来后，以下面的方式从账户中取款：

```
curl -H "Content-Type: application/json" -X PUT -d "500.00"
    ${TRANSACTION_URL}/transactions/78790/withdrawal
```

现在我们来看跟踪的效果！在浏览器打开并刷新 Jaeger 控制台页面。从下拉菜单中选择 transaction-service(交易服务)，并单击 Find Traces(查找跟踪)。

图 11.21 所示为一条包含 9 个分段的跟踪信息——成功！

图 11.21　交易服务的跟踪

之前分别包含了几个分段的多条跟踪信息，现在合并为单条跟踪。所有分段都正确连在一起后，开发者就可以精确地观察分布式系统中的跟踪了。我们单击跟踪，并进一步查看详细信息。

在图 11.22 中，我们现在能对贯穿整个系统的单一请求的所有部分建立起可视化视图。实在太神奇了！

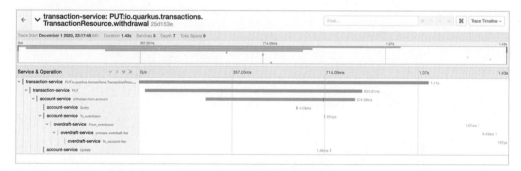

图 11.22　交易服务的跟踪详情

要创建这样能贯穿整个系统的多个部分的完整跟踪，可能确实需要花些时间，不过从实现后所获得的好处看，是值得去做的。既然掌握了调用涉及的所有方法的更完整的上下文，下面我们就能诊断那些缓慢的请求了。

读者练习

作为给读者的练习，请修改交易服务对 account-fee 主题消息的处理过程，从元数据中提取跟踪信息。从账户中取款并查看记录的跟踪信息在交易服务处理费用时所包含的分段信息。

11.5 本章小结

- 只需要添加 quarkus-smallrye-opentracing 依赖项，并配置 Jaeger，声明采样方式和采样率即可实现对 JAX-RS 资源的跟踪。
- 在方法上添加@Traced，可以定制分段的名称，或者直接关闭对方法的跟踪。
- 在应用代码中注入 Tracer，即可向分段添加自定义标签；也可以添加封包数据，从而传递给后续服务。
- 与现成的跟踪机制类似，通过添加一个依赖项并修改 Hibernetes 配置(指定使用新的 JDBC 驱动程序)，我们也可以对数据库事务进行跟踪。
- 使用 OpenTracing 的 Kafka 拦截器能在生产或消费 Kafka 消息时操作跟踪分段。

第 *12* 章

API 可视化

本章内容
- 为项目生成 OpenAPI(原 Swagger UI)规范文档
- 访问项目的 OpenAPI 规范文档
- 用可视化的 Swagger UI 检视项目 API
- 以设计先行的方式开发 API——在代码实现之前先完成 API 设计

Swagger 规范最早在 2010 年开发时，是为了定义一种可供机器理解的 RESTful 服务的描述方法；2016 年，在 Linux 基金会赞助的 OpenAPI 计划中，Swagger 规范重新以"OpenAPI 规范"的名称亮相。为服务定义 OpenAPI 规范文档的好处还包括：
- 让服务的文档具备交互能力
- 可基于规范文档进行自动化测试
- 根据规范文档，生成服务客户端或服务端

API 可视化包括对 API 格式和期望行为的可视化，这一能力在开发者需要调用外部服务，尤其当服务由其他团队或其他企业所开发时，会极为有用。为什么这么说呢？它到底有什么作用呢？

在需要与其他服务通信时，开发者要了解服务的方方面面，包括期望的输入和输出类型，以及可能出现的错误响应。有时甚至需要详细查阅其代码实现才能了解所需信息，这是相当糟糕的，很容易产生理解偏差。尤其当代码实现很复杂时，若想从中分析各种可能的响应类型与异常情况，还可能需要十分熟悉实现过程。

有时，开发者也可与服务的开发团队沟通，向他们提问。这一方法对于服务的消费团队不是很多的时候还算有效，而如果客户端数目越来越多，很快服务的实现团队就无法满足服务客户端的答疑需求了。

为服务的行为、期望输出定义一种单一可信源，是与外部客户端的开发者高效沟通服务运作方式的唯一方法。OpenAPI 规范(OpenAPI specification，OAS)旨在解决这一问题。该规范当前的版本是 v3。在本章后续内容中，我们以"OpenAPI 规范"称呼它，而不会专门提及"OpenAPI 规范 v3"。

本章两个示例的代码都以第 2 章的账户服务作为起点。练习本章各示例时，请从 /chapter2/account-service 复制源代码。本章两个示例的完成后版本，位于本书源代码的 /chapter12 目录中。

12.1　在 Swagger UI 中查看 OpenAPI 文档

本章介绍两项功能：生成 OpenAPI 规范文档并以 Swagger UI 界面的方式让它可视化。如果没有前者，后者就无从显示。如果应用还没有构建 UI，Swagger UI 还是一种从浏览器测试 API 的绝佳方式。

现在开始实际工作！请将 /chapter2/account-service 的代码复制到新位置，作为本章的初始代码。我们要基于它进行修改，在其中使用 OpenAPI 和 Swagger UI。

12.1.1　启用 OpenAPI

在现有的源代码上，添加 OpenAPI 所需的如下依赖项：

```
<dependency>
    <groupId>io.quarkus</groupId>
    <artifactId>quarkus-smallrye-openapi</artifactId>
</dependency>
```

添加依赖的另一种方式是使用 Quarkus Maven 插件，命令如下：

```
mvn quarkus:add-extension -Dextensions="quarkus-smallrye-openapi"
```

这样就完成了！只需要添加一个依赖项，账户服务就能从代码生成 OpenAPI 文档了。现在我们就来试一试。

用下面的命令，以实时编码模式启动服务：

```
mvn quarkus:dev
```

服务启动后，用浏览器或者 curl 访问 http://localhost:8080/q/openapi。OpenAPI 文档的默认格式是 YAML。如果从浏览器访问 OpenAPI 文档，可能会下载文件，内容如下。

代码清单 12.1　账户服务生成的 OpenAPI 文档

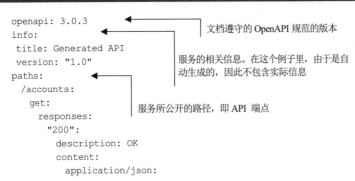

```
openapi: 3.0.3          ◀———————        文档遵守的 OpenAPI 规范的版本
info:                   ◀───────┐
 title: Generated API           │       服务的相关信息。在这个例子里，由于是自
 version: "1.0"                  │       动生成的，因此不包含实际信息
paths:                  ◀────────┤
  /accounts:                     │
   get:                          │
    responses:         ◀─────────┘       服务所公开的路径，即 API 端点
     "200":
       description: OK
       content:
         application/json:
```

```
              schema:
                $ref: '#/components/schemas/SetAccount'
      post:
        requestBody:
          content:
            application/json:
              schema:
                $ref: '#/components/schemas/Account'
        responses:
          "200":
            description: OK
    /accounts/{accountNumber}:
      get:
        parameters:
        - name: accountNumber
          in: path
          required: true
          schema:
            format: int64
            type: integer
        responses:
          "200":
            description: OK
            content:
              application/json:
                schema:
                  $ref: '#/components/schemas/Account'
      delete:
        parameters:
        - name: accountNumber
          in: path
          required: true
          schema:
            format: int64
            type: integer
        responses:
          "200":
            description: OK
....
components:
  schemas:
    SetAccount:
      uniqueItems: true
      type: array
      items:
        $ref: '#/components/schemas/Account'
    Account:
      type: object
      properties:
        accountNumber:
          format: int64
          type: integer
        accountStatus:
          $ref: '#/components/schemas/AccountStatus'
        balance:
```

在 API 端点中用到的所有实体，及其各自的结构

```
      type: number
    customerName:
      type: string
    customerNumber:
      format: int64
      type: integer
    status:
      $ref: '#/components/schemas/AccountStatus'
  AccountStatus:
    enum:
    - CLOSED
    - OPEN
    - OVERDRAWN
    type: string
```

注意

为节省篇幅，此处隐去了 OpenAPI 文档中的若干方法。如果从本地查看此文档，应该还会包含取现和存款的 API 方法。

访问 http://localhost:8080/q/openapi?format=json，即可查看同一 OpenAPI 文档的 JSON 格式。如果希望更明确，也可以用 http://localhost:8080/q/openapi?format=yaml 访问 YAML 格式。

注意

除了用 URL 查询参数指定期望的 OpenAPI 文档格式，还可以用 HTTP 请求头的 Accept 来指定。例如，把它设为 application/json 就可以读取 JSON 格式，而不是 YAML 格式。

目前我们的 OpenAPI 文档还谈不上会让客户端觉得好用，不过可算得上对账户服务功能的一种不错的初步呈现，至少比没有 OpenAPI 文档要好得多。

上面启动服务时，读者可能已注意到，控制台的输出中的功能不仅有 smallrye-openapi，还有 swagger-ui。在 Quarkus 中，Swagger UI 是随 OpenAPI 扩展程序一同提供的。我们在下一节就来试试 Swagger UI。

12.1.2 Swagger UI

上面提到过，安装 OpenAPI 扩展程序就自动包含了 Swagger UI。有一点值得注意，Swagger UI 只在实时编码和测试期间存在，而不会出现在最终的打包产物中。Quarkus 认为 Swagger UI 在开发期间，以及对应用直接进行测试时会非常有用；而在生产环境，推荐使用单独 Swagger UI 实例，从而在使用服务生成的 OpenAPI 文档时，具备恰当的安全措施。

通过在 application.properties 添加 quarkus.swagger-ui.always-include=true 可以覆写默认的行为。不过这一配置项只在编译期起作用，也就是说一旦服务编译完成，就无法修改它的值了。不推荐面向生产环境设置此属性。

如图 12.1 所示，在浏览器中打开 http://localhost:8080/q/swagger-ui。

图 12.1　用 Swagger 查看账户服务的 OpenAPI 文档

单击 GET /accounts 区域的顶端即可展开这个特定 API 端点的详情，如图 12.2 所示。

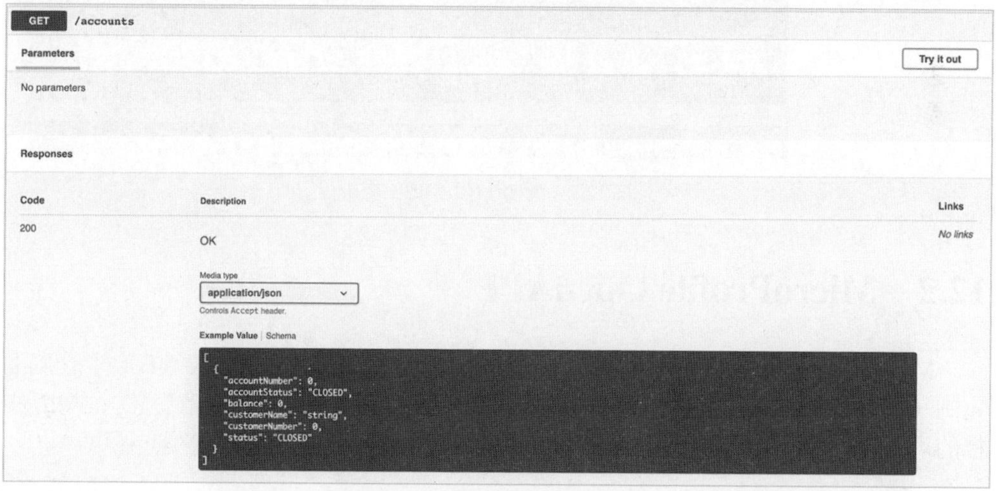

图 12.2　获取包含所有账户的详情

单击 Try it out。具体到这个例子，API 端点不需要传递任何参数，可以直接单击
Execute。

图 12.3 所示为调用 API 端点读取所有账户时所收到的响应。Swagger UI 会列出调用
过程中请求的 URL，以及以 curl 调用时的等效命令。在请求详情下方，还详细列出了响
应内容，包括 HTTP 响应码、响应正文和响应头部。

可以花点时间研究一下 Swagger UI 中 OpenAPI 文档的内容，了解它的工作机制。从
API 端点可以看出，唯一在所有 API 端点都有定义的响应码只有 200，也就是 OK。这是

为什么呢? 当前的 OpenAPI 文档还只是基于 JAX-RS 资源类上的方法所生成的。尽管对方法功能做出合理的假定并不困难(比如在一切正常时返回 HTTP 200 响应码),但目前功能之外的额外特性实际是得不偿失的。

例如,展开 API 端点 POST 可查看文档列出的响应码:代码实际会响应 201,文档却显示 200。这就是生成机制假设正常响应都会响应 200 的问题。

我们要对自动生成的 OpenAPI 文档做些调整。下一节将介绍如何对它进行定制。

图 12.3 获取所有账户的响应

12.2 MicroProfile OpenAPI

MicroProfile OpenAPI 规范声明了一些注解,允许 Java 开发者更方便地在现有代码上定制 OpenAPI 文档内容。这一规范并不会替代 OpenAPI 规范,也不会改变 OpenAPI 文档的声明方式,而用于定制 OpenAPI 文档的注解、配置项以及编程模型。

12.2.1 应用信息

在 Quarkus 中,大部分应用信息都可以在配置文件中设定,这一习惯也让 MicroProfile OpenAPI 的功能得以增强。这种机制让 OpenAPI 享受到根据选用的配置编组而使用不同值的额外好处。我们向 application.properties 添加如下代码:

代码清单 12.2 应用配置属性

```
mp.openapi.extensions.smallrye.info.title=Account Service
%dev.mp.openapi.extensions.smallrye.info.title=Account Service (development)
mp.openapi.extensions.smallrye.info.version=1.0.0
```

```
mp.openapi.extensions.smallrye.info.description=Service for maintaining
     accounts,\
   their balances, and issuing deposit and withdrawal transactions
mp.openapi.extensions.smallrye.info.license.name=Apache 2.0
mp.openapi.extensions.smallrye.info.license.url=https://www.apache.org/
licenses/LICENSE-2.0.html
```

接着查看它的效果。图 12.4 中的 Swagger UI 显示的是 application.properties 中配置的新信息，其中包含针对开发环境定制的应用名称。

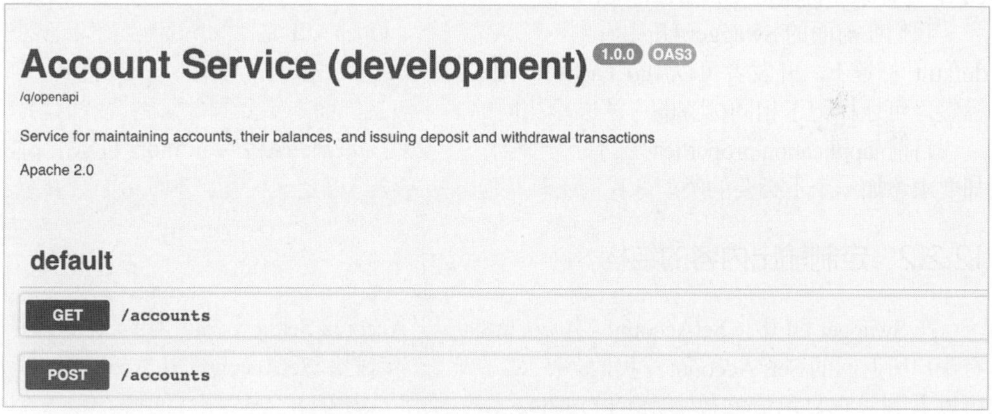

图 12.4　包含应用信息的 Swagger 界面

用 Ctrl+C 停止应用的运行，更新 application.properties，向其中添加 quarkus.swaggerui.always-include=true，运行 mvn package，再以下面的方式启动服务：

```
java -jar target/quarkus-app/quarkus-run.jar
```

打开 Swagger UI，可以查看使用生产环境配置编组时的应用名称。

这一信息还能以注解的方式来定义。@OpenAPIDefinition 可用于定义应用的信息，比如标题、版本、版权、联系方式信息，以及应用标签。要启用它，需要把注解添加到 JAX-RS 应用程序类上，如下面的代码清单所示。

代码清单 12.3　AccountServiceApplication

```
@OpenAPIDefinition(                        ← 定义标签，可用于在 OpenAPI 文档中
   tags = {                                   对方法和操作分组
     @Tag(name = "transactions",
        description = "Operations manipulating account balances."),
     @Tag(name = "admin",
        description = "Operations for managing accounts.")
   },
   info = @Info(                            ← 服务的信息，比如标题、描述、版本和版权信息。还可
     title = "Account Service",               以使用@Info 记录更多信息，此处没有使用
     description = "Service for maintaining accounts, their balances,
        and issuing deposit and withdrawal transactions",
     version = "1.0.0",
     license = @License(
```

```
            name = "Apache 2.0",
            url = "https://www.apache.org/licenses/LICENSE-2.0.html"
        )
    )                                          空的 JAX-RS 应用，没有定义任何方法
)
public class AccountServiceApplication extends Application {
}
```

添加@Tag 后，代码清单 12.3 与代码清单 12.2 生成的信息完全相同。可以从 Swagger UI 中查看添加标签对 OpenAPI 文档的影响。

我们在前面的 Swagger UI 中看到，默认情况下，OpenAPI 文档的所有方法都归类到 default 标签下。开发者可以用@Tag 将不同的方法归类到相似的分类中。在应用上添加标签，可让标记了相同标签的方法共享相同的描述信息，而不需要到处复制这些信息。

目前 application.properties 还不能定制标签，虽然 @OpenAPIDefinition 能够支持，却要求添加一个不必要的类型。我们还有其他一些方法可以定义标签，本章后面会介绍。

12.2.2 定制输出内容的结构

在 Swagger UI 中，SetAccount、AccountStatus、Account.SetAccount 引用了由读取所有账户所返回的 Set<Account>。我们会在 12.7 节进一步讨论 SetAccount。从 AccountStatus 可以看到，它显示值的枚举为 CLOSED、OPEN 和 OVERDRAWN。目前看起来一切正常。

接着，我们研究 Account 类。目前的信息已足够准确，却缺少了类型的详细信息。此外有一个奇怪的状况，表示状态的 enum(枚举)出现了两次。

首先使用@Schema 对 POJO 类和字段进行定制，如下面的代码清单所示。

代码清单 12.4 Account 类(对 POJO 类和字段进行定制)

定义文档结构中的字段——将字段指定为必填项，最小长度为8，给定一个示例值，并将类型定义为INTEGER(整型)

定义文档结构及其对象类型中要包含的 POJO 类的名称与描述信息

```
@Schema(name = "Account", description = "POJO representing an account.",
        type = SchemaType.OBJECT)
public class Account {
    @Schema(required = true, example = "123456789", minLength = 8, type =
        SchemaType.INTEGER)
    public Long accountNumber;
    @Schema(required = true, example = "432542374", minLength = 6, type =
        SchemaType.INTEGER)
    public Long customerNumber;
    @Schema(example = "Steve Hanger", type = SchemaType.STRING)
    public String customerName;
    @Schema(required = true, example = "438.32")
    public BigDecimal balance;
    @Schema(required = true, example = "OPEN")
    public AccountStatus accountStatus = AccountStatus.OPEN;
}
```

此字段并非必填项，且为 STRING(字符串)类型，所以为它给出一个示例值

尽管生成器在生成文档结构时，已经能较好地识别字段的类型，但显式地设置这一信息而不使用未指定类型时的默认值，能确保在生成过程中不会由于遗漏而发生错误。在定义文档结构时，显式指定总是一种更好的做法。

注意

在真实应用中，customerName 一般是必填的。代码清单 12.4 之所以将它标记为非必填，是为了在 Swagger UI 中对比必填项与非必填项的区别。

现在，文档结构更完善了，但 enum 字段还是出现了两次。具体原因是什么呢？

仔细看看 Account 类，用于读取账户状态的获取方法(getter)的名称是 getStatus()。虽然为了便利，我们可以使用较短的方法名，但这种情况下，生成器就会认为它在 Account 类上对应另一个字段。我们把它的名称改为 getAccountStatus()，再看看 Swagger UI 上有什么变化。

在 POJO 类 Account 上给出示例数据值具有很好的协同效果，这些值也会展示在 Swagger UI 上。这样，相对于空字符串或零值，数据就更能表义。

12.2.3　定义操作

@Operation 注解可用于为具体 API 端点方法定义详细信息。开发者可将 API 端点功能的简要描述定义为 summary，同时可用 description 定义更多补充信息，甚至能添加示例用法。@Operation 上最重要的数据是 operationId，因为它定义了 API 端点在整个 OpenAPI 文档中的唯一名称。

还可用 hidden 把方法标记为应从 OpenAPI 文档中隐去。试试在方法上添加 @Operation(hidden = true)，并查看 OpenAPI 文档和 Swagger UI 上的结果。结果是完全不会显示。所有标记为隐藏的方法都会完全移除。有些 JAX-RS 资源方法不应该由客户端执行，但对于服务的维护者来说又需要用到。这些方法需要标记为隐藏。对于有些服务来说，一种更好的做法是使用一个完全独立的 JAX-RS 资源，然后将该资源从 OpenAPI 文档中隐去；而不是与需要公开的方法混在同一个资源类，然后隐藏其中某些方法。

Quarkus 提供了一种给 API 端点设置默认 operationId 的方式，使用下面的配置属性值即可启用：

```
mp.openapi.extensions.smallrye.operationIdStrategy=METHOD
```

METHOD(方法名)是一种策略，它将 Java 方法名作为 operationId 名称。可以设置的其他策略还有 CLASS_METHOD(类名_方法名)和 PACKAGE_CLASS_METHOD(包名_类名_方法名)。设置完成后，我们进入 OpenAPI 文档，查看各个方法上生成的 operationId。Swagger UI 没有可视化查看操作名称的方法，不过，如果选中一个具体方法，operationId 就会出现在查看方法信息时使用的新 URL 中。

如果我们需要对操作做进一步的定制呢？会不会导致 operationIdStrategy 策略被忽略？实际上不会。要为操作指定补充信息，开发者并不需要复制名称。

按照下面的方式，为 createAccount 添加@Operation 注解，指定描述：

```
@Operation(description = "Create a new bank account.")
public Response createAccount(Account account) {}
```

注意，其中@Operation 注解并没有为 operationId 指定值。OpenAPI 文档在按照选定的策略生成 operationId 名称的同时，还允许我们对描述信息和其他信息进行定制。打开 OpenAPI 文档和 Swagger UI 可以看到更新后的描述信息。

12.2.4 操作的响应

接下来，我们要为各种类型的 HTTP 响应正确地生成 OpenAPI 文档。当前，所有方法都只定义了 200 响应：目前是一个不错的开始，却还没有覆盖完整的场景。

我们现在开始！先看 GET /accounts，它返回的是 SET；由于没有定义异常和自定义响应，因此不会返回其他响应码。不过，在生成的文档结构中，我们发现了一个奇怪的 SetAccount 类型。我们也可以不去理会它；不过在文档结构中，实际并不需要这样一个可引用类型，因为 GET /accounts 是唯一用到它的方法。

按照下面的方式，添加一个@APIResponse 注解，从结构中删除这个自动生成的类型。

代码清单 12.5　AccountResource.allAccounts()

```
@APIResponse(responseCode = "200", description = "Retrieved all Accounts",
    content = @Content(
        schema = @Schema(
            type = SchemaType.ARRAY,
            implementation = Account.class
        )
    )
)
public Set<Account> allAccounts() {
    return accounts;
}
```

标记响应内容

指定响应的结构元素为 Account 类型的 ARRAY(数组)

定义 200 响应和描述信息

在@Content 注解上，我们不需要指定 mediaType = "application/json"，因为方法上指定了@Produces(MediaType.APPLICATION_JSON)注解，意味着方法的响应只存在一种媒体类型。如果方法支持多种媒体类型，就需要为每种媒体类型添加一个@Content。

打开 Swagger UI，刷新页面，查看 GET/accounts 更新后的详情，会发现 SetAccount 已从自动生成的文档结构中移除。

再看 POST/accounts，对应于 AccountResource.createAccount。其中对应操作成功的响应码是错误的：实际并不会产生 200。同时，缺少了可能会返回的 400 响应码。为修正它的 API 文档，我们要添加几个@APIResponse，下面的代码清单所示为具体做法。

代码清单 12.6　AccountResource.createAccount()

详细描述 201 响应的正文，即以 JSON 格式输出的 Account 实例

定义表示成功的 APIResponse；账户创建成功时，返回 201 响应码

```
@APIResponse(responseCode = "201", description = "Successfully created a new
        account.",
    content = @Content(
```

```
          schema = @Schema(implementation = Account.class))
    )
    @APIResponse(responseCode = "400",
          description = "No account number was specified on the Account.",
        content = @Content(
          schema = @Schema(
            implementation = ErrorResponse.class,
            example = "{\n" +
                      "\"exceptionType\": \"javax.ws.rs.WebApplicationException\",\n" +
                      "\"code\": 400,\n" +
                      "\"error\": \"No Account number specified.\"\n" +
                      "}\n")
        )
    )
    public Response createAccount(Account account) {
    }
```

没有提供账户号时会返回 400 失败响应

用于表示失败响应的类型。我们很快会介绍 ErrorResponse

为 JSON 格式的错误响应给出一个例子，与 OpenAPI 文档中的客户详情类似，这种数据也可以在 Swagger UI 中很好地呈现

认真的读者会注意到，代码还不能通过编译。400 失败响应表明使用了 ErrorResponse 类型，但这个类型还不存在。由于在 AccountResponse 中使用了自定义的异常映射类，因此现在需要为失败响应的 JSON 内容创建一个新类型。按照下面代码示例的方式创建一个新类型。

代码清单 12.7　ErrorResponse(创建一个新类型)

```
private static class ErrorResponse {
    @Schema(required = true, example = "javax.ws.rs.WebApplicationException")
    public String exceptionType;
    @Schema(required = true, example = "400", type = SchemaType.INTEGER)
    public Integer code;
    public String error;
}
```

由于 ErrorResponse 不会被实际的代码用到，因此我们把它添加为现有 AccountResponse 的私有类型。

提示

在近期发布的 MicroProfile OpenAPI 2.0 中，定义了一种新的注解，名为 @SchemaProperty，它可以用于定义内联的(inline)文档结构类型。一旦 Quarkus 里可以使用这一版本，就可以用@SchemaProperty 替换@ErrorResponse 的各个属性。

回到 Swagger UI 中，我们可以看到 POST 方法上的变化。自动生成的 200 响应消失了，由添加到 createAccount 上的两个合法响应所代替。

注意

开发者可以根据自己的喜好来决定是使用多个@APIResponse，还是将它们合并为一个@APIResponses 注解。不管采用哪种方式，所生成的 OpenAPI 文档都是相同的。

下面查看 GET /accounts/{accountNumber}。需要做如下修改：

- 为 HTTP 200 和 400 响应码定义 @APIResponse
- 为 accountNumber 路径参数添加文档

我们按照下面的方式，添加这些功能：

代码清单 12.8　AccountResource.getAccount()

```
@APIResponse(responseCode = "200",
    description = "Successfully retrieved an account.",
    content = @Content(
        schema = @Schema(implementation = Account.class))
)
@APIResponse(responseCode = "400",
    description = "Account with id of {accountNumber} does not exist.",
    content = @Content(
        schema = @Schema(
            implementation = ErrorResponse.class,
            example = "{\n" +
                "\"exceptionType\":
\"javax.ws.rs.WebApplicationException\",\n" +
                "\"code\": 400,\n" +
                "\"error\": \"Account with id of 12345678 does not
exist.\"\n" +
                "}\n")
    )
)
public Account getAccount(
    @Parameter(
        name = "accountNumber",
        description = "Number of the Account instance to be retrieved.",
        required = true,
        in = ParameterIn.PATH
    )
    @PathParam("accountNumber") Long accountNumber) {
}
```

200 响应：成功读取账号

400 响应：找不到账户，同时给出异常响应的示例内容

添加@Parameter，从而为@PathParam 参数 accountNumber 生成文档。@Parameter 需要与 @PathParam 一同添加，这样生成器才知道它们的对应关系

将参数标记为路径参数，而不是来自查询字符串、请求头或者 Cookie

把 accountNumber 标记为必填参数。如果不是必填，就可能匹配其他 API 端点

按照代码示例 12.8 添加之后，刷新 Swagger UI 和 JSON 格式的 OpenAPI 文档就可以验证这些修改。在 Swagger UI 中尝试调用这些方法，确保我们定义的响应与实际请求所收到的响应相匹配。

按以下方式，继续研究 PUT /accounts/{accountNumber}/deposit。

代码清单 12.9　AccountResource.deposit()

```
@APIResponse(responseCode = "200", description = "Successfully deposited
funds to an account.",
    content = @Content(
        schema = @Schema(implementation = Account.class))
)
@RequestBody(
    name = "amount",
```

为方法能处理的 HTTP 请求正文添加 OpenAPI 定义

```
            description = "Amount to be deposited into the account.",
            required = true,
            content = @Content(                        ←──────  定义请求正文的内容
                schema = @Schema(          ←─────
                    name = "amount",
                    type = SchemaType.STRING,           请求正文的文档结构。在这个例子中，是最小长度为
                    required = true,                    4 的 String(字符串)。最小的存款金额为 1.00
                    minLength = 4),
                example = "435.61"
            )
        )
        public Account deposit(
            @Parameter(                                  ←──────
              name = "accountNumber",
请求正文的    description = "Number of the Account to deposit into.",
示例数据      required = true,                             @Parameter 的用法与 getAccount()上的类
            in = ParameterIn.PATH                        似，只针对此方法修改描述信息
            )
            @PathParam("accountNumber") Long accountNumber,
            String amount) {
        }
```

　　@RequestBody 的位置相对灵活，可以像上面这样位于方法名的上方，也可以放在方法内部的顶部，这完全取决于开发者的偏好。在代码清单 12.9 中，方法标记了 @Content 注解，所以正文的内容总会是 application/json 类型。如果没有标记注解，就应该添加多个 @Content 注解，从而为不同的媒体类型提供对应的示例。

　　从 Swagger UI 查看其中的变化，如图 12.5 所示，我们注意到@RequestBody 区域现在标记为必填，而且提供了具有含义的示例。

读者练习

　　作为练习，请为 AccountResource 类的 closeAccount()和 withdrawal()方法添加必要的 OpenAPI 注解。从 Swagger UI 和 OpenAPI 文档，验证它们的功能与期望的效果相符。

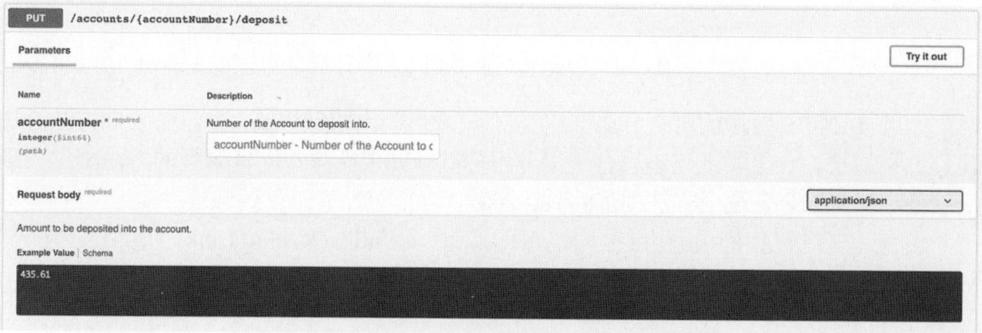

图 12.5　Swagger：AccountResource.deposit 方法

12.2.5　为操作添加标签

　　在前面的 12.2.1 节的@OpenAPIDefinition 注解的定义中，包含了多个@Tag 注解。

换用 application.properties 之后，就不能添加@Tag 了。如何才能再次添加它们呢？

首先按照下面的方式，把@Tag 从之前的位置移到 AccountResource 的顶部：

```
@Tag(name = "transactions",
    description = "Operations manipulating account balances.")
@Tag(name = "admin",
    description = "Operations for managing accounts.")
public class AccountResource {}
```

这里定义了两个标签：transactions 与 admin。现在查看 Swagger，会发现所有方法都在两个标签分组中有了重复显示：这并不是我们想要的结果。

我们期望的是，AccountResource 类上的方法一部分加上@Tag(name = "admin")，一部分加上 @Tag(name = "transactions")。添加后，最终效果应该与图 12.6 类似。

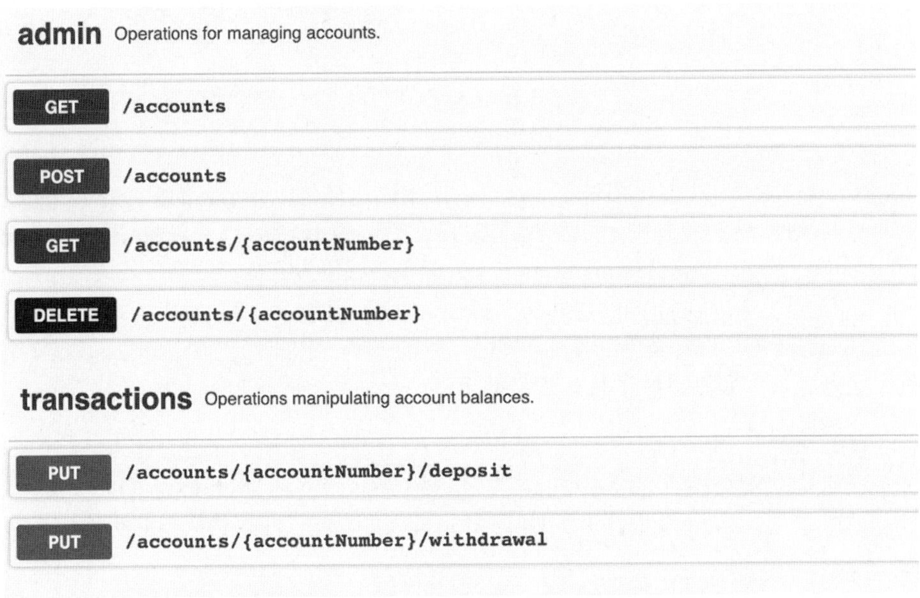

图 12.6 Swagger：根据@Tag 标签分组

如果 JAX-RS 资源的所有方法都归类到同一个分组(即@Tag)，就没必要向方法添加@Tag 标签了。一个类上应该只有一个分组标签。如果能将不同资源类的方法根据分组来划分，就可以避免逐个方法添加@Tag 注解。

还有一些注解我们没有介绍，如@Header、@Callback 和@Link。请花些时间从MicroProfile OpenAPI 规范(http://mng.bz/xXD7)自行学习，试一试它们的效果。

12.2.6 过滤 OpenAPI 的内容

在 OpenAPI 文档返回给客户端之前，MicroProfile OpenAPI 规范提供了一种定制OpenAPI 文档的方法。

开发者可以实现 OASFilter 接口进行定制。我们从下面的代码清单中可以看到它的工作原理。

代码清单 12.10　OpenApiFilter(实现 OASFilter 接口)

OpenApiFilter 实现 MicroProfile OpenAPI 规范中的 OASFilter

定义一个方法，用于过滤 OpenAPI 文档中的 Operation 实例

```
public class OpenApiFilter implements OASFilter {
    @Override
    public Operation filterOperation(Operation operation) {
        if (operation.getOperationId().equals("closeAccount")) {
            operation.setTags(List.of("close-account"));
        }
        return operation;
    }
}
```

仅在 operationId 为 closeAccount 时执行修改。将 Tag 标签设置为 close-account

过滤器编写完毕后，需要通过修改 application.properties 来启用。请添加下面的配置：

```
mp.openapi.filter=quarkus.accounts.OpenApiFilter
```

刷新 Swagger UI 页面，可以看到新过滤器生效之后的方法分组效果。

可以对 OpenAPI 文档中的所有部分做定制和裁减。通读 OASFilter 接口可以了解所有可被实现的方法。有一点要记住：我们无法向 OpenAPI 文档"添加"新的元素。在代码清单 12.10 中，向 API 文档添加了标签名，却无法为标签添加额外的描述。

12.3　设计先行开发

设计先行开发也称为契约先行开发，指在动手编写代码之前，先设计用于描述服务的 OpenAPI 文档。这一方法非常适于在编码之前就验证 API 的合理性。一旦完成验证，就可以用一种 OpenAPI 生成器根据 OpenAPI 文档生成服务，成为服务实现的脚手架。

关于这个生成过程，要注意的一点是，它是一次性的。从 OpenAPI 文档生成服务方法后，如果这些方法添加了实际功能，就无法在不丢失方法实现的情况下，再次生成这些方法签名了。这并不是要陷开发者于无助——开发者应该确保在生成服务方法之前，OpenAPI 文档不会再有变更。如果还有修改，那就需要在 OpenAPI 文档添加方法、删除或修改方法时，手工把修改同步到服务的实现中。

有很多工具能基于 OpenAPI 规范文档支持编码前的 API 设计，包括 Swagger Editor (https://swagger.io/tools/swagger-editor/)、Apicurio Studio(https://www.apicur.io/studio/)以及其他一些工具。

若手边有了 OpenAPI 文档，就可以利用 https://openapi-generator.tech/这样的生成器，从 API 文档生成代码。不过，使用生成器的过程，并非本章要关注的内容。

12.3.1　从文件加载 OpenAPI

为展示在 Quarkus 服务中使用现有的 OpenAPI 文档，我们把本章前面的账户服务复制到/chapter12/account-service-external-openapi 目录。主要的修改是要移除 AccountResource

和 Account 类上所有对 MicroProfile OpenAPI 注解的引用——我们将使用来自外部文件的 OpenAPI 定义——同时移除 application.properties 中的配置。此外，OpenApiFilter 也要一并移除，因为 OpenAPI 文档已能体现它的效果。

既然有了源代码，那就既可以自动生成来获得，也可以通过删除之前已添加的注解获得。不过，如何才能获得服务的 OpenAPI 定义？

首先，我们需要将 OpenAPI 文档制作为独立的文件。访问 http://localhost:8080/q/openapi，下载本章前面的账户服务的 YAML。把下载的文件名称从 openapi 修改为 openapi.yaml，然后将其移到新项目的/src/main/resources/META-INF 目录。

向 application.properties 添加 mp.openapi.scan.disable=true 可让项目中的静态 OpenAPI 文档按原样返回给前端。如果不这样设置，Quarkus 会将静态文档，以及从应用代码生成的模型进行合并，再生成最终的 OpenAPI 文档。

用 mvn quarkus:dev 命令启动服务，并验证 OpenAPI 文档及 Swagger UI 的展示与行为符合预期。服务的行为应该与本章前面的版本完全一致。

12.3.2 混用文件与注解

将静态文件与代码注解结合使用可以通过几种方法实现。可将 OpenAPI 文档作为原始信息源，然后用代码注解对它进行微调；或在 OpenAPI 文档中放置通用的结构定义，然后在代码注解中引用。

首先删除 application.properties 中的 mp.openapi.scan.disable 配置。这样就可以混用代码中的注解和静态的 OpenAPI 文档了。

向 AccountResource.allAccounts()方法添加注解@Tag(name = "all-accounts", description = "Separate grouping because we can")，接着查看 Swagger UI 中的变化，如图 12.7 所示。

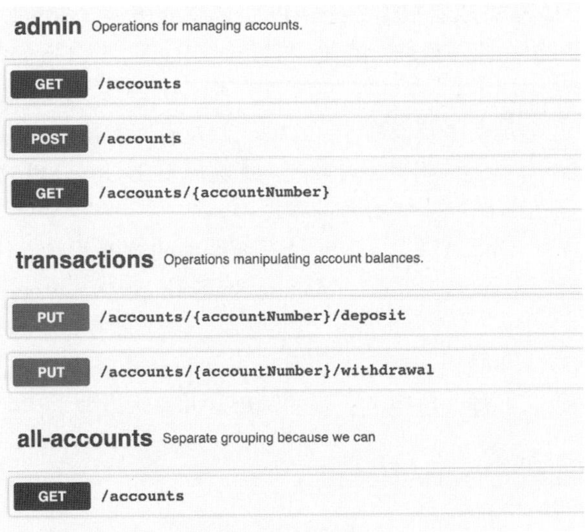

图 12.7 Swagger：混用静态 OpenAPI 文档和注解

12.4　代码先行还是 OpenAPI 先行

本章探讨了在代码中集成 OpenAPI 文档的不同方法。代码先行的方式要求在代码中添加@APIResponse、@RequestBody、@Parameter、@Operation、@Tag 和其他一些注解，参与定制 OpenAPI 文档内容的生成。"设计先行"定义用于表示服务期望行为的 OpenAPI 文档，再从服务引用静态文件作为 OpenAPI 文档。哪一种方法会更好呢？需要视情况而定！(这也是所有开发者的口头禅！)

在下面这些场景中，以 OpenAPI 先行可能会更好：

- 由开发者以外的人定义 API，因而更倾向于选用某种 OpenAPI 工具来创建文件。
- 实现服务的是一个团队，而以客户端形式与服务通信的是其他团队。如果服务还没有编写完成，在各团队的开发工作之前就能面向同一份 API 格式定义开展工作，这样能避免后续的问题。

哪些时候代码先行更好呢？下面是一些场景：

- 服务完成实现后，OpenAPI 文档的自动生成通常更容易，然后按需添加一些注解进行定制。
- 如果 API 的具体结构和内容尚不明确，还需要更多的原型设计工作。如果 API 的效果不清楚，就很难定义出 OpenAPI 文档。

在考虑要不要使用代码中的注解时，还有一个因素是它对代码本身的影响。我们比较 AccountResource 两个版本的内容，代码注解版本几乎是另一个版本的两倍大小。在代码添加各类额外的注解后，无论是代码量还是代码的可读性，都会产生比较大的影响。

读者练习

作为练习，请将服务部署到 Minikube 上，并查看它的 OpenAPI 文档。请尝试访问 Swagger UI——默认应该不会存在。

12.5　本章小结

- 要从代码自动生成 OpenAPI 文档，唯一必要的步骤是添加 quarkus-smallrye-penapi 依赖项。
- 可以从 http://localhost:8080/q/openapi 访问服务的 OpenAPI 文档。
- 在实时编码模式中，访问 http://localhost:8080/q/swagger-ui，可从 Swagger UI 以可视化方式查看 OpenAPI 文档的内容，同时可调用实际的服务功能。
- 运用 MicroProfile OpenAPI 相关的注解，如@OpenAPIDefinition 和@Operation，可对生成的 OpenAPI 文档进行定制。
- 使用设计先行的方式时，需要修改服务，让它输出静态版本的 OpenAPI 文档，而不是使用自动生成功能。

第*13*章

微服务安全

本章内容
- 利用认证和授权保护微服务的安全
- Quarkus 中的认证与授权功能
- 在开发期间，利用 Quarkus 基于文件的用户与角色定义，为 REST 端点添加安全保护
- 利用 Keycloak 和 OpenID Connect 认证用户并生成 JWT 令牌
- 利用 MicroProfile JWT 为微服务添加安全保护
- Quarkus 中的单元测试辅助功能

为防止对信息的未授权访问，企业会对应用提出安全要求。本章关注应用安全的两种关键措施：认证与授权。在本章中，我们将向银行服务、账户服务和交易服务添加要求用户认证的新 API 端点。新增加的、受保护的 API 端点会与原有、不受保护的 API 端点并存，因而可以轻松地在这二者之间切换。同时，这些服务会要求使用归属特定角色的用户才能访问这些新的、受保护的 API 端点。现有的 REST 端点会继续正常运行，这样读者可对这两者进行对比。

13.1 认证和授权简介

在讨论图 13.1 之前，我们先定义下列术语：
- 认证——用户通过提供用户名密码，或者可验证的 JWT 令牌等类型的凭据声明自己的身份，认证是验证过程。用户认证后，可与角色关联，比如银行的 customer(客户)和 teller(柜员)角色。
- 授权——向用户授予资源访问权限的过程。在图 13.1 中，用户只有经过了认证，且关联到正确的角色，才能访问受保护的 API 端点。
- 身份提供者——管理用户身份的设施，如 LDAP、文件、数据库或 Keycloak。

- 安全上下文——应用为每个请求创建一个安全上下文，在其中存储认证用户所关
  联的角色。

图 13.1 描绘了银行应用的身份提供者(application.properties，Keycloak)，以及用于访
问本章新增加的、受保护的 REST 端点的凭据处理流程。

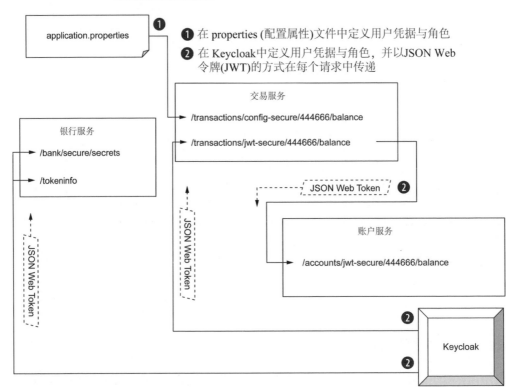

银行应用的认证和授权

❶ 在 properties (配置属性)文件中定义用户凭据与角色

❷ 在 Keycloak中定义用户凭据与角色，并以JSON Web
  令牌(JWT)的方式在每个请求中传递

图 13.1　认证与授权

下面代码清单中这段简短的示例代码，演示的是通过向方法添加 Java 注解，为方法
添加安全防护的过程。它同时涉及从 Java 配置属性定义角色的额外授权机制。

代码清单 13.1　授权访问 Java 方法

```java
@RolesAllowed("customer")
public void getBalance() {
  // ...
}
```

getBalance()方法仅向关联了 customer
(客户)角色的用户授予访问权限

表 13.1 和表 13.2 分别列举 Quarkus 支持的认证与授权机制。其中标有星号(*)的机制
会在本章后续的内容中详细介绍。

表 13.1　Quarkus 支持的认证机制

机制	描述
Baisc*	HTTP 用户代理(比如 Web 浏览器)发出的请求中的用户凭据
Form	向用户提供一个 Web 表单(如 HTML)，用于收集用户凭据
Mutual TLS	基于用户的 X.509 证书识别用户身份
OpenID Connect (OIDC)*	一种基于 OAuth 2.0 的认证层业界标准。将认证过程委托给 OpenID Connect 提供方，比如 Keycloak。Quarkus 支持 OIDC 的认证码流程和隐式流程
MicroProfile JWT*	支持从已验证的持有式 JSON Web 令牌(bearer JWT)中提取用户身份
LDAP	通过 LDAP 服务器向用户询问凭据

表 13.2　Quarkus 支持的授权机制

机制	描述
OAuth 2.0	向第三方授权访问用户的受保护资源的一种业界标准协议
Configuration*	使用配置属性为应用指定授权规则
Annotations*	运用安全方面的 Jakarta 注解规范(https://eclipse-ee4j.github.io/common-annotations-api/apidocs/) @PermitAll 和@RolesAllowed 为应用指定授权规则

13.2　使用基于文件的认证与授权

有一种方式可以用于给交易服务添加安全保护，也就是运用 Quarkus 内置的 HTTP 策略配置，配合一个基于文件的身份提供者。这种方式在开发微服务时，显得快捷而有效。为了能支持在配置属性文件中定义用户凭据与角色，我们用下面的代码清单添加 quarkus-elytron-security-properties-file 扩展程序。

代码清单 13.2　添加 quarkus-elytron-security-properties-file 扩展程序

```
cd transaction-service
mvn quarkus:add-extension -Dextensions=quarkus-elytron-security-properties-file
```

接着，在 TransactionResource.java 文件中新建一个方法，由文件安全机制保护。如下所示：

代码清单 13.3　在 TransactionResource.java 中新建方法

```
@GET
@Path("/config-secure/{acctnumber}/balance")
@Produces(MediaType.APPLICATION_JSON)
@Consumes(MediaType.APPLICATION_JSON)
public Response secureConfigGetBalance(@PathParam("acctnumber") Long
    accountNumber) {
  return getBalance(accountNumber);
}
```

secureConfigGetBalance()与 getBalancer()的功能、方法签名完全相同，不过它要以新的 REST 子路径访问，新路径已由配置属性提供了安全保护

Quarkus 的内置 HTTP 请求授权实现使用的是配置属性。可在交易服务的 application.properties 中添加下面代码清单中的配置属性。

代码清单 13.4　配置 HTTP 策略和文件用户

进一步细化 customer 权限，只允许已通过
认证的用户访问受保护的 API 端点

定义只能由 customer 权
限访问的 API 端点

```
# Security using Quarkus built-in policy controls

quarkus.http.auth.permission.customer.paths=/transactions/config-secure/*
quarkus.http.auth.permission.customer.methods=GET
quarkus.http.auth.permission.customer.policy=authenticated

# Security - Embedded users/roles (File realm)

%dev.quarkus.security.users.embedded.enabled=true
%dev.quarkus.security.users.embedded.plain-text=true
%dev.quarkus.security.users.embedded.users.duke=duke
%dev.quarkus.security.users.embedded.roles.duke=customer
%dev.quarkus.security.users.embedded.users.quarkus=quarkus
%dev.quarkus.security.users.embedded.roles.quarkus=teller

# Enable HTTP basic authentication, which this application uses
# only during development

%dev.quarkus.http.auth.basic=true
```

对 API 端点的 GET
请求进行授权

创建名为duke的用户，密码也是duke

为用户 duke 添加角色
customer(客户)

创建名为quarkus 的用户，
密码也是quarkus

为用户 quarkus 添加角
色 teller(银行柜员)

启用明文密码。如果设置为 false 或省略，系统会
假定密码是 MD5 哈希格式。目前只支持明文和
MD5 哈希两种格式

启用 HTTP basic 认证。在浏览器使用时，会向用户弹出
填写用户名和密码的弹窗。用 curl 命令时，需要用--user
命令行参数指定用户凭据，如--user duke:duke

启用内置用户、角色。在开发模式下，用配
置定义用户角色与密码很方便

注意

在生产环境中，如果用配置文件设置用户信息，就显示过于局限了，不过在开发测试模式中还是有用的。

在测试认证与授权功能之前，先用下面的代码清单启动必要的服务。

代码清单 13.5　启动数据库、账户服务和交易服务

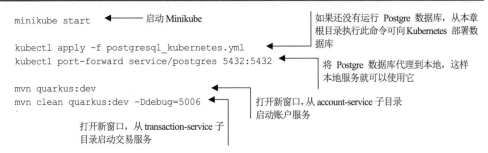

```
minikube start
```
　　　　　　　　　 启动 Minikube

```
kubectl apply -f postgresql_kubernetes.yml
kubectl port-forward service/postgres 5432:5432
```

```
mvn quarkus:dev
mvn clean quarkus:dev -Ddebug=5006
```

如果还没有运行 Postgre 数据库，从本章
根目录执行此命令可向Kubernetes 部署数
据库

将 Postgre 数据库代理到本地，这样
本地服务就可以使用它

打开新窗口，从 account-service 子目录
启动账户服务

打开新窗口，从 transaction-service 子
目录启动交易服务

我们用下面的代码清单通过 curl 手动测试上面的 API 端点，后面的代码清单是输出结果。

代码清单 13.6　测试受内置权限保护的 API 端点

```
TRANSACTION_URL=http://localhost:8088
                                        ← 访问受保护的 API 端点时，不指定用户
curl -i \
 -H "Accept: application/json" \
 $TRANSACTION_URL/transactions/config-secure/444666/balance
```

代码清单 13.7　不指定用户访问受保护的 API 端点的测试结果

```
HTTP/1.1 401 Unauthorized
www-authenticate: basic realm="Quarkus"          如果不指定合法用户，结果为
content-length: 0                                HTTP/1.1 401(未授权)
```

现在，以下面代码清单的方式使用 curl 给定一个合法的用户，并测试 API 端点。输出结果为代码清单 13.9。

代码清单 13.8　以合法的用户访问受保护的 API 端点

```
curl -i \
 -H "Accept: application/json" \        指定用户 duke、密码 duke。由于 duke 是文件配置属性
 --user duke:duke \                      定义的合法用户，因此方法调用被允许(见代码清单 13.9)
 $TRANSACTION_URL/transactions/config-secure/444666/balance
```

代码清单 13.9　验证用户输出

```
HTTP/1.1 200 OK
Content-Length: 7                    提供了合法用户 duke 后，授予访问权
Content-Type: application/json       限，并返回结果

3499.12
```

接着，我们用另一个合法用户，以代码清单 13.10 的方式使用 curl 测试 API 端点。输出结果如代码清单 13.11 所示。

代码清单 13.10　以内置的权限和用户测试受保护的 API 端点

```
curl -i \
 -H "Accept: application/json" \       指定用户 quarkus、密码 quarkus
 --user quarkus:quarkus \
 $TRANSACTION_URL/transactions/config-secure/444666/balance
```

代码清单 13.11　以另一个合法用户的身份访问受保护的 API 端点的测试结果

```
HTTP/1.1 200 OK
Content-Length: 7                    quarkus 也是合法用户，访问被允许
Content-Type: application/json
```

3499.12

为了把要求 customer 权限的资源限制为只有特定角色的用户才能访问，我们按下面代码清单所示替换授权策略 authenticated。

代码清单 13.12 配置授权策略

把 customer-policy 策略应用到 customer 权限上

新建策略 customer-policy，将访问权限授予关联了 customer 角色的用户

```
quarkus.http.auth.policy.customer-policy.roles-allowed=customer
quarkus.http.auth.permission.customer.paths=/transactions/config-secure/*
quarkus.http.auth.permission.customer.methods=GET
quarkus.http.auth.permission.customer.policy=customer-policy
# quarkus.http.auth.permission.customer.policy=authenticated
```

注释掉此前的 authenticated 策略

下面的代码示例所示为手工测试 customer-policy 的过程，我们使用 curl，分别以 customer 角色的用户和 teller 角色的用户调用 API 端点。预期结果如代码清单 13.14 所示。

代码清单 13.13 以不同角色的用户测试受保护的 API 端点

以角色为 teller 的 quarkus 用户发起测试，请求返回了 HTTP Forbidden(禁止访问)响应(见代码清单 13.14)。原因是用户 quarkus 关联的角色为 teller，而不是 customer

```
curl -i \
 -H "Accept: application/json" \
 --user quarkus:quarkus \
 $TRANSACTION_URL/transactions/config-secure/444666/balance

curl -i \
 -H "Accept: application/json" \
 --user duke:duke \
 $TRANSACTION_URL/transactions/config-secure/444666/balance
```

以角色为 customer 的 duke 用户发起测试，返回了 HTTP OK(正常)，以及账户余额。原因是用户 duke 关联了角色 customer

代码清单 13.14 访问受保护的 API 端点的测试结果

```
HTTP/1.1 403 Forbidden
content-length: 0

HTTP/1.1 200 OK
Content-Length: 7
Content-Type: application/json
```

3499.12

在开发期间，需要快速迭代式修改代码时，使用 curl 测试效果确实方便。不过，Quarkus 让我们对受保护的 API 端点做单元测试也很容易。Quarkus 支持使用@TestSecurity 注解定义用户和角色，从而测试受保护的 API 端点。为使用@TestSecurity，我们在交易服务的 pom.xml 的 test 作用范围添加 quarkus-test-security 依赖项，如下所示。

代码清单 13.15　向交易服务的 pom.xml 添加依赖项

```
<dependency>
    <groupId>io.quarkus</groupId>
    <artifactId>quarkus-test-security</artifactId>
    <scope>test</scope>
</dependency>
```

在目录 transaction-service/test/java/io/quarkus/transactions 中创建文件 SecurityTest.java，用于测试交易服务的安全功能。请查看下面的代码清单。

代码清单 13.16　测试角色与安全功能

SecurityTest 使用的是本章前面引入的模拟版 AccountService，它可以为账户服务的 HTTP API 端点返回预定义的值

@TestSecurity 定义用户 duke，并关联到 customer 角色。由于它添加到 TestSecurity 类上，所以能在类的所有测试方法上生效。这里的用户 duke 只在测试运行期间生效，而由 application.properties 定义的内置用户 duke 只会在开发模式中生效

```
import static io.restassured.RestAssured.given;
import static org.hamcrest.CoreMatchers.containsString;

@QuarkusTest
@QuarkusTestResource(WiremockAccountService.class)
@TestSecurity(user = "duke", roles = { "customer" })
public class SecurityTest {
    @Test
    public void built_in_security() {
        given()
          .when()
          .get("/transactions/config-secure/{acctNumber}/balance", 121212)
        .then()
          .statusCode(200)
          .body(containsString("435.76"));
    }
}
```

从基于配置的受保护 API 端点获取余额

验证余额

按 CTRL+C 停止以开发模式运行的账户服务，防止与 WireMockAccountService 产生端口冲突。然后，运行下面代码清单中的指令。

代码清单 13.17　运行安全功能测试

```
mvn test \
    -Dtest=SecurityTest
```

只运行 SecurityTest，可以加速测试的运行过程。如果要运行所有测试案例，就要省略这行

13.3　基于 OpenID Connect 的认证与授权

本节中我们将用 OpenID Connect(OIDC)来访问银行服务里受保护的新 REST API 端点。

13.3.1 OpenID Connect(OIDC)简介

OAuth 2.0 能让第三方应用获取对其他应用的有限访问能力。

OAuth 2.0 是一份授权领域的行业标准。OAuth 2.0 在面向 Web 应用、桌面应用、手机和家居设备提供针对性授权流程的同时，非常重视客户端开发者的简单性。

——来自 OAuth 2.0 网站

虽然 Quarkus 提供了对 OAuth 2.0 的支持,但详细介绍具体用法超出了本章的讨论范围。OIDC 在 OAuth 2.0 之上添加用户身份层,用于支持认证功能,以及对用户身份的可控访问。一直以来,服务为了让第三方服务获取用户的数据、调用其功能,可能需要向对方提供用户的登录信息,如用户名和密码等。这会导致第三方服务持有用户的凭据,并能大范围地访问由当前服务提供的用户数据。试想一下,一个第三方支付处理服务需要用户银行服务的用户名密码会是怎样的场景!

本章的后续内容将关注利用 OIDC 对用户进行认证,并提供充足的用户身份信息(特别是用户的角色)用于访问受保护的 API 端点。

13.3.2 OIDC 与 Keycloak

OIDC 是基于 OAuth 2.0 增加了用户认证流程的附加层次。本章关注下面这些流程:
- 授权码流程——未认证的用户尝试访问受保护的资源时,会被重定向到 OpenID Connect 提供方,完成认证过程。
- 隐式流程——服务直接访问 OpenID Connect 提供者,获取用于访问受保护资源的令牌。

在准备运用 OIDC 保护服务的过程中,我们先注意下面这几点:
- 首先,本章要使用的身份提供者是 Keycloak。与支持其他各章的几个服务,如 Prometheus 和 Grafana,一同运行 Keycloak,需要至少 5GB 的内存。
- 有两种方法可以解决这一问题。
  - 以更多内存启动 Minikube,按照代码清单 13.18 执行操作。

代码清单 13.18　以更多内存启动 Minikube

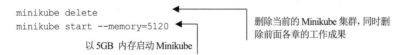

```
minikube delete
minikube start --memory=5120
```
以 5GB 内存启动 Minikube

删除当前的 Minikube 集群,同时删除前面各章的工作成果

- 如果本机没有足够的内存,不能分配 5GB 内存,可用代码请单 13.19 所示的方式删除第 10 章创建的 monitoring 命名空间。还可通过直接访问服务的 /q/metrics API 端点获取指标数据。可按第 10 章的步骤重新创建 monitoring 命名空间。

代码清单 13.19　删除 monitoring 命名空间

```
kubectl delete ns monitoring
```

确定内存够用后，以代码清单13.20所示的方式，用Keycloak运维器(https://github.com/keycloak/keycloak-operator)安装 Keycloak。Kubernetes 运维器是一种管理服务生命周期的工具，Keycloak 运维器可以管理 Keycloak 的生命周期。我们的安装过程使用的是 14.0.0 版本的 Keycloak 运维器。

代码清单 13.20　把 Keycloak 安装到 Kubernetes 命名空间 keycloak 中

> 把主机名 keycloak.local 添加到/etc/hosts，这样在查找 Keycloak 域名时就能获取 Minikube 的IP 地址。Windows 10 的主机映射文件位于 C:\Windows\System32\drivers\etc\hosts

```
echo "$(minikube ip) keycloak.local" | sudo tee -a /etc/hosts
scripts/install_keycloak.sh
```

> 从 chapter13 顶层目录运行此命令，脚本本身包含丰富的注释

注意

根据内存情况、CPU 速度和网络速度的不同，Keycloak 的安装过程可能花费数分钟的时间。在安装期间，可能会出现多次 "Pods keyclload-0 not found" 的提示消息。详细解释 Keycloak 的安装过程不在本章的讨论范围，不过上面的脚本包含了丰富的注释。

虽然本章也不准备讨论 Keycloak 控制台，不过在出现问题时，访问控制台还是很有用的。我们可以从 http://keycloak.local/auth/admin/访问控制台，用户名为 admin。要获取密码，请运行下面的代码。

代码清单 13.21　获取 Keycloak 管理员密码

```
kubectl get secret credential-bank-keycloak \
        -n keycloak \
        -o go-template='{{range $k,$v := .data}}{{printf "%s: " $k}}
    ➥ {{if not $v}}{{$v}}{{else}}{{$v | base64decode}}{{end}}
    ➥ {{"\n"}}{{end}}'
```

表 13.3 简要列举的是 Keycloak 中的用户域(realm)bank 定义的 4 个用户及关联的角色。

表 13.3　Quarkus 授权机制

用户名	密码	角色
admin	admin	bankadmin
duke	duke	customer
jwt	jwt	customer
quarkus	quarkus	teller

13.3.3 使用 OpenID Connect 访问受保护的资源

OIDC 授权码流程将用户认证过程委托给授权服务器，在本例中，也就是 Keycloak。图 13.2 解释了这一流程。

下面解释一些细节：

(1) 用户访问受保护的资源，可以由内置的 HTTP 安全策略保护，也可以是 @RolesAllowed 注解。

(2) 银行服务将用户重定向到由 quarkus.oidc.auth-server-url 配置属性指定的 OIDC 提供者。本章使用的 OIDC 提供者是 Keycloak。

(3) OIDC 提供者向用户提供一个认证表单，用于输入用户名和密码。稍后将详细介绍这个步骤。

(4) 一旦认证成功，Keycloak 就返回一个 JWT 令牌，并重定向回原始请求的资源。我们很快会解释 JWT 令牌在授权过程中的作用。

(5) 浏览器重定向到受保护的资源。

(6) 服务成功返回资源内容。

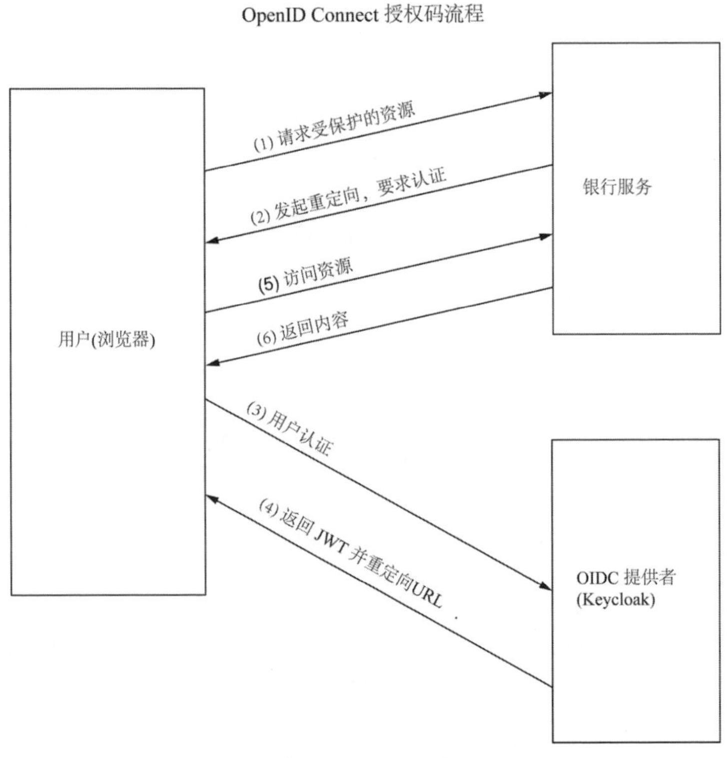

OpenID Connect 授权码流程

图 13.2 授权码流程

要在 Quarkus 中使用 OIDC，请以下面的方式，向银行服务添加 Quarkus OIDC 扩展程序，并启动服务。

代码清单 13.22　添加 OIDC 扩展程序，并启动银行服务

```
cd bank_service
mvn quarkus:add-extension -Dextensions="quarkus-oidc"
```
添加 OIDC 扩展程序

添加 OIDC 扩展程序后，以下面代码清单所示的方式，配置银行服务，让它与 OIDC 服务器(Keycloak)交互。

代码清单 13.23　银行服务的 application.properties

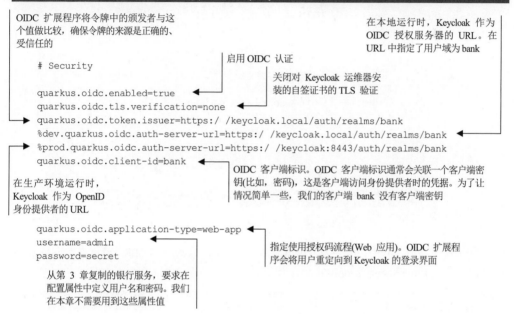

OIDC 扩展程序将令牌中的颁发者与这个值做比较，确保令牌的来源是正确的、受信任的

在本地运行时，Keycloak 作为 OIDC 授权服务器的 URL。在 URL 中指定了用户域为 bank

启用 OIDC 认证

关闭对 Keycloak 运维器安装的自签证书的 TLS 验证

```
# Security

quarkus.oidc.enabled=true
quarkus.oidc.tls.verification=none
quarkus.oidc.token.issuer=https:/ /keycloak.local/auth/realms/bank
%dev.quarkus.oidc.auth-server-url=https:/ /keycloak.local/auth/realms/bank
%prod.quarkus.oidc.auth-server-url=https:/ /keycloak:8443/auth/realms/bank
quarkus.oidc.client-id=bank
```

在生产环境运行时，Keycloak 作为 OpenID 身份提供者的 URL

OIDC 客户端标识。OIDC 客户端标识通常会关联一个客户端密钥(比如，密码)，这是客户端访问身份提供者时的凭据。为了让情况简单一些，我们的客户端 bank 没有客户端密钥

```
quarkus.oidc.application-type=web-app
username=admin
password=secret
```

从第 3 章复制的银行服务，要求在配置属性中定义用户名和密码。我们在本章不需要用到这些属性值

指定使用授权码流程(Web 应用)。OIDC 扩展程序会将用户重定向到 Keycloak 的登录界面

更新银行服务，以下面的方式，向服务添加 BankResource.getSecureSecrets()方法，用于安全地访问 API 端点**/bank/secure/secrets**，从而确保只有管理员可以查看。

代码清单 13.24　为现有方法 BankResource.getSecureSecrets()添加保护

```
@RolesAllowed("bankadmin")
@GET
@Produces(MediaType.APPLICATION_JSON)
@Path("/secure/secrets")
public Map<String, String> secureGetSecrets() {
    return getSecrets();
}
```

用@RolesAllowed 注解为 API 端点添加安全保护，只允许 bankadmin 角色的用户访问 API 端点/bank/secure/secrets

创建名为 secureGetSecrets()的新方法

新方法调用现有的 getSecrets 方法

用下面的代码清单启动银行服务。

代码清单 13.25　启动银行服务

```
mvn quarkus:dev -Ddebug=5008 -Dquarkus.http.port=8008
```

启动银行服务。这里的 mvn 命令分别指定调试端口和 HTTP 端口，从而避免与账户服务和交易服务的端口发生冲突

　　银行服务启动成功后，如图 13.3 所示，浏览 http://localhost:8008/bank/secure/secrets。我们对/bank/secure/secrets 的访问会让浏览器重定向到 Keycloak，以获取用户凭据。

1. 重定向到Keycloak

以用户名 admin、密码 admin 登录

图 13.3　重定向到 Keycloak 进行用户认证

　　如下所示，以用户名(admin)和密码(admin)登录后，Keycloak 将浏览器重定向回原始的 API 端点 /bank/secure/secrets，显示秘密信息。

代码清单 13.26　API 端点 /bank/secure/secrets 的输出结果

```
{"password":"secret","db.password":"secret","db.username":"admin","username":
    "admin"}
```

　　浏览器很可能会不信任 Keycloak 的自签证书。因而，只有通过单击"同意并继续"表明信任该自签证书后，才能测试 Keycloak 认证、访问受保护的 REST 端点。由于浏览器操作是最后一步，所以读者如果不想信任证书也没有关系，可以跳过对这一功能的试验。

　　如果在对授权码流程做单元测试时也要运行 Keyaloak 就显得量级太重了，也相当低效。下一节介绍的 OidcWiremockTestResource 可在单元测试中替代 Keycloak 作为 OIDC 授权服务器。

13.3.4　测试授权码流程

　　Keycloak 是支持 OIDC 授权码流程的底层认证和授权服务器。Quarkus 为 OIDC 提供了一种 WireMock 模拟机制，可在测试银行服务时替代 Keycloak 实例。为使用 OIDC

WireMock，用下面的代码清单向 pom.xml 添加依赖项。

代码清单 13.27　银行服务 pom.xml 中的 WireMock 依赖项

```xml
<dependency>
    <groupId>io.quarkus</groupId>
    <artifactId>quarkus-junit5</artifactId>
    <scope>test</scope>
</dependency>
<dependency>
    <groupId>io.rest-assured</groupId>
    <artifactId>rest-assured</artifactId>
    <scope>test</scope>
</dependency>
<dependency>
    <groupId>io.quarkus</groupId>
    <artifactId>quarkus-test-oidc-server</artifactId>
    <scope>test</scope>
</dependency>
<dependency>
    <groupId>net.sourceforge.htmlunit</groupId>
    <artifactId>htmlunit</artifactId>
    <version>2.36.0</version>
    <scope>test</scope>
</dependency>
```

添加 JUnit5 测试支持

使用 RESTassured 框架测试 REST 端点

包含 Quarkus 的 OIDC WireMock 服务器的依赖项

无界面的 Web 浏览器。测试过程用 HtmlUnit 来浏览 Keycloak 登录界面

接着，按下面的方式，向银行服务添加 src/test/java/io/quarkus/bank/BankTest.java 类，用于测试授权码流程。

代码清单 13.28　src/test/java/io/quarkus/bank/BankTest.java

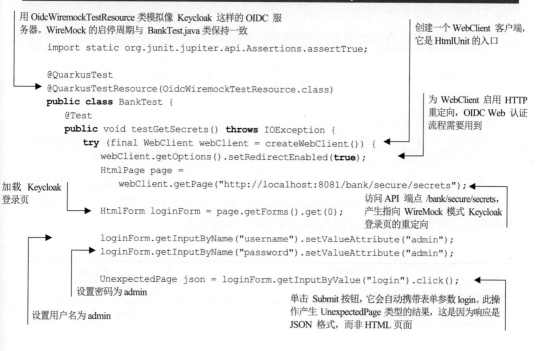

用 OidcWiremockTestResource 类模拟像 Keycloak 这样的 OIDC 服务器。WireMock 的启停周期与 BankTest.java 类保持一致

创建一个 WebClient 客户端，它是 HtmlUnit 的入口

```java
import static org.junit.jupiter.api.Assertions.assertTrue;

@QuarkusTest
@QuarkusTestResource(OidcWiremockTestResource.class)
public class BankTest {
    @Test
    public void testGetSecrets() throws IOException {
        try (final WebClient webClient = createWebClient()) {
            webClient.getOptions().setRedirectEnabled(true);
            HtmlPage page =
                webClient.getPage("http://localhost:8081/bank/secure/secrets");
            HtmlForm loginForm = page.getForms().get(0);

            loginForm.getInputByName("username").setValueAttribute("admin");
            loginForm.getInputByName("password").setValueAttribute("admin");

            UnexpectedPage json = loginForm.getInputByValue("login").click();
```

为 WebClient 启用 HTTP 重定向，OIDC Web 认证流程需要用到

加载 Keycloak 登录页

访问 API 端点 /bank/secure/secrets，产生指向 WireMock 模式 Keycloak 登录页的重定向

设置密码为 admin

设置用户名为 admin

单击 Submit 按钮，它会自动携带表单参数 login。此操作产生 UnexpectedPage 类型的结果，这是因为响应是 JSON 格式，而非 HTML 页面

```
                            Jsonb jsonb = JsonbBuilder.create();
                            HashMap<String, String> credentials =
                              jsonb.fromJson(json.getWebResponse().getContentAsString(),
                                HashMap.class);
```
读取结果中的文
本，解析为JSON，
并存储到 HashMap
```
                            assertTrue(credentials.get("username").equals("admin"));
                            assertTrue(credentials.get("password").equals("secret"));
                        }
                    }
```
断言返回的密
码是秘密信息

断言返回的用户名
是 admin

```
                    private WebClient createWebClient() {
                        WebClient webClient = new WebClient();
                        webClient.setCssErrorHandler(new SilentCssErrorHandler());
                        return webClient;
                    }
                }
```
返回一个 WebClient，作
为 HtmlUnit 框架的入口

　　应用本身也要正确地配置，才能使用模拟的 OIDC 服务器。下面的代码清单显示了正确使用模拟服务器所需的测试配置的更新方法。

代码清单 13.29　银行服务 application.properties

```
%test.quarkus.oidc.auth-server-url=${keycloak.url}/realms/quarkus
```
把测试框架定向到模拟的 OIDC 服务器。OidcWiremockTestResource.class 会将 ${keycloak.url} 替换为模拟的 OIDC 服务器的主机名和端口。OidcWiremockTestResource.class 还会预置一个名为 quarkus 的用户域

　　以下面代码清单所示的方式，运行测试。

代码清单 13.30　运行测试

设置生成令牌时要包含的角色。角色设置为 bankadmin，是由
于它正是访问 API 端点 /bank/secure/secrets 所需的角色

```
mvn test \
  -Dquarkus.test.oidc.token.admin-roles="bankadmin" \
  -Dquarkus.test.oidc.token.issuer=https:/ /keycloak.local/auth/realms/bank

# Test should pass
```

定义令牌的颁发者，此值会覆写
默认值（见表 13.4）

　　代码清单 13.30 演示了用系统配置属性覆写 OidcWiremockTestResource 设置的过程。表 13.4 所示为 OidcWiremockTestResource 中可覆写的属性。它们需要用系统配置属性的方式来设置，暂时还不能用 MicroProfile Config 配置。

表 13.4　OidcWiremockTestResource 属性

属性	默认值
quarkus.test.oidc.token.user-roles	user
quarkus.test.oidc.token.admin-roles	user,admin

（续表）

属性	默认值
quarkus.test.oidc.token.issuer	https://server.example.com
quarkus.test.oidc.token.audience	https://server.example.com

OidcWiremockTestResource 还定义了两个用户。第一个是 admin，密码为 admin，关联角色 admin。第二个用户是 alice，密码为 alice，关联角色 user。代码清单 13.30 把默认的 admin 角色覆写为 API 端点/bank/secure/secrets 所需的 bankadmin。而默认的颁发者 https://server.example.com 也在代码清单 13.30 中被覆写为 https://keycloak.local/auth/realms/bank。

在 OIDC 授权码流程的认证与授权过程中，用到了 JSON Web 令牌(JWT)。接下来将讨论 JWT、MicroProfile 中的 JWT API，以及 JWT 令牌是如何保护 API 端点的访问的。

13.4　JSON Web 令牌和 MicroProfile JWT

就像本书通篇在讨论的银行系统的例子，微服务架构通常是围绕 REST API 实施的，而 REST API 必然涉及 REST 安全。REST 微服务倾向于设计为无状态，正好能从 JWT 令牌提供的无状态安全特性中受益。安全相关的状态封装在轻量级 JSON Web 令牌(JWT)中，这一格式由 RFC 7519 标准定义(https://datatracker.ietf.org/doc/html/rfc7519)。由于 JWT 令牌具备轻量级的特性，因此可以在 REST 服务调用链中高效地传递。

JWT 令牌包含三个部分：头部、正文和签名，各部分由点(.)分隔。比如，代码清单 13.31 就以原始值的形式展示了一个简单令牌。斜体部分是 JWT 令牌的头部，粗体部分是 JWT 令牌的正文，而划线部分是 JWT 令牌的签名。如果签名正确，它可以表示令牌没有被篡改。

代码清单 13.31　Base64 编码格式的 JWT 令牌的示例

*eyJhbGciOiJSUzI1NiIsInR5cCIgOiAiSldUIiwia2lkIiA6ICJHNjZaUWxsTmNoOWVLVVB3VGp nVWJTcTB1eTN6aFJmeFZiOUItTUxNOG9FIn0.***eyJleHAiOjE2MjM1NTM5MjIsImlhdCI6MTYyM zU1MzYyMiwiYXV0aF90aW1lIjoxNjIzNTUzNjE3LCJqdGkiOiI3NWI5MmZhZi02ZTVkLTRlMjItY WFlYi02NWYyOTJjMzU2YWMiLCJpc3MiOiJodHRwczovL2tleWNsb2FrLmxvY2FsL2F1dGGgvcmVhb G1zL2JhbmsiLCJzdWIiOiJlZGJiMzlkMC1jNmZhLTQyMTEtYTc1Yy03MGQ5MzQwMzE2MjAiLCJ0e XAiOiJCZWFyZXIiLCJhenAiOiJiYW5rIiwic2Vzc21vbl9zdGF0ZSI6IjJjYTJiNGYwLWE0NjAtN DliMi04MTkzLWI0YzNlYTg3ZTAxYSIsImFjci16IjEiLCJhbGxvd2VkLW9yaWdpbnMiOlsiaHR0c DovLzEyNy4wLjAuMTo4MDA4IiwiaHR0cDovL2xvY2FsaG9zdDo4MDA4IiwiaHR0cDovL2xvY2Fsa G9zdDo4MDgxIiwiaHR0cDovLzEyNy4wLjAuMTo4MDgxIiwiaHR0cDovLzEyNy4wLjAuMTo4MDg4I iwiaHR0cDovL2xvY2FsaG9zdDo4MDg4Il0sInJlYWxtX2FjY2VzcyI6eyJyb2xlcyI6WyJjdXN0b 211ciJdfSwic2NvcGUiOiJvcGVuaWQgcHJvZmlsZSBtaWNyb2ZpbGUtand0IGVtYWlsIHBob 251IiwidXBuIjoiZHVrZSIsImpjcnRoZGF0ZSI6IkZlYnJ1YXJ5IDMwLCAyMDAwIiwiZW1haWxfd mVyaWZpZWQiOnRydWUsIm5hbWUiOiJEdWtlIEN1c3RvbWVyIiwiZ3JvdXBzIjpbImN1c3RvbWVyI l0sInByZWZlcnJlZF91c2VybmFtZSI6ImR1a2UiLCJnaXZlbl9uYW1lIjoiRHVrZSIsImZhbWlse V9uYW1lIjoiQ3VzdG9tZXIiLCJlbWFpbCI6ImR1a2VAYWNtZTIuY29tIn0.QrM Su9_9VE47xih2J9t-LhSDC-JPN2ptKip0OMCE3wl_bT3-IQoaX_TPuHz9elGrUQUYNjpnUuML8D2*

yQmvt5QNaXjMvmxTFyEQgob2pxzbLkrQqIHhg7eSXKPLeJZtko3uWoiWDghYHFE_QBOk6iIZFY4c
YUQgxOiFTk4M73L2lkcy94fyv6Mgr4y5UQnTJqERVTfOQCybPy-B2nuRcpAcwB0eRTMgVsXAUsEI
camVjwwe1rkaHAdJvV6Z5Y8ouafSqdDMxRElmzkwnvWOfeNthVduiqba8YK0rkmvJhj0WS7Ehq74
UTtmHe5fMPvciVCSIMPVfDGKyVc45LYC2sA

13.4.1 JWT 令牌的头部

JWT 令牌的三个部分(包括头部)分别以 Base64 编码的形式呈现。因而，任何能够进行 Base64 格式解码的工具都可以查看 JWT 令牌头部的内容。

重要

由于 JWT 令牌是不加密的，因此强烈建议使用安全传输层传输 JWT 令牌，如 HTTPS。

代码清单 13.31 中的 base64 命令能够解码上面 JWT 中斜体显示的头部内容，因而证实了这一说法。代码清单 13.32 所示为头部的特征的解码效果。特征是用于描述实例的键值对(如用户或令牌)。表 13.5 包含了各项头部特征的具体解释。

代码清单 13.32 查看 JWT 令牌头部的内容

```
echo "eyJhbGciOiJSUzI1NiIsInR5cCIgOiAiSldUIiwia2lkIiA6ICJHNjZaUWxsTmNoOWVLVV
➥ B3VGpnVWJTcTB1eTN6aFJmeFZiOUItTUxNOG9FIn0" | base64 -d ◀──────
```

> 对 JWT 令牌的头部解码。有些系统上可能没有安装 base64 命令。后面的
> 小节会用网站来解码 JWT 令牌，所以并不是必须要安装 base64 命令

代码清单 13.33 解码后的 JWT 令牌头部(经过格式化)

```
{"alg":"RS256",
 "typ" : "JWT",
 "kid" : "G66ZQllNch9eKUPwTjgUbSq0uy3zhRfxVb9B-MLM8oE"}
```

表 13.5 JWT 令牌头部的特征(这三项在 MicroProfile JWT 中都是必需的)

特征	描述
alg	JWT 令牌签名过程中使用的加密算法。MicroProfile JWT 要求设置为 RS256，使用公钥、私钥对来验证令牌的内容未被篡改
typ	媒体类型。MicroProfile JWT 要求它的值定义为 JWT
kid	关于保护 JWT 令牌所用的密钥的提示。有多个密钥可供选择时，就要用到它。也可用于识别在多个请求之间，密钥是否发生了变化

13.4.2 JWT 令牌的正文

JWT 令牌的正文由一系列由 RFC 7519 定义的标准特征组成。MicroProfile JWT 扩展了这些标准特征，开发者也可以按需添加自定义特征。

要查看从 Keycloak 返回的令牌中的特征，请按下面代码清单所示的方式向银行服务添加 TokenResource.java。

代码清单 13.34　查看从 OIDC 授权流程返回的令牌的内容

```
@Authenticated
@Path("/token")
public class TokenResource {
    /**
     * Injection point for the Access Token issued
     * by the OpenID Connect Provider
     */
    @Inject
    JsonWebToken accessToken;

    @GET
    @Path("/tokeninfo")
    @Produces(MediaType.APPLICATION_JSON)
    public Set<String> token() {
        HashSet<String> set = new HashSet<String>();
        for (String t : accessToken.getClaimNames()) {
            set.add(t + " = " + accessToken.getClaim(t));
        }
        return set;
    }
}
```

只允许已认证用户访问的 Quarkus 注解。这个注解，以及其他安全保护的注解，都会触发授权码流程和认证成功后的令牌颁发

向 MicroProfile JsonWebToken 实例注入令牌

以 JSON 对象的方式返回令牌的内容

令牌的内容被添加到 Java 集合(set)

把各个特征和值添加到集合

返回所有特征

接着，在浏览器中通过 http://localhost:8008/token/tokeninfo 访问令牌所在的 API 端点，以用户名 duke 和密码 duke 登录。推荐使用匿名窗口，确保不会用到之前的 Cookie。

TIP Keycloak 在跟踪授权码的过程中，会用到 Cookie。浏览器的匿名窗口或隐私窗口在关闭时会删除所有 Cookie，这样代码测试工作就可以简化为关闭窗口，再打开新的匿名浏览器窗口。

输出结果(经过格式化)会是与下面代码清单类似的 JSON 令牌。

代码清单 13.35　解码 JWT 令牌(为方便阅读，经过了格式化)

```
[
  "realm_access = {\"roles\":[\"customer\"]}",
  "preferred_username = duke",
  "jti = 75b92faf-6e5d-4e22-aaeb-65f292c356ac",
  "birthdate = February 30, 2000",
  "iss = https://keycloak.local/auth/realms/bank",
  "scope = openid profile microprofile-jwt email phone",
  "upn = duke",
  "principal = duke",
  "typ = Bearer",
  "name = Duke Customer",
  "azp = bank",
  "sub = edbb39d0-c6fa-4211-a75c-70d934031620",
  "email_verified = true",
  "raw_token = <too long to list>",
  "family_name = Customer",
  "exp = 1623553922",
  "session_state = 2ca2b4f0-a460-49b2-8193-b4c3ea87e01a",
  "groups = [customer]",
```

原始令牌由于太长，在此没有列出，不过，它的内容与代码清单 13.31 是完全一样的

```
"acr = 1",
"auth_time = 1623553617",
"iat = 1623553622",
"allowed-origins = [\"http://127.0.0.1:8008\",\"http://localhost:8008\",
➥ \"http://localhost:8081\",\"http://127.0.0.1:8081\",\"http://127.0.0.
➥ 1:8088\",\"http://localhost:8088\"]",
"email = duke@acme2.com",
"given_name = Duke"
]
```

表 13.6 解释了代码清单 13.35 列举的特征。

应用功能唯一关注的是 groups 特征，因为它的值决定了可以访问的方法的范围。

表 13.6　JWT 令牌正文的特征(标星号 *的是 MicroProfile JWT 要求必须提供的)

特征	描述
typ	声明令牌的媒体类型
iss*	该 MicroProfile JWT 的颁发者
sub*	确定 JWT 主体
exp*	JWT 令牌的过期时间，到该时刻后 JWT 会被视为失效。它是从 1970.1.1 起的总秒数
iat*	JWT 令牌颁发的时间，从 1970.1.1 起的总秒数
jti*	JWT 令牌的唯一标识；可用于防止 JWT 令牌被重放
upn*	MicroProfile JWT 定制的供人类阅读的特征，它能在所有用到令牌的服务中，唯一地标识令牌表示的对象，也就是用户主体。这个特征表示的是 java.security.Principal.JsonWebToken 中的用户主体名。这个类继承了 java.security.Principal，所以可用在各种支持 java.security.Principal 的现有框架中。如果这个特征不存在，MicroProfile JWT 会将 preferred_username 特征作为候选，如果 preferred_username 也不存在，就会使用 sub 特征
groups*	MicroProfile JWT 定制的，用于列举主体所属的用户组的特征
未列出	由 Keycloak 管理员配置的其他特征，与 MicroProfile JWT 不直接相关

13.4.3　JWT 签名

每个 JWT 令牌都要用头部的 alg 特征所定义的算法进行签名，以确保它不会被篡改。有一种简单方法可查看令牌头部与正文的特征、验证签名，那就是将代码清单 13.35 中的 raw_token 特征粘贴到 https://jwt.io/#encoded-jwt 页面的表单，如图 13.4 所示。

- 把 JWT 令牌的内容粘贴到 encoded(编码后内容)表单。JWT 令牌的头部和正文区域会显示特征值。
- JWT 令牌的头部。头部特征应该能匹配代码清单 13.33 的内容，不过，值可能有所差异。
- JWT 令牌的正文。正文的特征应该能匹配代码清单 13.35 的内容，不过，值有可能有所差异。
- 签名没能通过验证，因为我们还没有提供公钥。

为获取公钥的内容，请运行下面代码清单中的命令，它会产生与代码清单 13.37 类似的输出结果。

代码清单 13.36　获取公钥内容

scripts/createpem.sh

以增强隐私邮件(Privacy Enhanced Mail, PEM)的格式打印公钥内容

图 13.4　用 jwt.io 解码 JWT 令牌

代码清单 13.37　公钥

```
-----BEGIN PUBLIC KEY-----
MIIBIjANBgkqhkiG9w0BAQEFAAOCAQ8AMIIBCgKCAQEAjJ/GYpCkgfYT1HYpa96AP8djbKiv25Yh
VlZcHcIt2QX4VZPJM/qntF2m7ubPSz3zHHNQUOWYl+3xIo4EFfCcTPTBgL0aSlCsuT5+0RuajsFj
ejLGa19p3eKuBjtB0buqI4SbxpitvZj4L4beBdFj+r2NZZNxeFFMrd9lORW3b4cUmk8tS6ZrgbTK
Ij3adjlVMYHOkGQNNGBf1KJkdbi8UQtXaATuyFHiQCCYY/ENWGGomu+dXqvqnRRsdWBndsUcCNe+
NPwT1z3lbfYoXkldWFVvXjBnNme/f8mCMWuKBz4fGZUkt7Sdc5FPnFpsbT+0inarxIov3puDxHbB
gNJ9xwIDAQAB
-----END PUBLIC KEY-----
```

按照图 13.5 所示，把公钥内容粘贴到 jwt.io 页面表单的公钥字段中。

重要

代码清单 13.37 的公钥可用于代码清单 13.31 中的令牌的验证。而其他安装过程所产

生的令牌与公钥并不相同。如果尝试把代码清单 13.37 的公钥用于验证从其他安装过程中产生的令牌，就会失败。

在下一节，我们利用 JWT 令牌来保护交易服务的 REST 端点。

图 13.5 JWT 令牌验证成功

13.5 使用 MicroProfile JWT 为交易服务添加安全保护

现在，我们对 JWT 和 MicroProfile JWT API 有了深入的理解，下一步是要利用 MicroProfile JWT 为交易服务提供安全保护。在编写代码之前，我们以下面的方式添加 quarkus-smallrye-jwt 扩展程序。

代码清单 13.38　向交易服务添加 MicroProfile JWT 支持

```
cd transaction_service
mvn quarkus:add-extension -Dextensions="io.quarkus:quarkus-smallrye-jwt"

# If the transaction service is not running, start it
mvn clean quarkus:dev -Ddebug=5006
```

添加用于支持 MicroProfile JWT 的 Quarkus 扩展程序。如果当前交易服务已运行，很可能出现一个错误提示，因为还没有提供两个必要的 MicroProfile JWT 配置属性

接着，如下面的代码片段所示，更新 application.properties，向其中添加公钥。

代码清单 13.39　配置 MicroProfile JWT

从代码清单 13.36 获取公钥并粘贴到此处，不包括 BEGIN PUBLIC KEY 和 END PUBLIC KEY 两行(只需要 Base64 编码的内容)

```
# Configure MicroProfile JWT

mp.jwt.verify.publickey=<INSERT PUBLIC KEY HERE>
mp.jwt.verify.issuer=http:/ /keycloak.local/auth/realms/bank
```

验证受信任的令牌颁发者为 Keycloak

在 TransactionResource.java 中添加代码清单 13.40 中的方法。这个方法会添加一个受保护的 REST 端点，用于测试可借用 JWT 令牌访问方法的能力。

代码清单 13.40　在 TransactionResource.java 中添加 jwtGetBalance()方法

```
@GET
@RolesAllowed("customer")              只有关联了 customer 角色的用户才可以
                                       访问这个方法
@Path("/jwt-secure/{acctnumber}/balance")
@Produces(MediaType.APPLICATION_JSON)
                                       为 API 端点指定用 JWT 令牌访
@Consumes(MediaType.APPLICATION_JSON)  问时的 URL
public Response jwtGetBalance(
    @PathParam("acctnumber") Long accountNumber) {
    return getBalance(accountNumber);
}                                      调用现有的 getBalance()方法
```

最后，如代码清单 13.41 所示访问 API 端点，以验证访问效果。

代码清单 13.41　测试 API 端点的访问

```
# Start the account service in a new terminal window if it
# is not running

cd account-service
mvn quarkus:dev

# In a new window from the chapter top-level directory,
# restart the Transaction service

cd transaction-service
mvn clean quarkus:dev -Ddebug=5006

# In a new window from the chapter top-level directory

TOKEN=`scripts/gettoken.sh`
TRANSACTION_URL=http:/ /localhost:8088

curl -i \
  -H "Accept: application/json" \
  -H "Authorization: Bearer "${TOKEN} \
  $TRANSACTION_URL/transactions/jwt-secure/444666/balance
```

从 Keycloak 获取一个令牌，模拟 OIDC 的隐式流。令牌的时效是 5 分钟。在 5 分钟后，如果要刷新令牌，可以再次运行这条命令。gettoken.sh 脚本提供了非常详细的文档

指定交易服务的顶级 URL

访问 API 端点/jwt-secure/，打印账户余额

使用 Authorization 请求头把令牌传给交易服务。扩展程序 quarkus-smallrye-jwt 会识别令牌、完成解析，并创建安全上下文

代码清单 13.42　测试 API 端点访问效果的输出结果

```
HTTP/1.1 200 OK
Content-Length: 7
Content-Type: application/json

3499.12
```

如果在访问 API 端点时不附加有效的持有式令牌，或者使用的令牌已过期，就会产生像下面这样的 HTTP/1.1 401(未授权)错误。

代码清单 13.43　测试 API 端点访问效果

```
HTTP/1.1 401 Unauthorized
www-authenticate: Bearer {token}
content-length: 0
```

现在，交易服务允许我们使用 JWT 令牌访问受保护的 API 端点。下一节中，将令牌传递到账户服务，用于授权访问账户服务受保护的 API 端点。

13.6　传递 JWT

一个请求可能穿越多个受保护的微服务。安全上下文可以借助 JWT 令牌与请求一起穿越，这就为我们访问这些受保护的微服务提供了可能。接下来将讨论 JWT 令牌，将从 OIDC 的授权码流程切换到隐式流程。在隐式流程中，JWT 令牌是直接从 Keycloak 获取的，然后在 HTTP 请求中传递。在下一节中我们将实际传递令牌，在此之前，我们先向账户服务添加一个受保护的 API 端点。

13.6.1　为账户服务 API 端点添加安全保护

为账户服务 API 端点添加安全保护的过程与在交易服务中为 API 端点添加安全保护的过程完全相同。

首先，在账户服务中，需要执行几个准备步骤，如下所示。

代码清单 13.44　向账户服务添加 MicroProfile JWT 支持

添加用于支持 MicroProfile JWT 的 Quarkus 扩展程序。如果当前账户服务已运行，很可能出现一个错误提示，因为还没有提供两个必要的 MicroProfile JWT 配置属性

```
cd account_service
mvn quarkus:add-extension -Dextensions="io.quarkus:quarkus-smallrye-jwt"
```

接着，如代码清单 13.45 所示，更新 application.properties。

代码清单 13.45　配置 MicroProfile JWT

从代码清单 13.36 获取公钥并粘贴到此处，不包括 BEGIN PUBLIC KEY 和 END PUBLIC KEY 两行

```
# Configure MicroProfile JWT

mp.jwt.verify.publickey=<INSERT PUBLIC KEY HERE>
mp.jwt.verify.issuer=http:/ /keycloak.local/auth/realms/bank
```

验证受信任的令牌颁发者

然后，如代码清单 13.46 所示，创建一个受保护的方法，用于获取账户余额。

代码清单 13.46　AccountResource.java：添加受保护的 API 端点

```
@RolesAllowed("customer")          只有关联了 customer 角色的用户才可以访问这个方法
@GET
```

```
@Path("/jwt-secure/{acctNumber}/balance")
public BigDecimal getBalanceJWT(
    @PathParam("acctNumber") Long accountNumber) {
    return getBalance(accountNumber);
}
```

为 API 端点指定使用 JWT 令牌访问时的 URL

调用现有的、未保护的 getBalance() 方法

下一节中将更新交易服务，从而可以访问我们新创建的受保护的 API 端点。

13.6.2 由交易服务向账户服务传递 JWT 令牌

交易服务在访问账户服务时使用的是 MicroProfile REST 客户端(在 AccountService.java 中)。因此，如代码清单 13.47 所示，我们向 AccountService.java 添加一个新方法，用于调用账户服务新增加的受保护的 API 端点。

代码清单 13.47　交易服务：AccountService.java

```
@GET
@Path("/jwt-secure/{acctNumber}/balance")
BigDecimal getBalanceSecure(@PathParam("acctNumber") Long accountNumber);
```

有了新增的 MicroProfile REST 客户端方法后，如代码清单 13.48 所示更新 TransactionResource.jwtGetBalance()，让它调用新的受保护的 API 端点。

代码清单 13.48　Transaction service: TransactionResource.java

```
@GET
@RolesAllowed("customer")
@Path("/jwt-secure/{acctnumber}/balance")
@Produces(MediaType.APPLICATION_JSON)
@Consumes(MediaType.APPLICATION_JSON)
public Response jwtGetBalance(
    @PathParam("acctnumber") Long accountNumber) {
    String balance =
        accountService.getBalanceSecure(accountNumber).toString();

    return Response.ok(balance).build();
}
```

只有关联了 customer 角色的用户才可以访问这个方法

用 REST 客户端调用账户服务中受保护的 API 端点

以 JSON 格式返回余额

要从交易服务以安全的方式访问账户服务，还有最后一步要做。JWT 令牌包含用户信息，其中包括用户的角色。因此，我们需要在从交易服务调用账户服务的每个请求中都传递 JWT 令牌，才能确保 AccountService.getBalancerJWT()获取角色。我们轻而易举即可实现这一点，如代码清单 13.49 所示，只需要更新交易服务的 application.properties 即可传递 Authorization 请求头。

代码清单 13.49　传递 Authorization 请求头

```
org.eclipse.microprofile.rest.client.propagateHeaders=SpecialHeader,Authorization
```

把 Authorization 添加到属性 org.eclipse.microprofile.rest.client.propagateHeaders 值末尾，这样包含了 JWT 令牌的 Authorization 请求头就会随着 REST 调用一同传递

为测试 JWT 令牌的传递,可运行代码清单 13.50 中的命令,代码清单 13.51 是获取的输出结果。

代码清单 13.50 测试 JWT 令牌的传递

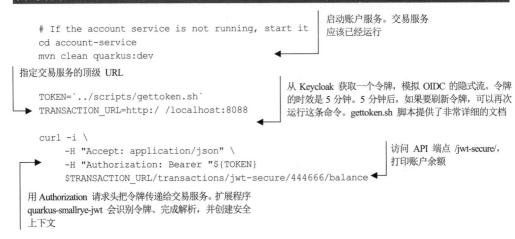

启动账户服务。交易服务应该已经运行

```
# If the account service is not running, start it
cd account-service
mvn clean quarkus:dev
```

指定交易服务的顶级 URL

从 Keycloak 获取一个令牌,模拟 OIDC 的隐式流。令牌的时效是 5 分钟。5 分钟后,如果要刷新令牌,可以再次运行这条命令。gettoken.sh 脚本提供了非常详细的文档

```
TOKEN=`../scripts/gettoken.sh`
TRANSACTION_URL=http:/ /localhost:8088

curl -i \
    -H "Accept: application/json" \
    -H "Authorization: Bearer "${TOKEN}
    $TRANSACTION_URL/transactions/jwt-secure/444666/balance
```

访问 API 端点 /jwt-secure/,打印账户余额

用 Authorization 请求头把令牌传递给交易服务。扩展程序 quarkus-smallrye-jwt 会识别令牌、完成解析,并创建安全上下文

代码清单 13.51 测试 JWT 令牌的传递

```
HTTP/1.1 200 OK
Content-Length: 7
Content-Type: application/json

3499.12
```

13.7 在 Kubernetes 上运行服务

要将服务部署到 Kubernetes,运行代码清单 13.52 中的命令,代码清单 13.53 是获取的输出结果。

代码清单 13.52 部署到 Kubernetes

部署交易服务

修改环境变量,指向 Minikube 中的 Docker 引擎

部署账户服务

```
cd account-service
eval $(minikube -p minikube docker-env)
mvn clean package -DskipTests -Dquarkus.kubernetes.deploy=true

cd ../transaction-service
mvn clean package -DskipTests -Dquarkus.kubernetes.deploy=true

export TRANSACTION_URL=`minikube service transaction-service --url`
export TOKEN=`../scripts/gettoken.sh`
```

从 Minikube 获取交易服务的 URL

获取 JWT 令牌

```
curl -i \
  -H "Accept: application/json" \
  -H "Authorization: Bearer "${TOKEN} \
  $TRANSACTION_URL/transactions/jwt-secure/444666/balance
```

通过调用受保护的 API 端点获取账户余额，余
额应该为 3499.12

提示

在 Quarkus 2.x 中，使用 mvn package -Dquarkus.kubernetes.deploy=true 重新部署
Kubernetes 中的应用会报错。请根据 https://github.com/quarkusio/quarkus/issues/19701 中的
最新信息来查找解决方法。也可以运行 kubectl delete -f /target/kubernetes/minikube.yaml
先删除应用，从而绕过这个问题。

代码清单 13.53　部署到 Kubernetes

```
HTTP/1.1 200 OK
Content-Length: 7
Content-Type: application/json

3499.12
```

至此，银行服务使用了 OIDC 的授权码流程，而交易服务使用了 OIDC 隐式流程的
同时，还实现了令牌向账户服务的传递。

13.8　本章小结

- 认证和授权是 Web 应用必要的安全策略。
- Quarkus 支持多种认证和授权机制。
- 使用 application.properties 定义用户和授权策略，是一种高效的开发方法。
- Quarkus 提供了用于简化应用安全测试的高效特性。
- OIDC 授权码流程通常会从 Web 表单获取用户身份，然后返回 JWT 令牌。
- 运用 OIDC 隐式流程，我们可以借助 JWT 令牌在服务之间传递用户身份。
- Quarkus 的 WireMock OIDC 授权服务器能够改善 OIDC 测试体验。